i 教育·融合创新一体化教材　　　组编◎上海市教育委员会

大学信息技术 1
基础教程

COLLEGE
INFORMATION TECHNOLOGY ｜第四版｜

总主编◎高建华　　主　审◎顾春华

主　编◎陈志云

U0336359

华东师范大学出版社
·上海·

图书在版编目(CIP)数据

大学信息技术.1/高建华总主编;陈志云主编.
4版.—上海:华东师范大学出版社,2024.—ISBN
978-7-5760-5345-6

Ⅰ.TP3

中国国家版本馆 CIP 数据核字第 2024SD3739 号

大学信息技术 1
——基础教程(第四版)

组　　编　上海市教育委员会
总 主 编　高建华
主　　编　陈志云
责任编辑　范耀华　罗　彦
责任校对　时东明
装帧设计　俞　越

出版发行　华东师范大学出版社
社　　址　上海市中山北路 3663 号　邮编 200062
网　　址　www.ecnupress.com.cn
电　　话　021-60821666　行政传真 021-62572105
客服电话　021-62865537　门市(邮购)电话 021-62869887
地　　址　上海市中山北路 3663 号华东师范大学校内先锋路口
网　　店　http://hdsdcbs.tmall.com

印 刷 者　江苏扬中印刷有限公司
开　　本　787 毫米×1092 毫米　1/16
印　　张　22.5
字　　数　529 千字
版　　次　2024 年 7 月第 4 版
印　　次　2024 年 7 月第 1 次
书　　号　ISBN 978-7-5760-5345-6
定　　价　59.00 元

出 版 人　王　焰

序

XU

教材体现国家意志,是育人育才的重要依托。大学计算机课程面向全体在校大学生,是大学公共基础课程教学体系的重要组成部分,在高校人才培养中扮演着核心角色。为了不断提升高校计算机基础教育的教学质量,上海市教委一直十分关注相应的教材建设。

《大学信息技术(1—4)》(第四版)(含基础教程、数字媒体基础与实践、数据分析与可视化实践、人工智能基础与实践四个分册),精准对接智能时代对人才素质的新期待。教材秉承能力培养优先的教育理念,融合了移动互联网、物联网、云计算、大数据、人工智能、区块链等前沿信息技术,彰显了上海高校在计算机基础教育领域的创新理念与思想革新。

自 1992 年首次出版《计算机应用初步》到《大学信息技术(1—4)》(第四版),教材历经三十余年的演变,累计发行十多个版本。这一演变历程不仅见证了计算机科学与技术领域的迅猛发展,也展现了教材内容的持续更新与完善,这正是计算机学科动态特性的体现。本教材不仅映射了上海高校在计算机基础教育领域的成就与进步,更是编写团队不懈追求教学深度与广度的生动写照。

编写团队由上海市多所高校的资深教师组成。他们深耕在计算机基础教育与研究领域,始终站在教学的最前沿,定期组织全市范围内的教学研讨会,共同探讨如何推进计算机基础教育的改革与进步,以及如何更好地适应智能时代,培养具有创新能力的人才。在编写本教材时,团队成员紧密结合信息技术的最新发展趋势和学科特色,全面融入 AIGC 技术,遵循学生的认知发展规律,精心设计教材的结构和内容,确保教材的编排和表现形式能够激发学生的学习兴趣。

通过学习本教材,学生将能够掌握信息技术的核心知识,提升信息素养,增强对信息价值的判断力,并培养良好的信息道德。教材还鼓励学生发展计算思维、数据思维和智能思维,学会运用 AIGC 技术有效地表达和沟通思想。此外,教材还强调了信息技术与其他学科的交叉融合,旨在培养学生运用新技术解决复杂问题的能力,从而提升他们的创新思维和实践技能。

本教材在推动上海市高校计算机基础教育质量提升方面发挥了关键作用。多年来,它已成为上海市多数高校的首选教材,并在实际教学中赢得了师生的广泛赞誉,其成效是显而易见的。然而，随着时代的发展，教材也需要不断更新和完善。因此，热切期待广大师生在使用教材的过程中，积极提供宝贵的反馈和建议，共同致力于教材的持续改进，为上海高校计算机基础教育的持续进步贡献力量。

编写组

编者的话

党的二十大报告强调,"推动战略性新兴产业融合集群发展,构建新一代信息技术、人工智能、生物技术、新能源、新材料、高端装备、绿色环保等一批新的增长引擎"。随着人工智能大模型的出现与蓬勃发展,移动互联网、物联网、云计算、大数据、区块链等新一代信息技术的不断涌现,整个社会与人类生活发生了深刻的变化。各领域与信息技术的融合发展,产生了极大的融合效应与发展空间,这对高校的计算机基础教育提出了新的需求。如何更好地适应这些变化和需求,构建大学计算机基础教学框架,深化大学计算机基础课程改革,以达到全面提升大学生数字素养的目的,是智能时代大学计算机基础教育面临的挑战和使命。

为了显著提升大学生数字素养、强化大学生计算思维以及培养大学生运用人工智能技术解决学科问题的能力,适应智能时代对人才培养的新需求,在上海市教育委员会高等教育处和上海市高等学校信息技术水平考试委员会的指导下,我们组织编写了《大学信息技术(1—4)》(第四版)(含基础教程、数字媒体基础与实践、数据分析与可视化实践、人工智能基础与实践四个分册)。

在教材的编写过程中,我们结合信息技术的快速发展及学科特点,遵循学生的认知规律,注重教材编写的设计理念、内容选材、编排体系和呈现形式,将人工智能 AIGC 技术与教学内容有机结合。学生通过对本教材的学习,不仅可以掌握信息技术的知识与技能,增强信息意识,提高信息价值判断力,养成良好的信息道德修养,同时能够促进自身的计算思维、数据思维、智能思维,以及 AIGC 技术与各专业思维的融合,提升创新能力,获得运用信息技术解决学科问题及生活问题的能力。

教材的总主编为高建华;《大学信息技术 1——基础教程》(第四版)的主编为陈志云;《大学信息技术 2——数字媒体基础与实践》(第四版)的主编为陈志云,副主编为顾振宇;《大学信息技术 3——数据分析与可视化实践》(第四版)的主编为朱敏,副主编为白玥;《大学信息技术 4——人工智能基础与实践》(第四版)的主编为刘垚,副主编为宋沂鹏、费媛。教材可作为普通高等院校计算机应用基础教学用书。

在编写过程中,编委会组织了集体统稿、定稿,得到了上海市教育委员会及上海市教育考试院的各级领导、专家的大力支持,同时得到了华东师范大学、上海交通大学、复旦大学、华东政法大学、上海大学、上海建桥学院、上海师范大学、上海对外经贸大学、上海商学院、上海体育大学、上海杉达学院、上海立信会计金融学院、上海理工大学、上海应用技术大学、上海第二工业大学、上海海关学院、上海电力大学、上海开放大学、上海出版印刷高等专科学校、上海师范大学天华学院、上海城建职业学院、上海济光职业技术学院、上海思博职业技术学院、上海农林职业技术学院、上海东海职业技术学院、上海中侨职业技术大学、上海震旦职业学院、上海闵行职业技术学院、上海南湖职业技术学院、上海浦东职业技术学院等校有关老师的帮助，在此一并致谢。由于信息技术发展迅猛，加之编者水平有限，本教材难免还存在疏漏与不妥之处，竭诚欢迎广大读者批评指正。

高建华　陈志云

前言

QIAN　YAN

　　信息技术是在信息的获取、整理、加工、传递、存储和应用中所采取的各种技术和方法。日新月异的信息技术,在人们的日常学习、工作和生活中发挥着越来越重要的作用,推动了人类社会的发展进步。本教材以信息技术基本概念和核心知识为铺垫,通过贯穿人工智能AIGC技术,为大学信息技术课程后续学习打下良好的基础。通过学习,学生能认识信息技术对于学习、工作和生活的重要意义,能准确使用信息源,并能够判断信息的有效性和合法性,熟练掌握数据文件管理和数据处理的基本方法,能够运用法律法规保障信息的安全合法,能够运用技术手段解除信息的危害,能够严守信息道德规范,塑造积极的信息素养道德观。

　　本教材共8个主题。主题1对信息技术的发展历史、智能时代的新技术进行了概述,引入人工智能AIGC技术的相关概念和应用方法,讨论信息技术的重要作用,强调信息素养、计算思维和信息道德培养的重要性;主题2围绕智能时代的基础设施——计算机系统展开,对操作系统进行了深入探索,并引入国产信创的概念;主题3探讨网络的基本概念和基本设置方法,是当代智能社会互联互通的基础;主题4介绍文本、图、音视频等不同类型媒体的数字化原理,旨在增强智能时代学生的信息处理能力;主题5探讨信息展示工具的操作技巧和应用策略,以提升智能时代学生的数字化信息展示能力;主题6引入大模型时代的算法与程序设计知识,旨在培养学生的计算思维,提升其解决问题的能力;主题7介绍大数据的全生命周期管理,帮助学生掌握将数据转化为知识并为决策提供支持的关键技能;主题8引入人工智能基础知识,帮助学生对其知识体系形成轮廓性认知,为将人工智能与所学专业相融合打下基础。

　　本教材由陈志云主编,主题1由高建华、朱敏、白玥、沐亚敏、徐方勤、刘垚、李智敏、唐一峰、张丹珏、赵珏、王小莉、东嘉、陈志云编写,主题2由陈志云、刘琴、陈乃激编写,主题3由马剑锋、刘垚、张娜娜编写,主题4由陈志云、白玥、严丽军、李智敏、唐一峰、沐亚敏、曾秋梅、彭敏军编写,主题5由姜曾贺、张丹珏、赵珏编写,主题6由朱敏、陈海建编写,主题7由白玥、唐一峰、张凌立、陈志云、张丹珏编写,主题8由刘垚、东嘉编写。

　　本教材由顾春华教授主审。本教材可作为普通高等院校的计算机基础课程教学用书,另外,配有微课讲解视频,扫描书中二维码即可观看。

本教材在编写过程中还得到了胡翠华、金晓磊等老师的帮助，在此表示诚挚感谢。由于时间仓促和水平有限，教材中难免存在不妥之处，竭诚欢迎广大读者批评指正。

编者

目　录

MU　LU

软件系统 / 45
操作系统的定义 / 48

在线自测

主题 3

计算机网络基础 / 59

微课视频

数据通信的传输媒介 / 61
带宽 / 62
移动通信系统 / 63
卫星通信系统 / 63
网络互联设备 / 66
加密技术 / 68
IP 地址讲解 / 69
什么是 Wi-Fi 无线网络 / 76

在线自测

主题 4

信息处理 / 87

微课视频

添加可自动更新的题注 / 104
邮件合并 / 106
利用腾讯文档收集信息 / 108

主题 5

信息的展示 / 169

主题 1

数字智能时代

主题概要

　　信息技术的发展悄无声息地改变着人们的生活方式、工作模式乃至思维习惯。从古老的算筹到现代的超级计算机,从简单的文字记录到复杂的大数据分析,信息技术的每一次飞跃,都极大地推动了社会进步。人类社会加速进入数字智能时代。在数字智能时代,信息素养不仅是衡量一个人综合素质的重要指标,也是适应未来社会的关键能力。

　　本主题回顾信息技术的发展历史,探讨现代信息技术领域中各项技术的基本内容,介绍人工智能技术的发展方向,论述智能计算、大模型技术的发展历程和硬件基础,帮助我们了解 AIGC(AI-Generated Content,人工智能生成内容)的基础知识,学习AIGC 提示词工程,体会由生成式人工智能大模型引领的最新应用,从而更好地面对数字智能时代的未来和挑战。最后,本主题还阐述数字智能时代的信息安全风险,以及大学生在智能时代应承担的社会责任,强调信息素养、终身学习、伦理道德和创新思维的重要性。

学习目标

1. 了解信息技术的发展历程。
2. 了解现代信息技术领域中各项技术的基本内容。
3. 认识现代信息技术的重要性。
4. 了解推动人工智能发展的三大核心要素。
5. 掌握 AIGC 技术的概念与应用。
6. 知道如何正确传播信息安全知识,帮助自己和他人提高信息安全意识。
7. 了解在人工智能时代如何加强信息安全保护意识,共同构建安全的网络信息环境。
8. 理解人工智能所经历的多方位挑战,培养运用多元视角、批判性思维分析问题的能力。
9. 了解在人工智能时代应遵守的规范和应承担的社会责任。

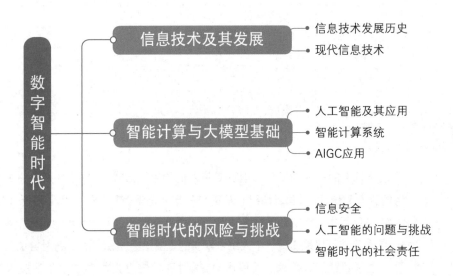

- 数字智能时代
  - 信息技术及其发展
    - 信息技术发展历史
    - 现代信息技术
  - 智能计算与大模型基础
    - 人工智能及其应用
    - 智能计算系统
    - AIGC应用
  - 智能时代的风险与挑战
    - 信息安全
    - 人工智能的问题与挑战
    - 智能时代的社会责任

1.1

信息技术及其发展

问题导入

信息技术是如何分阶段演变成为今天这样几乎无所不在、无所不能的？它又如何在教育、医疗、金融、交通等社会各个领域发挥着至关重要的作用,并引领着这些行业的创新和转型？本节会带你一起探索信息技术的起源,理解它在现代社会中的核心地位,以及它将如何塑造我们的未来。

❖ 1.1.1 信息技术发展历史

信息技术按照信息的载体和通信方式的发展,可以大致分为古代信息技术、近代信息技术和现代信息技术三个不同的发展阶段,经历了语言的利用、文字的发明、造纸术与印刷术的发明、通信设备的发明、计算机及现代通信技术的普及应用这五次技术革命。

1. 古代信息技术

自有人类活动以来到 1837 年这一漫长的古代信息技术发展阶段内,信息传递基本上是以声、光、文字、图形等方式进行的。在这一时期,信息技术经历了语言的利用(图 1-1-1)、文字的发明(图 1-1-2)、造纸术(图 1-1-3)与印刷术(图 1-1-4)的发明这三大技术革命。

▲ 图 1-1-1 形体语言　　▲ 图 1-1-2 象形文字　　▲ 图 1-1-3 造纸　　▲ 图 1-1-4 活字印刷

2. 近代信息技术

近代信息技术的发展是将以电为主角的信息传输技术的突破作为先导的。整个近代信息技术的发展过程就是信息技术的第四次技术革命——通信设备的发明。

在物理学、电子学和电子技术发展的推动下，有线通信、无线通信、卫星通信等新的信息传递方式不断涌现。电报机、电话机、传真机、收音机、电视机（图1-1-5至图1-1-9）等新的信息传播工具不断产生，且功能和性能不断得到改进和提高。

▲ 图1-1-5 电报机　　▲ 图1-1-6 电话机　　▲ 图1-1-7 传真机

▲ 图1-1-8 收音机　　▲ 图1-1-9 电视机

3. 现代信息技术

现代信息技术是产生、转换、存储、加工和传输数字、文字、声音、图像信息的一切现代高新技术的总称。它是以电子技术，尤其是微电子技术为基础，以计算机技术为核心，以通信技术为支柱，并包括传感技术、控制技术、网络技术、存储技术等，以信息技术应用为目的的科学技术群。现代信息技术之所以能够处于现代高新技术群体中最核心、最先导的地位，并具有非凡的重要作用，其根本原因在于它是渗透性、综合性、应用性极强，技术十分广泛的高科技。信息科学与其他科学（如材料科学、生命科学等）相互渗透、相互支撑、相互促进。

❖ 1.1.2 现代信息技术

当今，信息技术飞速发展，云计算、大数据、物联网、移动互联网、人工智能等技术已进入人们的日常生活，区块链、边缘计算、量子计算等技术也在突飞猛进。相信不久的将来，更多创新应用会层出不穷。

1. 云计算

(1) 云计算的定义和特点

云计算是一种基于互联网的计算方式，它通过网络"云"将巨大的数据计算处理程序分解成无数个小程序,然后通过由多台服务器组成的系统对这些小程序进行处理,最终分析这些小程序得到结果并返回给用户。云计算允许用户通过网络访问一个共享的、可配置的计算资源池,这些资源包括网络、服务器、存储、应用软件等。云计算的特点,如表1-1-1所示。

▼ 表1-1-1 云计算的四大特点

动态扩展性	虚拟化	按需服务	高可靠性
云计算可以根据用户需求快速扩展或缩减资源,满足业务的变化需求	云计算提供虚拟化技术,将物理资源转化为逻辑资源,使得用户能够更灵活地使用计算资源	云计算允许用户根据需求动态地获取和使用计算资源,并按照使用量付费	云计算通过数据冗余、负载均衡、容灾恢复等技术保障数据安全和业务连续性

(2) 云计算服务

云计算服务通常包括三个层次:

① 基础设施即服务(IaaS):提供基础的计算、存储和网络资源,用户可以在此基础上部署和运行自己的应用。

② 平台即服务(PaaS):提供开发平台和运行环境,用户可以在此基础上开发、测试和部署应用,而无须关注底层的基础设施。

③ 软件即服务(SaaS):提供完整的软件应用服务,用户可以通过网络直接使用这些应用,而无须安装和维护。

(3) 云计算的应用场景

云计算广泛应用于各个领域,包括大数据分析、电子商务、社交媒体、在线教育、远程医疗、智能家居、物联网等。这些应用场景共同体现了云计算的强大能力,包括数据存储和处理能力、动态扩展能力、按需服务能力等。

(4) 云计算的核心优势

云计算的核心优势在于其强大的计算能力、灵活性和可扩展性。通过云计算,用户可以快速获取和使用计算资源,而无须投入大量资金购买和维护硬件与软件。同时,云计算还提供了高可靠性和安全性保障,使用户可以更加放心地使用计算资源。

2. 大数据

(1) 大数据的定义和特征

大数据(Big Data)是需要新处理模式才能具有更强的决策力、洞察发现力和流程优化能力的海量、高增长率和多样化的信息资产。它具有海量的数据规模、快速的数据流转、多样的数据类型和低价值密度等四大特征。

大数据技术的主要意义不在于掌握庞大的数据信息,而在于对这些含有意义的数据进行专业化处理。换而言之,如果把大数据比作一种资产,那么这种资产体现价值的关键便在于提高对数据的"加工能力"，通过"加工"来实现数据的"增值"。

(2) 现代大学生应具有的数据素养

① 数据获取与处理能力。现代大学生数据素养的一个重要体现是数据获取与处理能力。在信息爆炸时代，大学生需要具备快速、准确地从海量数据中筛选出有价值信息的能力。

例如，某学生在撰写毕业论文时，通过学术搜索引擎和数据库资源，如中国知网、万方数据等，搜集了大量相关文献，然后通过对文献内容的分类整理，最终完成了高质量的论文撰写。这一过程展示了大学生在学术研究中高效利用信息检索工具的能力，也体现了大学生在信息筛选、评估和利用方面的能力。

② 数据分析与决策能力。大数据分析能力的提升也是现代大学生数据素养的重要组成部分。在获得大量数据后，学生应能够通过分析和挖掘，对实际问题进行剖析，提出解决方案。

例如，某学生利用大数据分析技术，对校园内的共享单车使用情况进行研究，通过数据分析展示了不同时间段、不同区域的单车使用规律，为校园交通管理提供了科学依据。这展示了大学生在数据分析方面的技能和实践经验，体现了大学生利用数据分析技术为决策提供有力支持的能力。

③ 信息伦理与法律意识。除了技术层面的能力外，现代大学生还需要具备数据信息伦理和法律意识。在处理和使用数据时，大学生应遵守相关法律法规和道德规范，尊重他人的隐私和知识产权。

例如，某学生在参与科研项目时，需要了解并遵守数据保护法规，确保研究数据的合法性和安全性。这展示了大学生在信息伦理和隐私保护方面的意识和责任感，体现了大学生在科研活动中遵循法律法规和道德规范的能力。

综上所述，在信息化高速发展的时代，大学生应该积极学习和掌握大数据技术，不断提升自己的信息素养水平，以更好地适应社会发展的需求。

3. 物联网

(1) 物联网的定义

物联网是一个基于互联网、传统电信网等信息承载体，在互联网基础上延伸和扩展的网络，是让所有能够被独立寻址的普通物理对象实现互联互通的网络。它具有普通对象设备化、自治终端互联化和普适服务智能化等重要特征。在物联网时代，每一件物体均可寻址，每一件物体均可通信，每一件物体均可控制。通常来说，物联网可定义为：物联网是指通过信息传感设备，按照约定的协议，把任何物品与互联网连接起来，进行信息交换和通信，以实现智能化识别、定位、跟踪、监控和管理的一种网络。

(2) 物联网的体系结构

物联网应该具备三个特征：一是全面感知，即利用射频识别（Radio Frequency Identification，RFID）、传感器、二维码等技术和设备，随时随地获取物体的信息；二是可靠传递，即通过各种电信网络与互联网的融合，将物体的信息实时、准确地传递出去；三是智能处理,即利用云计算、人工智能等各种智能计算技术,对海量数据和信息进行分析和处理,从而对物体实施智能化的控制。

如图1-1-10所示,物联网的架构在业界普遍被认为有三个层次:底层是用来进行数据收集的感知层,第二层是进行数据传输的网络层,最上面那层则是服务内容的应用层。

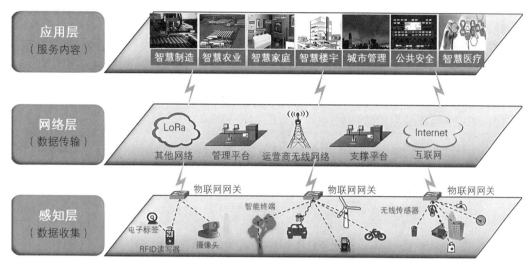

▲ 图1-1-10 物联网的架构

(3) 物联网的主要应用

典型的物联网应用包括:智慧制造、智慧农业、智慧家庭、智慧楼宇、城市管理、公共安全和智慧医疗等。以下对其中的智慧制造、智慧农业和智慧家庭展开论述。

① 智慧制造:智慧制造指的是使用物联网机器和设备,即在机器和设备中嵌入传感器来收集数据。这些传感器可以测量多种变量数据,如温度、压力和湿度,这些数据可用于评估和改进生产流程。物联网在智慧制造上的应用主要体现在预测性维护、节约能源、供应链和劳动力优化、节约成本、提高产品质量等方面。

② 智慧农业:智慧农业是利用物联网、人工智能、大数据等现代信息技术与农业进行深度融合,实现农业生产全过程的信息感知、精准管理和智能控制的一种全新的农业生产方式,可实现农业可视化诊断、远程控制以及灾害预警等功能。

③ 智慧家庭:智慧家庭指的是使用各种技术和设备,让家庭环境更舒适、方便、安全和环保。智慧家庭能够对家居类产品的位置、状态、变化进行监测,分析其变化特征,同时根据人的需要,在一定程度上进行反馈。

问题研讨

物联网除了在智慧制造、智慧农业、智慧家庭等领域被广泛应用外,还在其他领域发挥着重要作用,请通过互联网查询,了解物联网在其他领域的应用情况。

4. 移动互联网

移动互联网是 PC(个人电脑)互联网发展的必然产物,它将移动通信和互联网二者结合起来,成为一个整体。

(1) 移动互联网的定义和特点

移动互联网是指用户使用手机、平板电脑或其他无线终端设备,通过较高速率的移动网络,在移动状态下(如在地铁、公交车里等)随时、随地访问互联网,以获取信息,并获得商务、娱乐等各种网络服务。它是互联网的技术、平台、商业模式和应用与移动通信技术结合并实践的活动总称。移动互联网主要具备移动性、便携性、即时性、私密性等特点。

(2) 移动互联网的主要应用领域

如图 1-1-11 所示,移动互联网的应用领域非常广泛,主要包括游戏、沟通、观看视频、阅读书籍、社交和支付交易等。

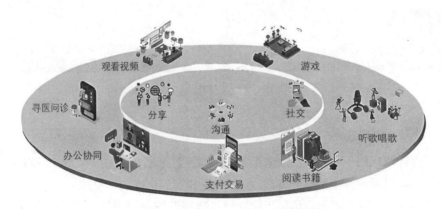

▲ 图 1-1-11 移动互联网的主要应用

(3) 移动互联网的发展趋势

随着技术的不断进步和应用的不断深化,移动互联网的发展呈现出以下趋势。

① 5G(第五代移动通信技术)和物联网的普及,使移动互联网的体验感得到极大的提升。

② 人工智能作为移动互联网的核心技术之一,其广泛的应用将会为用户带来更智能、更个性化的产品和服务。

③ 随着智能手机性能的不断提升以及增强现实(Augmented Reality,AR)和虚拟现实(Virtual Reality,VR)的普及应用,人们可以通过手机轻松地进入增强现实和虚拟现实世界,体验更丰富、更逼真的场景。

④ 随着移动互联网技术的不断创新和完善,移动支付作为其典型应用,未来将会更加智能和安全。

移动互联网已经成为人们日常生活中不可或缺的一部分,其发展前景广阔,将继续推动社会进步和经济发展。

5. 人工智能

人工智能（Artificial Intelligence，AI）也称机器智能，是由人制造出来的机器或计算机所表现出来的智能。人工智能是研究和开发用于模拟、延伸和扩展人的智能的理论、方法、技术，以及应用系统的一门新的技术科学。

人工智能概念诞生于1956年，在半个多世纪的发展历程中，由于受到智能算法、计算速度、存储水平等多方面因素的影响，人工智能技术及其应用的发展经历了多次高潮和低谷。我国对人工智能的研究始于1978年，目前已成为国家战略。

人工智能是十分广泛的科学，主要技术包括机器学习、知识图谱、自然语言处理、计算机视觉、人机交互、生物特征识别、虚拟现实和增强现实、搜索技术等。同时，人工智能的应用范围也极为广泛，如问题求解、逻辑推理与定理证明、搜索与博弈、专家系统、智能机器人、模式识别、机器翻译、无人系统及人工智能城市等。

6. 区块链

对于现有的金融系统中存在的中心化风险与交易信任成本高的问题，中本聪（Satoshi Nakamoto）提出了不需要银行等第三方中介平台，通过去中心化的点对点方式实现电子交易的设想。在中本聪的设计中，对于交易数据的存储，采用了一种区块存储方式，即每隔一段时间生成一个区块，用于记录这段时间内交易的信息。前后区块之间通过密码学中的随机散列（也称哈希算法）实现链接，即后一个区块包含前一个区块的哈希值，利用哈希值具有的单向性、输入敏感和碰撞约束等特征来保障信息存储和传递的不可篡改性。随着时间的推移，记录不断生成新的区块并与前一个区块链接，这样就形成一条前后链接的区块链网络。区块链越长，其篡改的难度就越大，安全性也越强。

（1）区块链的定义

区块链实质上就是一个分布式的共享账本和数据库，是包含分布式数据存储、点对点传输、共识机制、加密算法等计算机技术的一种新型应用模式。它具有去中心化、共同维护、不可篡改、全程留痕、可以追溯、公开透明等特点。这些特点保证了区块链的"诚实"与"透明"，为区块链解决信任问题奠定了基础。

如果说互联网实现了信息的传递，那么区块链网络则实现了价值的传递，这也是区块链网络与互联网系统最大的区别。

（2）区块链技术的主要特性

区块链作为一种分布式账本技术，其主要特性包括以下几个方面。

① 去中心化：区块链没有中心服务器，网络所有节点共同参与数据的记录和保存，避免了中心化交易体系宕机的风险，大大提高了区块链网络的安全性。

② 不可篡改：区块链使用哈希算法和不对称加密技术（公钥/私钥加密），确保数据的不可篡改性和完整性，解决了去中心化后的交易信任问题，使区块链网络更为可靠。

③ 可追溯性：区块链上的所有交易记录都是公开透明的，任何人都可以查看和验证，从

而增强了区块链网络的透明度。

④ 共识机制：区块链采用了工作量证明（PoW）、权益证明（PoS）等方式，从而巧妙地解决了谁来记账以及如何保障信息一致等难题。这些共识机制确保了区块链网络的稳定性与可信度。

（3）区块链的应用领域

区块链技术在数字货币、去中心化金融（DeFi）、供应链管理、公共服务等领域的应用日益广泛且深入，正在逐步改变各行各业的生产方式和服务模式。

拓展阅读

拜占庭将军问题

拜占庭将军问题（Byzantine Generals Problem）是一个共识问题，由计算机科学家莱斯利·兰伯特（Leslie Lamport）等人在1982年首次提出。

很久以前，拜占庭是东罗马帝国的首都，国土辽阔，其军队由各自将军率领，彼此驻地都分离得较远。当战争发生时，他们无法聚在一起来商讨进攻与否，将军与将军之间只能通过信使来传递彼此的决定。

困扰这些将军的问题是不确定信使是否一定能按时、准确地传递消息。更糟糕的是，他们不确定将军中是否有内奸故意散布假消息以干扰决定。在这种状态下，拜占庭将军们能否找到策略来进行远程协商，并就战争决策问题达成一致，这就构成了著名的拜占庭将军问题。

拜占庭将军问题本质是一个经典的分布式计算问题，它揭示了在通信不可靠和存在恶意节点的情况下，如何确保系统能够达成一致性的复杂性难题。它对现代分布式系统、区块链技术等领域的发展均有深远的影响。

在区块链网络中，如何确保所有节点就新的区块达成一致，就是一个典型的拜占庭将军问题。目前，区块链是通过引入共识机制（如工作量证明、权益证明等）来解决这个问题的，以此确保区块链网络的安全和稳定。

问题研讨

拜占庭将军问题是一个分布式计算中的经典问题。请同学们上网查询相关信息，分析如何解决区块链中的共识机制问题。

7. 边缘计算

2016年4月，新西兰国家水族馆有一只名为Inky的章鱼从半开的水族缸里爬了出来，走过房间并钻入一个排水口，在穿过50米长的水管之后，回到了外海中。Inky的成功再次向人类证明，章鱼是地球上最聪明的生物类群之一，也是智商最高的无脊椎动物。如图1-1-12所示，它不仅可以连续往外喷射墨汁,还能够改变自身的颜色和构造,这都得益于章鱼是直接用"脚"来思考并就地解决问题的,这也正是边缘计算解决问题的方式。

▲ 图 1-1-12　天生的"边缘计算"者——章鱼

(1) 边缘计算的定义

边缘计算(Edge Computing,EC)是一种分布式计算方式,即在网络边缘侧的智能网关上就近处理采集到的数据,而不需要将大量数据上传到远端的核心管理平台。

(2) 边缘计算的典型应用

车联网是边缘计算的典型应用,如图 1-1-13 所示。在车联网领域,智能汽车、智能马路上的终端设备通过 5G 通信技术与其他设备(如充电桩、车辆维修商店、智能信号灯等)进行通信,并将数据上传至边缘服务器,通过边缘服务器分析道路的拥挤程度、充电桩的使用情况、车辆维修点的排队情况等,从而动态调整智能信号灯的绿信比,引导车辆行驶至相对空闲的道路,选择排队较少的充电桩及车辆维修点。同时,部分数据也可上传至"云"端进行进一步分析和处理。

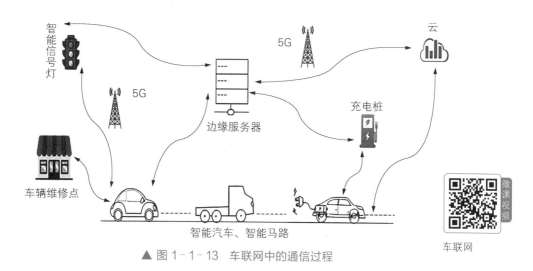

▲ 图 1-1-13　车联网中的通信过程

8. 量子计算

量子计算是一种利用量子力学原理进行信息处理和计算的新型计算模式。

(1) 量子计算的基本概念

① 量子比特（Qubit）。量子计算中的基本运算单元量子比特，与经典计算中的比特（bit）不同，量子比特可以同时处于多个状态的叠加态，被称为量子叠加原理。例如，经典比特描述的是静止的硬币，只有"0"和"1"两种状态，而量子比特描述的则是旋转的硬币，可以是经典比特两种状态的叠加态，即同时拥有"0"和"1"的状态。

② 量子叠加原理。量子叠加原理使得量子信息单元的状态可以处于多种可能性的叠加状态，使量子信息处理效率有较大突破。普通计算机中的 2 位寄存器在某一时间仅能存储 4 个二进制数（00、01、10、11）中的一个，而量子计算机中的 2 位量子位（qubit）寄存器则可同时存储这四种状态的叠加状态。随着量子比特数目的增加，量子计算机可以比传统计算机具备更快的处理速度，突破算力瓶颈。

(2) 量子计算在中国的发展

中国高度重视量子科学的研究，在超导量子计算和光量子计算等关键技术路线上取得了显著成果。例如，中国科学技术大学团队成功构建了 255 个光子的量子计算原型机"九章三号"，刷新了光量子信息技术的世界纪录。此外，中国还成功研制了超导量子计算芯片"骁鸿"，并在量子计算云平台布局上取得了重要进展。

尽管量子计算在诸多领域展现出巨大的潜力，但仍存在量子比特的稳定性、量子纠缠的保持时间、错误纠正等技术挑战。随着量子物理理论的不断深入和量子技术的日益成熟，量子计算有望从理论走向实用化，成为未来计算技术的重要发展方向。它将在多个领域引发深远的影响，为人类的科技进步和社会发展带来更多机遇和挑战。

1.2

智能计算与大模型基础

问题导入

在近年来上映的科幻题材影片中,关于人工智能和机器智能的主题被不断涉及。这些影片不仅给人们带来了视觉的震撼,更引发人们的深层思考:人工智能究竟是福音还是威胁? 在一些影片中,人工智能被描绘成温暖人心的"大白"机器人,而在另一些影片中,它们却成为人类的杀手。那么,我们究竟应该如何看待人工智能的双重面孔呢?

❖ 1.2.1 人工智能及其应用

智能计算包括人工智能技术与它的计算载体,大致可以分为四个发展阶段,分别为通用计算装置、逻辑推理专家系统、深度学习计算系统、大模型计算系统。人工智能的概念最早可以追溯到 20 世纪 40 年代和 50 年代,当时计算机科学的先驱们开始探索用机器模拟人类智能的可能性。1956 年,在达特茅斯会议上,约翰·麦卡锡(John McCarthy)首次提出了"人工智能"这一术语,标志着人工智能作为一门学科的正式诞生。

早期的人工智能研究主要集中在符号推理和问题解决上,如艾伦·图灵(Alan Turing)提出的图灵测试,以及亚瑟·塞缪尔(Arthur Samuel)定义的机器学习概念。随后,人工智能经历了几次高潮和低谷,包括 20 世纪 70 年代的"AI 冬天"和 20 世纪 80 年代的专家系统发展。进入 21 世纪后,随着计算能力的提升和大数据的兴起,深度学习等技术推动了人工智能的快速发展,使其在图像识别、自然语言处理等领域取得了突破性进展。谭铁牛院士制作了人工智能发展历程的图表,如图 1-2-1 所示。

在数字化浪潮的推动下,人工智能和智能计算正成为科技界的璀璨双璧,引领着人类社会迈向智能化的新纪元。展望未来,智能计算将朝着多模态大模型、视频生成、具身智能以及科研智能(AI for Research,AI4R)等方向不断开拓。AI 技术的不断演进,预示着它将不再是简单的工具,而是成为推动科学发现与技术发明的主要力量,从而开启人类认知的新篇章。

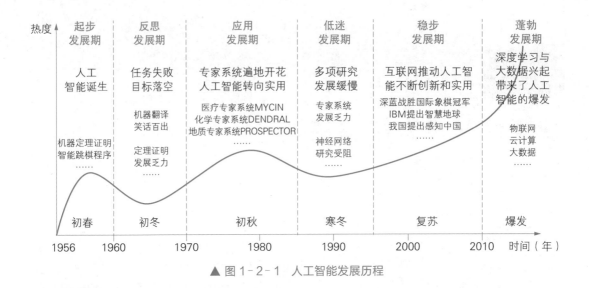

▲ 图1-2-1 人工智能发展历程

实践探究

（1）通过文心一言、通义千问、智谱清言等大模型，详细查询和了解智能计算的四个发展阶段及其特征，以及人工智能的四个主要发展方向，并从中寻求与自己的专业和未来工作方向的融合方式。

（2）人工智能自诞生之日起，便寄托了人类对智能世界的无限憧憬。探索通用人工智能（Artificial General Intelligence，AGI）的道路，既充满挑战也饱含争议。我们何时能揭示大脑如何产生意识？这不仅是科学界的难题，也是推动 AI 发展的钥匙。请通过学习和实践给出你自己的答案。

❖ 1.2.2　智能计算系统

自 21 世纪以来，计算机的智能水平得到了明显提升，尤其是大模型和 AIGC 的出现，使得其智能水平进一步取得了质的飞跃。这些成绩的背后，都离不开人工智能算法，而算法的训练和运行需要依赖强大的硬件平台和海量的数据。

1. 推动人工智能发展的三大要素

算法、算力和数据被视为推动人工智能发展的三大要素，目前已经成为业界共识。

① 算法：定义了如何使用数据和算力来进行计算和决策。它是人工智能系统的核心引擎，决定了系统的学习、推理和决策过程。在人工智能中，有许多不同类型的算法，如机器学习算法、深度学习算法和强化学习算法等。不同的算法可以应用于不同的任务和场景。

② 算力：指计算机系统在处理复杂任务时所具备的计算能力。在人工智能领域，算力是实现高性能计算、大规模数据处理和复杂模型训练的关键。随着硬件技术的进步，如图形处理器（Graphics Processing Unit，GPU）和张量处理器（Tensor Processing Unit，TPU）等 AI

芯片的出现,算力得到了极大的提升。这些专用的 AI 芯片能够并行处理大量数据,加速训练和推理过程,从而提高人工智能系统的性能和效率。

③ 数据:人工智能的基础,没有高质量的数据支持,人工智能系统便无法进行训练和学习。数据是人工智能的燃料,数据的质量和多样性对训练和优化模型至关重要。高质量的数据可以提供准确的样本和标签,使得模型能够学习到有效的规律和特征。同时,多样性的数据能够帮助模型更好地泛化和适应各种不同的场景和情况。

2. 智能计算系统的定义

尽管我国的人工智能应用和算法研究已经达到世界先进水平,但人工智能算力(硬件基础)建设还在快速发展中。

从概念上来说,智能计算系统是指拥有智能的物质载体。需要注意的是,人工智能算法或代码本身并不能构成一个完整的智能体,它们必须依托在一个具体的物质载体上运行才能展现出智能。

从实现上来看,智能计算系统包括硬件和软件两大部分。硬件部分是集成了通用中央处理器(Central Processing Unit, CPU)和 AI 芯片的异构系统。软件部分一般包括面向开发者的智能计算编程环境,如前端编程语言、深度学习框架和编程平台等。智能计算系统的组成如图 1-2-2 所示。

软件部分	前端编程语言	Python、C、C++等
	深度学习框架	TensorFlow、Caffe、PyTorch
	编程平台	CUDA、OpenCL等
硬件部分	异构系统	CPU + GPU/TPU等AI芯片

▲ 图 1-2-2　智能计算系统的组成

智能计算系统的硬件部分一般采用异构系统,即 CPU＋AI 芯片。这些 AI 芯片可以是图形处理单元(GPU)、张量处理单元(TPU),或是华为昇腾、寒武纪思元、百度昆仑、天数智芯、壁仞、摩尔线程、燧原、太初元碁等国产品牌芯片,如图 1-2-3 所示。CPU 就像一位"通才",主要负责通用的计算,擅长处理操作系统和通用应用这类拥有复杂指令调度、循环、分支、逻辑判断以及执行等的程序任务,使得异构系统可以适应多方面的应用。智能芯片更像一位"专才",专门用于人工智能算法的计算,如矩阵计算等,具有强大的数值计算能力,且能效比较高。在一台智能计算机的异构系统中,CPU 和 AI 芯片各司其职,CPU 主要负责通用计算和系统控制等工作,而 AI 芯片则主要集中于高效率、低成本和并行的数值计算,使异构系统比同构系统拥有更高的性能和能效。

硬件上的异构设计,也为编程带来了挑战和困难。CPU 和 AI 芯片往往具有完全不同的指令和特性,因此,编程时需要同时兼顾 CPU 和 AI 芯片。智能计算系统一般需要提供一套编程环境,以便开发人员进行高效的人工智能应用程序开发。编程环境可以看作是智能计算系统与程序员之间的一个界面,是衡量系统易用性的重要指标,其优劣直接影响了智能

（a）寒武纪处理器　　　　（b）英伟达 A100 GPU　　　　（c）谷歌 TPU

▲ 图 1-2-3　多款 AI 芯片

计算系统被用户接纳的程度。

　　编程环境主要包括前端编程语言、深度学习框架和编程平台三个部分。常用的前端编程语言包括 Python、C、C++等，深度学习框架包括 TensorFlow、Caffe 和 PyTorch 等，编程平台包括 CUDA（Compute Unified Device Architecture）、OpenCL（Open Computing Language）等。

> **实践探究**
>
> 　　尝试通过大模型进一步了解智能计算系统的特点；利用百度、知乎等网站，查询智能计算系统的软、硬件组成，以提升自己对人工智能发展三要素（算法、算力和数据）的理解。

❖ 1.2.3　AIGC 应用

　　2023 年以来，以 ChatGPT 和 Sora 为代表的大语言模型技术发展高歌猛进，迅速拉开了迈向通用人工智能的序幕。国内外人工智能和大数据技术的应用百花齐放、日新月异。可以说，人工智能将成为第四次工业革命的核心要素。

　　大模型（Large Language Models），亦称大语言模型，指包含超大规模参数的神经网络模型，具有理解自然语言的能力和模式，能够但不限于完成文本生成、翻译、问答等任务，是人工智能尤其是深度学习领域的前沿技术。

1. AIGC 技术的兴起与全球发展态势

　　AIGC 是指通过人工智能技术自动生成各类信息内容，大语言模型在其中发挥着核心作用。它借助深度学习、计算机视觉、自然语言处理、语音识别和生成对抗网络等多个 AI 领域的先进技术，在信息检索、数据分析、娱乐、教育等诸多应用场景中，切实提升了内容创作的效率和质量。

　　AIGC 技术能够基于大规模数据集的训练，学习并模仿人类的创作风格和逻辑，无论是文本、图像、音频还是视频，AIGC 都能在一定程度上实现创作的自动化。同时，AIGC 还能通过算法优化内容结构、调整语言风格,确保生成的内容既符合读者的需求,又具备较高的可读性、专业性和创新性。

以下因素推动了 AIGC 的兴起:

① 计算能力的提升。随着 GPU、TPU 等专用硬件的推出,机器学习模型的训练速度大大提升,这使得处理大规模数据和复杂算法成为可能。

② 大数据的积累。互联网的普及使得海量数据唾手可得,这些数据为训练更强大、更准确的 AI 模型提供了基础。

③ 深度学习技术的突破。深度神经网络尤其是生成对抗网络(Generative Adversarial Network,GAN)和变分自编码器(Variational Autoencoder,VAE)的发展,为 AIGC 提供了强大的算法支持。

④ 应用场景的拓展。从游戏设计、广告创意,到新闻写作、法律文件审核,AIGC 的应用领域在不断拓宽。

⑤ 商业模式的驱动。AIGC 能够显著降低内容生产的成本,提高效率,为商业模式的创新提供了可能性。

⑥ 社会文化的影响。随着技术的普及和人们对 AI 接受度的提高,社会文化层面上也开始鼓励 AIGC 技术的发展。

⑦ 多模态方向的发展。除了文本、音频、视频,触觉、味觉乃至脑电等信息的感知和认知能力也有望实现,进而实现跨模态的内容生成。

在全球范围内,随着智能技术的成熟和应用场景的拓展,众多科技巨头和初创企业纷纷投入巨资研发 AIGC 技术,从而推动相关产业链的快速发展。同时,政策的支持也为 AIGC 技术的发展提供了良好的外部环境。展望未来,AIGC 技术有望为人类带来更多惊喜和便利,推动社会向更加智能化、高效化的方向发展。图 1-2-4 为 SuperCLUE 团队所做的中文大模型基准测评报告(2024 年 4 月)。

▲ 图 1-2-4　中文大模型基准测评报告(2024 年 4 月)

2. AIGC 自动化生成内容的分类

根据生成的内容类型和应用场景，AIGC 可以分为以下几类。

① 文本生成：包括自动写作、新闻生成、文章摘要、机器翻译、聊天机器人等。

② 图像生成：包括图片生成、图像编辑、图像风格转换等。

③ 音频生成：包括音乐生成、语音合成、声音效果生成等。

④ 视频生成：包括视频剪辑、视频摘要、动画生成等。

⑤ 多模态生成：指文本、图像、音频、视频等内容的协同生成。

⑥ 交互式生成：指根据用户的输入和反馈，实时生成个性化的内容，如个性化推荐系统等。

3. 提示词工程

提示词工程（Prompt Engineering）是指通过精心设计的提示词来引导生成式 AI 模型产生特定类型或风格的内容。它涉及指令的明确性、上下文的充分提供、输入数据的准确性以及明确指定输出格式。

(1) 提示词工程的写作原则

OpenAI 公司官方给出六条提示词写作原则，这些原则对文心一言、通义千问和智谱清言等国产大模型也同样适用。

① 写出清晰的指令（Write clear instructions）：将指令表述得尽可能清晰、具体，以确保模型能迅速理解其含义。例如：若想让模型编写一段特定风格的代码，则需要明确指出代码的语言、风格、功能等具体要求。

② 提供参考文本（Provide reference text）：提供相关的文本或文档作为参考，这有助于模型基于已有信息生成更准确的回答。

③ 将复杂任务拆分为简单子任务（Split complex tasks into simpler subtasks）：例如，当要求模型编写一篇长文时，则可以将其拆分为收集资料、撰写大纲、填充内容等多个子任务。

④ 给模型时间"思考"（Give the model time to "think"）：有时，让模型进行逐步推理、自我验证等，可以提高答案的准确性和可靠性。

⑤ 使用外部工具（Use external tools）：结合其他工具（如数据搜索工具、代码执行引擎等），可以补偿模型的不足，提高整体任务的完成质量。

⑥ 系统地测试变更（Test changes systematically）：对提示词的变更进行系统测试，即通过对比不同提示词下模型的输出结果，找到最优的提示词组合。

(2) 提示词工程的通用技巧

不同的模型在能力上存在差别，但各有使用技巧，这些技巧一般会以文档的形式进行说明。例如，文心一言在"一言百宝箱"和"一言使用指南"中给出了详细说明。此外，不同群体也对提示词的技巧进行了总结。其中，由新加坡政府科技局数据科学与 AI 团队提出的 CO-STAR 框架具有较好的通用性。

① 上下文(Context)：帮助模型确保其答复具有相关性。

示例：在询问关于某个电子产品的问题时，可先介绍该产品的基本信息、功能、市场定位等。

② 目标(Objective)：帮助模型理解正在讨论的具体场景。

示例："请为我分析这个电子产品的市场前景，并提供相应的销售建议。"

③ 风格(Style)：指定模型使用的写作风格，可能是某位具体名人的风格。

示例："请以×××经济学家的风格撰写这篇市场分析报告。"

④ 语气(Tone)：设定生成文本的语气语调，如正式、幽默、善解人意等。

示例："请使用正式且专业的语气回复此问题。"

⑤ 受众(Audience)：确定目标受众群体。

示例："我的目标受众是有一定智能手机使用经验的60岁左右的老年群体。"

⑥ 响应(Response)：指定响应格式，如列表、JSON(JavaScript Object Notation，JavaScript 对象表示法)、专业报告等。

示例："请以就业指导的形式呈现建议，包括每条建议的标题和详细说明。"

同时，建议使用分隔符将提示词分段。分隔符是一种特殊的标记，可以帮助模型区分提示词的哪些部分应被视为一个意义单元。对于简单的任务，分隔符可能不会影响模型的回复质量；然而，任务越复杂，使用分隔符进行分段对模型回答的影响就越大。分隔符可以是任何通常不会同时出现的特殊字符序列。例如：

```
###
===
>>> >>>
```

特殊字符的数量和类型不限，只要能让模型将其理解为内容分隔符而非普通标点符号即可。

4. AIGC 面临的挑战与伦理问题

目前，AIGC 面临的主要问题有以下几方面。

第一，当前大模型并未实现真正的通用智能，基本原理仍然是根据已有的文本内容预测下一个单词或短语的概率分布。尽管通过大量训练，大模型的预测精确度在不断提升，但仍然存在"一本正经地胡说八道""幻觉"等问题，即使在极其简单的问题上也可能输出错误答案。比如，著名的"9.9 和 9.11 哪个大"问题，国内外大模型曾经纷纷"翻车"，如图 1-2-5 所示。

▲ 图 1-2-5　大模型回答错误的案例

第二，所输出的价值观可能含有偏见和错误言论。

第三，容易被有目的地进行技术诱导，输出错误知识和有害内容。

第四，数据安全问题加重，如大模型可能成为重要敏感数据的诱捕器，获得公开渠道覆盖不到的中文语料。

因此，除了需要发展大模型安全监管技术并创建自主可信的国产大模型之外，每个AIGC的使用者都不能当"甩手掌柜"，而是要始终保持清醒的头脑和正确的价值观，对AIGC的输出结果进行准确控制和把握。

5. 大模型应用实践

在这个智能互联的时代，AIGC不仅是工具，更是开启新世界的钥匙，引领使用者走向更加智能、高效的未来，因此，将AIGC学以致用至关重要。

例 1-2-1

使用文心一言模型完成一项"文生文"任务。

写8行关于秋天的诗；比较当提示词由"写一首关于秋天的诗，8行"，优化为"（需求背景）目标读者是大学生和文学爱好者。（需求内容）请模仿诗人徐志摩，为我写一首关于秋天的诗歌。（具体要求）诗歌需要8行，以秋高气爽、明媚阳光、欢乐活力的人群为主题。通过生动的描写和情感的表达，捕捉秋天独特的氛围和人们的感受。诗歌要求用词精炼、意境深远，传达出对秋天的热爱和对生命活力的赞美"时，两者的不同结果，如图1-2-6所示。

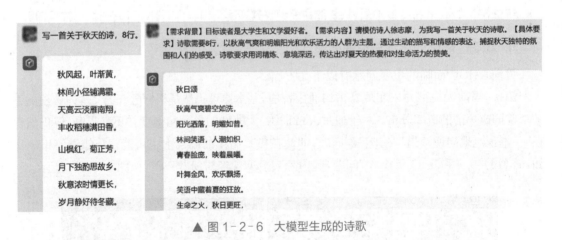

▲ 图 1-2-6 大模型生成的诗歌

例 1-2-2

使用豆包模型完成一项"文生图"任务，修改提示词中的画面主体、特征、场景、氛围、风格、构图和光线等要求，测试输出效果，如图1-2-7所示。

提示词：身着汉服的优雅女士在水榭旁弹奏古琴，背景是清幽的荷塘和淡淡的月亮，她神情有些忧伤，旋律飘浮在空气中。全景，电影级光照，柔焦，艺术肖像，色彩鲜明，梦幻效果，电影写真。

▲ 图 1-2-7　文生图练习

实践探究

（1）尝试安装腾讯智影，使用 AI 技术制作古诗词视频，并使用腾讯智影提供的数字人功能，制作一段唐诗《静夜思》的微课讲解视频。

（2）利用智谱清言或文心一言大模型的智能体功能，创建一个自己专属的智能体。通过配置基本信息和自定义的知识储备库、添加 API（Application Programming Interface，应用程序编程接口）等，调试智能体并发布，可以选择私人或分享使用，并随时编辑优化。

拓展阅读

目前，国内在文生文、文生图、文生音频等 AIGC 领域已经获得长足进步。然而，在文生视频领域，虽然也取得了显著进展，但与国外顶尖模型相比仍存在较大差距，主要体现在生成时长、对物理世界模拟的精准度、复杂场景处理能力等方面。此外，国内模型在训练数据、算法优化、模型架构等方面仍有待进一步提升。通过技术快速迭代、应用场景拓展、个性化与定制化服务、产业融合与协同发展以及政策支持与监管，国内文生视频大模型有望迎来更加广阔的发展前景。

需要说明的是，AI 技术还在飞速迭代和进步。2024 年 9 月 13 日，OpenAI 公司发布大模型 o1，该模型采用"思维链"的技术，通过一系列逻辑步骤来解决问题，拥有更强大的推理能力。OpenAI 官方文档宣布给 o1 的提示词应该"简洁且直接"，传统的需要给出详细指令的提示词技巧可能适得其反。所以，我们必须始终保持开放的态度，迎接日新月异的挑战。

1.3

智能时代的风险与挑战

问题导入

　　人工智能技术的迅猛发展极大地便利了我们的生活。然而，在计算机网络信息普及与人工智能迅猛发展的背后，却潜藏着不容忽视的一系列问题与挑战。高校信息安全风险问题日益突出，师生个人隐私被侵犯和窃用，以及高校科研成果面临严峻的风险等安全挑战，可能会影响到社会和国家的利益。

❖ 1.3.1 信息安全

　　智能时代，互联网信息安全、人工智能技术、人机关系在对社会生产力带来巨大冲击力和深远影响的同时，在技术、法律、伦理道德、社会等层面也面临着风险与挑战。

1. 信息安全、计算机安全、网络安全

　　当今社会，便捷的生活方式背后潜藏着诸多信息安全隐患。其中，个人信息泄露尤为严重，直接威胁个人的信息安全。令人担忧的是，很多大学生缺乏足够的信息安全意识和应对能力。

　　信息安全是指信息系统中硬件、软件、数据等受到保护，信息的传输、处理、存储等环节不受偶然的或者恶意的因素而遭到破坏、更改、泄露，系统可以连续可靠地正常运行，信息服务不中断，信息传递连续。

　　信息安全涉及的范围很大，例如：如何防范商业机密通过信息渠道被泄露、防范青少年浏览不良网上信息、防范个人信息泄露等。虽然我国已有一批专门从事信息安全工作的技术人才，但依然处于人才严重短缺的状态，这制约了我国信息安全事业的发展。信息安全的主要内容包括：信息的保密性、真实性、完整性、可用性、可控性和不可否认性，入侵威胁检测和预测，弱点和漏洞识别等。

　　计算机安全和网络安全都属于信息安全的范畴。计算机安全的侧重点在于对计算机数据处理系统所采取的技术和管理措施的安全保护，如计算机的硬件、软件、数据不因偶然的或恶意的因素而遭到破坏、更改、泄露。计算机安全中最重要的是存储数据安全，目前面临

的危险包括:计算机病毒、非法访问、电磁辐射、硬件损坏等。为此,在计算机上安装杀毒软件以实时监控潜在威胁、安装防火墙以阻止黑客袭击,以及不下载不明软件和程序、不同场合使用不同的密码等都非常重要。

网络安全侧重于防范网络被攻击、侵入、干扰、破坏和非法使用,防止网络遭受意外事故,使网络系统处于稳定、连续、可靠的运行状态中。在当前我国手机用户位居世界第一、网络走进千家万户、互联网产业取得突飞猛进发展的背景下,提升广大网民的网络安全意识,已成为我国网络水平提升的关键。

计算机病毒和木马

2. 常用信息安全技术

常用的信息安全技术有加密技术、访问控制技术、网络安全技术、身份认证技术、数据备份和恢复技术。下文将简单介绍常用的身份认证技术。

目前身份认证技术有指纹、虹膜、人脸识别、语音识别、区块链、静态密码、智能卡、短信密码、动态口令牌等,常用于电子商务、金融服务、医疗机构、政府事务等领域。比如,在支付或开门时,人脸识别技术的应用使得人们无须掏出手机或钥匙,给人们的生活带来了极大的便利。同时,这一技术正逐渐在各领域得到广泛应用。图1-3-1和图1-3-2所展示的是人脸识别技术在高铁中的应用。但是,这一技术在监控、人身自由等方面也引发了一系列伦理和法律争议。

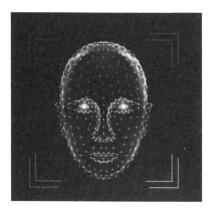 

▲ 图1-3-1 人脸识别技术在高铁中的应用(1) ▲ 图1-3-2 人脸识别技术在高铁中的应用(2)

3. AI 大环境下信息安全领域涉及的犯罪

人工智能引发的犯罪涉及隐私保护、数据安全、知识产权、社会负效应等多个领域。下面将介绍四类主要的犯罪类型。

① 网络诈骗犯罪。消费者容易被网络上的虚假广告所欺骗,在运用电子银行进行交易时,犯罪分子可能获取用户信息或虚构用户信息,以此来窃取个人、集团、国家的财产。

② 色情犯罪横流网络。犯罪分子在色情网站发布黄色低俗网页,组织色情直播等犯罪行为。

③ 犯罪分子运用媒介引发矛盾并加速矛盾激化,传播错误的价值观,扭曲青年一代的世

界观、价值观、人生观，形成网络"文化侵略"。

④ 犯罪分子暴露、记录、保存、兜售个人隐私，甚至威胁网民的人身安全，将网民设为定向受众，操纵舆情，或对网民进行强制性的大数据分析和渗透。

问题研讨

上海某高校大一学生陈某报警称，过年期间其在家中玩手机时，看到一个"同城"交友的二维码，就用微信扫描二维码下载了一款名为"某某恋"的 App。在注册登录该 App 后，客服告知陈某需充值打赏主播进行积分，完成任务后就可以线下"交友"，但在陈某向对方账户转账 15126 元后，客服和主播却都不见了，更没有交到朋友，陈某这才恍然大悟，原来自己被骗了。

请你和身边的同学就陈某被骗的案件展开讨论：如果你们遇到这种情况，该如何应对？请上网查阅《新时代青少年网络文明公约》，并阐述自己的学习心得。

拓展阅读

"清朗·2024 年暑期未成年人网络环境整治"专项行动

为切实加强未成年人网络保护，营造更加健康安全的网络环境，2024 年 7 月，中央网信办专门印发通知，在全国范围内部署开展为期两个月的"清朗·2024 年暑期未成年人网络环境整治"专项行动。

本次专项行动将重点整治 6 个环节突出问题。一是短视频、直播平台，二是社交平台，三是电商平台，四是应用商店，五是儿童智能设备，六是未成年人模式。

本次专项行动提到，清朗的网络环境对未成年人的健康成长至关重要，各地网信部门要按照通知要求，认真部署、精心组织、扎实推进，抓好专项整治任务落实。要密切关注涉未成年人问题新特点新表现，对各类违规行为，保持高压态势，从严处置违规平台、账号及相关 MCN(Multi-Channel-Network，多频道网络)机构。要压实平台主体责任，健全平台未成年人网络保护机制，共同维护良好网络生态。

❖ 1.3.2　人工智能的问题与挑战

随着 AI 技术的广泛应用，人工智能在技术、伦理、法律、社会等层面面临着诸多问题和挑战。

1. 技术层面

(1) 数据隐私和安全

AI 系统在处理大量数据时，如何确保个人隐私和数据安全成为一大挑战。随着技术的不断发展,数据泄露和滥用的风险也在增加。例如,社交媒体平台使用 AI 技术分析用户行为,这可能会侵犯用户的隐私,因为这些平台可能会在未经用户同意的情况下收集和使用个人数据。

(2) 数据质量和偏见

AI 系统的性能高度依赖于训练数据。数据的不完整性、不均衡性或偏见可能会导致模型产生偏差和歧视。例如,如果招聘 AI 系统基于历史数据来做出招聘决策,可能会无意中排除某些群体,从而导致就业机会的不公平分配。

(3) 可解释性和透明度

AI 系统,尤其是那些采用深度学习技术的模型,因其决策过程的不透明性,即所谓的“黑箱”特性,而在需要高决策透明度和可解释性的应用场景中面临挑战和局限性。例如,在医疗诊断领域,AI 系统可能会给出诊断意见,但医生和患者往往需要知晓 AI 的决策逻辑,以便更深入地理解和信任系统的诊断结果。

2. 伦理层面

(1) 道德责任与问责

当 AI 系统发生错误或造成第三方损害时,如何确定责任归属是一个伦理难题。例如,当自动驾驶汽车发生事故时,确定是车辆制造商、软件开发商还是车辆操作者的责任,是一个伦理和法律上的挑战。

(2) 道德决策

AI 系统在处理道德困境时,如何做出符合人类价值观的决策,是一个复杂的问题。例如,自动驾驶汽车在紧急情况下应该选择保护乘客还是行人? 这种问题很难回答,因此需要建立明确的伦理框架和指南,以指导 AI 系统在复杂情境中做出符合社会道德的决策。

3. 法律层面

(1) 立法滞后

AI 技术的快速发展使得现有的法律体系难以完全适应其带来的新挑战和新问题。例如,AI 生成内容的原创性认定、专利申请的审查标准以及技术创新的保护范围等问题,使现有专利法体系受到严峻考验。

(2) 跨国法律冲突

不同国家和地区在 AI 技术的监管政策和法规上存在显著差异,这给跨国 AI 应用带来了法律适用上的挑战。各地法规可能存在重叠甚至矛盾之处,使得构建全球治理体系面临重大障碍。这种多样性和不一致性进一步增加了国际合作的复杂性,这要求各国在制定和实施 AI 相关政策时,不仅要考虑到本国的利益和需求,还要寻求跨国界的协调和共识。

4. 社会层面

(1) 失业问题

AI技术的普及和应用势必会导致大规模的自动化，从而对传统就业岗位造成冲击。这要求社会和政府采取措施，促进就业转型并提供再培训机会，以减轻对传统劳动力市场的影响。

(2) 社会分化

人工智能的发展还可能加剧社会的不平等，因为某些群体可能更容易受益于新技术，而其他群体则可能被边缘化。因此，确保人工智能发展的公平和包容，是一个重要的社会目标。

(3) 人类价值观和自主性

随着人工智能在决策和生活中扮演越来越重要的角色，人们开始担心人类的价值观和自主性可能会受到侵蚀。因此，如何在利用人工智能优势的同时，保持人类的判断力和控制权，避免对人工智能过度依赖，是一个需要深入思考的问题。

问题研讨

在大学生活中，许多学生会借助智能学习平台，如在线课程平台、学习管理系统等，来辅助学习和完成作业。这些平台利用 AI 技术分析学生的学习行为、习惯和成绩，以提供更加个性化的学习建议和反馈。然而，这一过程也涉及学生的个人数据隐私和安全问题。请针对下列问题（但不限于）展开深入讨论。

- 智能学习平台在收集学生数据时，是否明确告知了哪些数据将被收集？这些数据的收集是否都是出于提供个性化学习建议的需要？
- 智能学习平台如何确保收集到的学生数据在存储过程中不被非法访问、篡改或泄露？
- 学生的学习数据除了用于提供个性化学习建议外，是否还可能被用于其他目的，如商业分析、广告推送等？
- 平台是否有明确的政策来说明数据的使用范围和限制？
- 智能学习平台的隐私政策是否清晰易懂？学生是否能够轻松找到并理解这些政策中关于数据收集、使用和保护的条款？
- 如果平台违反了数据保护法律，学生是否拥有有效的途径进行投诉和维权？相关部门对平台的监管力度如何？

拓展阅读

生成式人工智能服务管理暂行办法

《生成式人工智能服务管理暂行办法》是由国家网信办联合国家发展改革委、

教育部、科技部、工业和信息化部、公安部、广电总局等部门共同发布的一项法规，旨在规范生成式人工智能的服务行为，促进其健康发展，并防范相关风险。该办法自 2023 年 8 月 15 日起正式施行。

该办法的核心内容包括总则、技术发展与治理、服务规范、监督检查和法律责任等几个部分，共 24 条。它强调了发展与安全并重的原则，实行包容审慎和分类分级监管。此外，该办法还明确了服务提供者对生成内容承担生产者责任，同时用户也需承担合理使用责任。

为了更深入地了解这些规定，请自行上网查询该办法并阅读。

✦ 1.3.3　智能时代的社会责任

随着机器学习、自动化和智能系统的不断进步，AI 正日益成为推动经济、塑造社会的关键力量。比如，服务机器人在酒店业的应用，不仅提高了服务质量，还改变了员工的工作内容；在医疗领域，AI 的应用使得疾病诊断更加迅速和准确，个性化医疗已成为可能；自动驾驶汽车技术的发展则预示着交通行业即将迎来巨大变革。作为未来的领导者和技术开发者，大学生应该积极应对 AI 发展带来的挑战，承担起重要的社会责任，为构建更加负责任的人工智能未来做出贡献。

1. 个人层面的责任

(1) 持续学习新技术

在人工智能时代，技术迭代迅速，大学生需要持续学习新知识和新技术，如搜索、机器学习、深度学习、神经网络等前沿技术，以适应未来职场的需求。通过在线课程、工作坊、实习经历等方式，及时掌握最新的人工智能技术和应用案例。

(2) 遵循伦理准则

人工智能技术的应用伴随着数据隐私、算法偏见等问题，大学生应当熟悉相关的伦理准则，确保技术的应用符合道德标准。例如，在处理用户数据时，要确保数据的安全性和隐私保护，避免数据被不当使用。

(3) 激发创新思维及批判性思维

创新是推动人工智能技术进步的关键，大学生可以参与科研项目或技术创新竞赛，将理论知识应用于解决实际问题。通过团队合作和跨学科交流，大学生能获得更多创新灵感，从而共同推动人工智能技术的发展。通过培养批判性思维，大学生还可以更好地评估人工智能技术的影响，并据此做出更为明智的决策。

2. 社会层面的责任

(1) 服务社会发展

在人工智能时代，大学生可以运用所学知识和技术，解决我国面临的实际问题，如智能交通系统、智慧医疗等。例如，通过开发智能系统来监测城市空气质量或进行水资源管理，帮助居民提高生活质量。

(2) 促进经济增长

利用人工智能技术，大学生可以通过创业或参与企业技术创新来促进经济增长和创造更多就业机会。比如，通过开发基于 AI 的客户服务机器人来帮助企业提高服务效率和质量。

(3) 传承文化价值

人工智能技术可以用于保护和传播传统文化，大学生可以利用数字技术来记录和分享非物质文化遗产。例如，使用 AI 技术辅助生成虚拟影像，让国内外观众体验我国传统的节日庆典或历史场景；通过数字技术进行语言翻译和文化内容的智能推荐，帮助国际友人更好地理解我国的本土文化。

3. 全球层面的责任

(1) 推进国际合作

在应对气候变化、疾病防控等全球性挑战时，大学生可以加入跨国研究团队，共享研究成果，推动解决方案的实施。大学生可以利用人工智能技术分析大数据，预测疫情趋势或气候变化的影响，为国际社会提供技术支持。

(2) 维护公平竞争

在参与国际比赛或学术交流时，大学生应遵循诚实守信的原则，展现良好的体育精神和学术道德。通过展示专业能力和正直品质，大学生不仅能够树立良好的国际形象，还能为国家赢得尊重。

(3) 共享技术成果

大学生可以将自己的研究成果和技术方案分享给其他地区，特别是那些科技基础相对薄弱的发展中国家。通过技术转移、远程教育及知识共享等方式，大学生不仅能够助力缩小国与国之间的技术差距，还能积极推动全球的共同发展与合作。

未来已来，人工智能既是发展机遇，又是现实挑战。置身于这一伟大时代，大学生应责无旁贷地担当起建设和捍卫人类命运共同体的历史使命，积极推动人工智能的发展，以确保人类社会的公平、正义、和平与安全，共同开创繁荣、有序、发达的人工智能时代。

 问题研讨

智能时代的人机关系指的是人与机器、工具之间的关系，主要包括重新思考"人机"关系及"人机"边界的重构。人机之间是互补还是替代？有一种观点是人机共生，该观点根据共生情况构建出了互利共生、偏利共生、偏害共生和吞噬取代四种范式。你对此观点是否认同？为什么？

拓展阅读

关于人机社会的规范(阿西洛马人工智能原则)

2017年1月，来自全球的844名人工智能和机器人领域的专家联合签署了"阿西洛马人工智能原则"，呼吁全世界的研究者和研究机构在开展人工智能领域研究的同时，严格遵守这些原则，共同保障人类未来的伦理、利益和安全。该原则共23项，分为科研问题、伦理价值、更长期的问题三大类。

科研问题方面，其目标是创造有益于人类而非失控的智能，确保部分科研经费用于研究如何安全使用人工智能，包括跨学科研究。在科研文化建设上，倡导合作、信任与透明的文化，并避免不必要的竞争，鼓励团队间的积极合作。在科学与政策方面，提倡研究者与政策制定者之间的有益交流。

伦理价值方面，包含13项条款，确保人工智能应用的安全、透明、符合人类价值观，包括负责任地使用人工智能、尊重隐私与自由、确保更多人享受技术红利、由人类决定应用场景、维护社会秩序以及禁止人工智能军备竞赛等。

更长期的问题方面，科学家们关注未来人工智能能力的不确定性，提出应合理规划和管理高级人工智能的发展，减轻潜在风险，并设定严格的安全和控制标准。超级智能的开发应服务于广泛认可的伦理观念，以全人类的利益为目标。

1.4 综合练习

❖ 一、单选题

1. 信息技术按照信息的载体和通信方式的发展，可以大致分为古代信息技术、近代信息技术和（　　）三个不同的发展阶段。

  A. 现代信息技术　　B. 计算机技术　　　C. 微电子技术　　　D. 通信技术

2. 现代信息技术是以电子技术，尤其是微电子技术为基础，以（　　）为核心，以通信技术为支柱，以信息技术应用为目的的科学技术群。

  A. 控制技术　　　　B. 传感技术　　　　C. 网络技术　　　　D. 计算机技术

3. （　　）不是云计算的服务模式之一。

  A. IaaS（基础设施即服务）　　　　　B. PaaS（平台即服务）

  C. SaaS（软件即服务）　　　　　　　D. HaaS（硬件即服务）

4. 以下不属于大数据特点的是（　　）。

  A. 海量的数据规模　　　　　　　　　B. 快速的数据流转

  C. 多样的数据类型　　　　　　　　　D. 高价值密度

5. 在下列关于大学生数据素养的描述中，错误的是（　　）。

  A. 需要具备快速、准确地从海量数据中筛选出有价值信息的能力

  B. 应能够通过分析和挖掘，对实际问题进行剖析，提出解决方案

  C. 能够直接使用他人提供的数据

  D. 在处理和使用数据时，应遵守相关法律法规和道德规范，尊重他人隐私和知识产权

6. 物与物之间的通信被认为是（　　）的突出特点。

  A. 以太网　　　　　B. 互联网　　　　　C. 广域网　　　　　D. 物联网

7. 物联网体系结构中的三个层次，不包括（　　）。

  A. 感知层　　　　　B. 中间件层　　　　C. 网络层　　　　　D. 应用层

8. 在移动互联网环境下，（　　）最有助于提升用户体验。

  A. 更高的数据传输速率　　　　　　　B. 更复杂的用户界面

  C. 更少的移动应用数量　　　　　　　D. 更严格的隐私保护措施

9. 人工智能是（　　）。

  A. 计算机科学的一个分支　　　　　　B. 一台智能的机器

  C. 一种编程语言　　　　　　　　　　D. 一种算法的集合

10. （　　）不是人工智能的主要应用领域。

    A. 语音识别　　　　B. 机器翻译　　　　C. 计算机视觉　　　D. 航天工程

11. （　　）不是区块链网络的特点。

    A. 中心化　　　　　B. 不可篡改　　　　C. 可追溯性　　　　D. 公开透明

12. 量子比特与经典比特的根本区别在于（　　）。

    A. 可以存储更多信息　　　　　　　　B. 可以同时表示 0 和 1

    C. 计算速度更快　　　　　　　　　　D. 能量消耗更低

13. 算法、（　　）和数据被视为推动人工智能发展的三大要素。

    A. 安全　　　　　　B. 算力　　　　　　C. 能源　　　　　　D. 物联网

14. （　　）不是常用的深度学习框架。

    A. TensorFlow　　　　　　　　　　　B. Caffe

    C. PyTorch　　　　　　　　　　　　D. GPU

15. 信息安全的核心目标之一是保护信息的（　　）。

    A. 公开性　　　　　B. 完整性　　　　　C. 时效性　　　　　D. 复杂性

16. 防火墙可用于将互联网和内部网络隔离,（　　）。

    A. 它是防止互联网火灾的硬件设施

    B. 它是保护线路不受破坏的软件和硬件设施

    C. 它是网络安全和信息安全的软件和硬件设施

    D. 它是起抗电磁干扰作用的硬件设施

17. 在 AI 系统中,数据隐私和安全问题主要体现在（　　）上。

    A. 数据的存储成本

    B. 数据泄露和滥用的风险

    C. 数据的传输速度

    D. 数据的访问权限控制

18. AI 系统如果基于有偏见的历史数据做出招聘决策,可能会导致（　　）。

    A. 数据隐私泄露　　　　　　　　　　B. 道德决策困难

    C. 就业机会不公平分配　　　　　　　D. 法律纠纷增加

19. 在医疗诊断领域,需要了解 AI 系统决策逻辑的原因是（　　）。

    A. 为了增加对 AI 系统诊断结果的理解和信任

    B. 为了提高 AI 系统的诊断速度

    C. 为了降低医疗成本

    D. 为了提升 AI 系统的技术复杂性

20. 在智能时代,人机关系的发展趋势是（　　）。

    A. 人机关系将逐渐减弱,机器将取代人类的大部分工作

    B. 人机关系将变得更加紧密,机器将成为人类的智能伙伴

    C. 人机关系将保持不变,机器仅作为辅助工具存在

    D. 人机关系将变得疏远,机器将独立运作,无须人类干预

21. 在智能时代,人工智能技术对社会结构产生的影响是(　　)。

   A. 导致社会结构完全解体

   B. 没有任何显著变化

   C. 促使社会结构发生变化,如服务机器人在酒店业的应用改变了员工的工作内容

   D. 使社会结构更加固定,减少了流动性

22. 阿西洛马人工智能原则中所提到的人工智能研究目标是(　　)。

   A. 创造可以自我学习和进化的智能

   B. 创造有益于人类而非不受人类控制的智能

   C. 创造能够完全替代人类工作的智能

   D. 创造超越人类智能的超级智能

23. (　　)不是未来和智能计算可能的发展方向。

   A. 多模态大模型　　B. 视频生成　　　　C. 具身智能　　　　D. 人工仿生

24. 文本、图像、音频、视频等内容的协同生成称为(　　)。

   A. 文生图　　　　　B. 图生图　　　　　C. 文生视频　　　　D. 多模态生成

✦ 二、是非题

(　　) **1.** 近代信息技术的发展是将以电为主角的信息传输技术的突破作为先导的。

(　　) **2.** 在做数据分析时,应该先去除敏感信息,如姓名、身份证号等。

(　　) **3.** 随着人工智能技术的快速发展,其引发的伦理和隐私问题日益凸显,如算法偏见、数据隐私泄露、自主武器系统的道德责任等,需要社会各界共同关注和解决。

(　　) **4.** 智能芯片主要负责通用的计算,擅长处理操作系统和通用应用程序这类拥有复杂指令调度、循环、分支、逻辑判断以及执行等的程序任务。

(　　) **5.** 为了防止计算机系统在使用过程中因病毒破坏、文件丢失或用户误操作等因素而崩溃,一般建议对系统文件进行备份。

(　　) **6.** 计算机安全和网络安全都属于信息安全的范畴。

(　　) **7.** AI技术的普及和应用势必会导致大规模自动化,从而对传统就业岗位造成冲击。

(　　) **8.** 大学生在人工智能时代只需要学习最新的技术,而无须关注伦理准则和数据隐私问题。

(　　) **9.** 在使用大模型进行 AIGC 创作时,编写提示词应该给大模型以尽可能具体的场景描述。

主题2

信息技术基础

主题概要

　　当智能设备成为人们生活、学习的一部分的时候,作为这些设备的主人,是否有驾驭它们的能力,就成为数字智能时代个人数字素养的重要体现。

　　计算机是各类智能设备的鼻祖。本主题将围绕计算机系统的基本组成、基本设计思想与工作原理,软件和硬件的主要作用与基本功能,操作系统在设备使用中的重要作用,以及信息如何以数字化形式合理编码等底层逻辑,帮助大家提高自身的数字素养,以应对日新月异的技术发展和社会进步。

学习目标

1. 能说出计算机系统的组成部分。
2. 能说出冯·诺依曼(John von Neumann)计算机系统的基本设计思想。
3. 能说出计算机体系结构的各个组成部分及其作用,以及设计之奥妙。
4. 能说出信息是如何在计算机中进行表示和存储的,理解计算机软件。
5. 能说出操作系统的主要功能和分类。

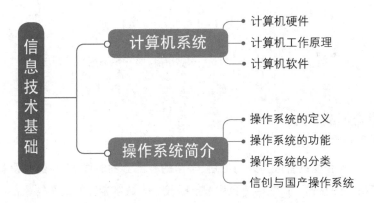

2.1

计算机系统

问题导入

想象一下,你每天使用的手机、电脑背后,隐藏着一个怎样的神奇世界? 是什么让它们如此智能,快速响应你的指令? 这背后离不开科技的力量,更离不开科技工作者的辛勤付出和创新精神。通过本节的学习,我们来揭开这个谜团,探索计算机系统的奥秘! 同时,也请思考:作为新时代的青年,该如何利用所学,为国家科技发展贡献自己的力量。准备好了吗? 让我们一起踏上这场充满发现与思考的旅程吧!

❖ 2.1.1 计算机硬件

智能手机、云计算、大数据、人工智能等前沿技术日新月异,这些都离不开计算机硬件的支撑。那么,大模型强大的运算能力对计算机硬件的需求是怎样的? 相关核心技术是什么? 在我国被"卡脖子"的关键技术中,第一条就与硬件相关,是否有机会突破? 通过学习计算机硬件知识,可深入思考和理解以上问题,将来为国家科技的自立自强做出贡献。

计算机的基本组成

1. 冯·诺依曼计算机模型

1945 年,美国数学家冯·诺依曼提出了"存储程序原理",为现代计算机的基本结构奠定了基础。"存储程序原理"是指将程序像数据一样,以二进制形式存储到计算机内部存储器中,然后由计算机自动执行这些程序的一种设计原理。

根据这个设计思想,计算机硬件系统应由五大功能部件组成,即运算器、控制器、存储器、输入设备和输出设备。它们之间的基本结构关系,如图 2-1-1 所示。

① 运算器:主要完成数据和信息的运算与加工,包括算术运算(如加、减、乘、除)和逻辑运算(如与、或、非)。运算器通常包括通用寄存器、状态寄存器、累加器和算术逻辑单元。

② 控制器:主要由指令寄存器、译码器、程序计数器和操作控制器等组成,是计算机系统的"大脑"和"指挥中心"。它通过整合分析相关的数据和信息,确保计算机的各个组成部分有序地完成指令。

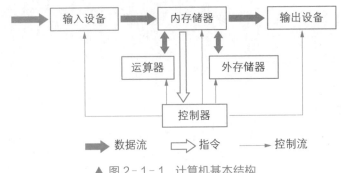

▲ 图 2-1-1 计算机基本结构

③ 存储器：它是计算机的记忆系统，负责保存信息并允许计算机系统读取这些信息。存储器可分为内存储器和外存储器。内存储器与控制器相连，用于临时存放正在运行的程序和数据；外存储器可以长期保存数据，一般容量较大，如硬盘、光盘等。

④ 输入设备：用于将数据、程序、文字符号、图像、声音等信息，输送到计算机中的设备。

⑤ 输出设备：将计算机处理后的信息以文字、图像、声音、影视等形式输出的设备。

2. 计算机硬件组成

计算机硬件从外观上可以分为主机、输入设备（键盘、鼠标）、输出设备（显示器）等，如图 2-1-2 所示。主机主要包括 CPU（中央处理器）、主板、内存、外存、电源和其他设备（显卡、网卡、声卡）等，如图 2-1-3 所示。

▲ 图 2-1-2 计算机外观结构

▲ 图 2-1-3 主机内部结构

▲ 图 2-1-4 CPU 外观

(1) CPU（中央处理器）

CPU 是计算机系统的核心部件。它的主要功能是解释计算机指令以及处理计算机软件中的数据。CPU 的性能高低直接决定了整个计算机系统的运行速度。CPU 主要由运算器、控制器、寄存器和内部总线构成，其外观如图 2-1-4 所示。

CPU 的主要性能指标包括主频、核心数、线程数、缓存（Cache）、制程技术、功耗等。主频反映了 CPU 的基本性能；核心数和线程数决定了 CPU 的多任务处理能力；缓存大小对

CPU 性能也有重要影响,缓存越大则性能越好;制程技术决定了 CPU 的功耗和发热量;功耗影响 CPU 的散热设计和续航时间。

① 主频:指 CPU 的实际工作频率,即 CPU 运行时的时钟频率。一般来说,主频越高,CPU 运行速度越快。

② 核心数:指计算机 CPU 中的物理内核数量。物理内核是 CPU 中的独立处理单元,每个内核都可以独立地执行程序代码和处理数据。多核心处理器是在单个计算组件中集成两个或多个物理内核,以提高计算机执行多线程应用任务时的性能。

③ 线程数:指计算机 CPU 可以同时处理的任务或线程的数量。现代处理器通常支持超线程技术,它利用特殊的硬件指令,把两个逻辑内核模拟成两个物理芯片,让单个处理器都能使用线程级并行计算,从而兼容多线程操作系统和软件,减少了 CPU 的闲置时间,提高了 CPU 的运行效率。

④ 缓存:是 CPU 内部进行高速数据交换的存储器,主要用于提高数据访问速度,减少 CPU 直接访问内存的次数。当 CPU 需要访问某个数据或指令时,它会首先在缓存中查找,如果找到了(称为"命中"),则直接从缓存中读取,而无须访问速度较慢的主存储器;如果没有找到(称为"未命中"),则需要从主存储器中读取数据或指令,并将其存入缓存中,以便后续访问。目前,CPU 多为三级缓存,能比较好地解决因内存存取速度与 CPU 运算速度的巨大差距而造成的瓶颈问题。

⑤ 制程技术:是在制造半导体芯片时所采用的一系列技术流程。这些技术流程决定了芯片上晶体管的尺寸和性能,是半导体工业中的关键技术之一。它包括光刻、蚀刻、离子注入、化学气相沉积等一系列流程。

⑥ 功耗:指元件、器件上耗散的热能,是评估电器设备性能的重要指标。由于 CPU 性能的不断提高,对散热的要求也越来越高。目前,常用的散热方式是风冷散热和液冷散热。随着硬件技术的发展,液冷散热将会成为主流。

(2) 主板

主板是计算机硬件系统的核心,是一块矩形的电路板,上面有插槽、接口、芯片组、CMOS (互补金属氧化物半导体)等,如图 2-1-5 所示。主板上有多个连接接口和插槽,如 SATA (串行高级技术附件)接口、USB(通用串行总线)接口、CPU 插槽、PCI(外围组件互连)插槽、内存插槽、显卡插槽等,用于连接硬盘、固态硬盘、显卡、声卡、USB 设备等,可实现数据的高速传输和设备的快速响应。主板上最重要的构成组件是芯片组,通常由北桥芯片和南桥芯片组成。北桥芯片主要负责高速数据传输和核心功能支持。它通常与处理器直接连接,并提供系统总线、内存控制器、图形控制器等功能。北桥芯片的性能直接影响到计算机的内存管理、图形处理以及整体性能。南桥芯片主要负责低速设备的控制和管理,如硬盘、USB 接口、音频接口等。它通常与北桥芯片相连,并提供硬盘控制器、USB 控制器、声卡等功能。南桥芯片的性能决定了计算机在数据存储、外设连接等方面的能力。UEFI(统一可扩展固件接口)用于定义计算机中操作系统及相关软件界面,负责加电自检、提供连接操作系统与硬件的接口,替代原先用于存储计算机启动程序和系统设置信息的 BIOS(基本输入输出系统)芯片。

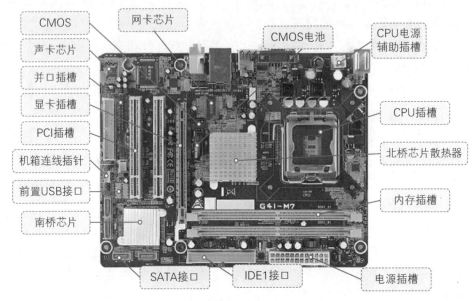

▲ 图 2-1-5　主板结构

(3) 存储器

① 内存储器。内存储器也称为内存条或主存储器，是计算机工作所需的
主要部件，如图 2-1-6 所示。它能够快速存入和读出大量的程序和数据代
码，存储和提供计算机所需要的工作指令及计算使用的数据。它直接与 CPU
相连接，储存容量较小但速度快，主要用于存放当前运行程序的指令和数据，
并直接与 CPU 交换信息。

存储器

▲ 图 2-1-6　内存条

内存储器包括随机存储器（RAM）、只读存储器（ROM）和 CMOS 存储器。目前，作为内
存的半导体存储芯片主要是 DRAM（动态随机存储器）。随着 CPU 速度的不断提高，除了利
用缓存技术外，DRAM 的性能也在不断提高，其芯片主要分为 SDRAM（同步动态随机存储
器）、RDRAM（总线式动态随机存储器）和 DDR SDRAM（双倍速率同步动态随机存储器）等。
其中，DDR SDRAM 在容量、带宽和频率等方面均有更高的性能，但价格也较高。

RAM 中的数据是在程序运行时临时存放的，当断电后，数据便会丢失，而 ROM 中的数
据则是出厂时写入的，无论是否断电，都不会丢失。

② 外存储器。外存储器用于存放那些暂时不使用的程序和数据,它能在断电后仍然保存数据。传统的外存储设备采用直接连接存储技术,如硬盘、软盘、光盘、磁带等。在这中间,硬盘使用最为广泛,包括机械硬盘(HDD)和固态硬盘(SSD)。机械硬盘的转速通常为每分钟 5400 转、7200 转、10000 转甚至更高,3.5 英寸硬盘容量已达 TB(太字节)水平。固态硬盘是以闪存为存储介质的半导体存储器,具备读写速度快、延迟低、抗震性好等优势,正逐渐取代传统机械硬盘。

现代信息存储技术飞速发展,移动存储技术和网络存储技术将成为主流。移动存储主要包括闪存卡、U 盘(优盘)、移动硬盘等。随着互联网的普及和各类数据的爆发式增长,网络存储技术已经得到广泛应用。网络存储是指将数据存储于网络上的设备或服务中,通过网络将数据传输到用户设备上以供其访问和使用的存储方式。目前,国内外有很多提供网络存储服务的企业,如腾讯微云、百度网盘、阿里云盘、微软的 OneDrive(在线云存储服务)、苹果的 iCloud(云端服务)等。

问题研讨

计算机的存储器主要发挥记忆功能。从 CPU 中的寄存器、Cache 到内存条,再到直接连接的硬盘,然后是 U 盘或移动硬盘,最后是互联网上的网盘,这些都可以存储信息。请查阅网络资料,从存储空间、存储速度、价格等方面探索这些不同的存储系统的特点和相互关系,思考如何在实际学习或工作中以性价比最高的方式运用各类存储设备。

(4) 其他设备

除了 CPU、主板、存储器之外,计算机还有输入设备、输出设备,以及连接各种部件(如显卡、网卡和声卡等)的总线与接口。

① 输入设备。输入设备用于将数据输入计算机中,常用的输入设备有键盘、鼠标和扫描仪。键盘和鼠标接口主要是 PS/2 接口和 USB 接口。扫描仪用于把图像、图形或文字以点阵图像的格式输入计算机,以便进行各种处理。

② 输出设备。输出设备用于将计算机的运算结果输出给人类,常用的输出设备有显示器和打印机。显示器可将电脑内部的电子信号转化为人们能够直接识别的图像和文字,为用户提供直观的视觉信息。显示器的主要指标为分辨率,分辨率越高,显示的图像就越清晰。打印机可将计算机处理后的数字信息转换为人类可识别的文字、图形或图像,并将其输出到纸张或其他介质上。它是办公、学习及日常生活中不可或缺的重要设备。按照打印技术分类,打印机可分为针式打印机、喷墨打印机和激光打印机。打印机的主要性能指标包括打印分辨率和打印速度。打印分辨率通常以每英寸点数(DPI)表示,打印速度通常以每分钟打印的页数(PPM)表示。

③ 总线与接口。CPU 内部以及 CPU 与主板上的各种部件都通过总线相连。CPU 的内部总线分为数据总线(DB)、控制总线(CB)和地址总线(AB),分别用于传输数据、控制信息和地址信息。外部总线与接口包含如连接硬盘的 SATA(Serial ATA,串行 ATA)接口,连接声

卡、网卡等的 PCI-E(PCI Express,外围组件互连快速)接口,以及连接更多外部设备的 USB(通用串行总线)接口。USB 接口因其具有数据传输率高、支持热插拔等优点而被广泛使用。除标准 USB 接口外,还有 Type-C、Mini-USB 等分支。不同版本的 USB 接口具有不同的传输速率,其中 USB2.0 的最大传输率为 480 Mbps,而 USB3.0 的最大传输率则高达 5.0 Gbps。

④ 显卡。显卡是连接显示器和个人计算机主板的重要组件,也是"人机"交互的重要设备。显卡也称为图形处理器(GPU),如图 2-1-7 所示。显卡可以根据不同的特性和用途分为集成显卡和独立显卡,采用 AGP 接口(加速图形端口)、PCI Express 接口(外围组件互连快速通道)和 HDMI 接口(高清数字图像接口)。显卡的主要处理单元是显示芯片,衡量显卡性能的主要指标包括显卡频率、显存等。不同的显卡支持不同的 3D(三维)特效,这些特效的性能主要由显示芯片的性能决定。GPU 具有大量的小型处理核心,因此,它在并行计算任务中表现出色。GPU 所具备的高效处理海量数据的能力,使得人工智能在图像识别、语音识别、自然语言处理等领域取得了显著的进步。

▲ 图 2-1-7　显卡

▲ 图 2-1-8　网卡

⑤ 网卡。网卡又称网络适配器,是计算机与局域网相互连接的设备,如图 2-1-8 所示。它的主要功能是连接计算机与网络,进行数据包的发送和接收,以实现网络通信。网卡包括有线网卡和无线网卡,一般台式电脑多采用有线网卡,而笔记本电脑则常使用无线网卡。网卡的性能指标主要是带宽,也就是数据传输速率,通常以比特每秒(bps)作为单位。随着技术的发展和光网建设的深入,千兆(1Gbps)宽带也逐渐进入普通家庭。

⑥ 声卡。声卡也称为音频卡,如图 2-1-9 所示。它可将麦克风等声音输入设备采集的模拟声音信号,通过采样、量化、编码的模数转换(A/D),转换为数字信号;同样地,也可将数字信号通过解码,再经过数模转换(D/A)还原为模拟声音信号。

▲ 图 2-1-9　声卡

问题研讨

计算机硬件作为支撑整个计算机系统的基石,其性能与可靠性是判断计算机系统优劣的关键。请利用大模型查找有关硬件资料,了解我国计算机硬件的发展状况,并与国际主流产品进行比较,发现优势,正视差距,探究国产替代在硬件技术创新方面的发展路径。

实践探究

　　请利用操作系统的相应功能或第三方软件,查看自己所用计算机硬件(如 CPU、内存、磁盘、GPU 等)的参数和性能。例如,Windows 操作系统可以通过"任务管理器"中的"性能"进行查看。

拓展阅读

移动设备

　　移动设备指的是便携的、可以通过无线网络连接到互联网的电子设备,主要包括智能手机、平板电脑、智能穿戴等。这些设备通过无线网络连接到互联网,实现了随时随地访问各种信息的功能。移动设备具有体积小、功耗低、智能化等特点。

智能手机

　　移动设备的 CPU 对制程技术有较高的要求。目前,半导体工艺已经进入 3 nm(纳米)甚至更小的制程节点。我国的集成电路制造企业已经可以实现 7 nm(纳米)的量产。华为手机搭载了华为自主研发的麒麟系列处理器,具备强大的计算能力和高效的能耗比,如图 2-1-10 所示。

▲ 图 2-1-10　麒麟 9000S 处理器

　　此外,摄像头也是移动设备必不可少的硬件。移动设备通常配备一个或多个摄像头,包括前置摄像头和后置摄像头。其中,后置摄像头通常用于拍摄高质量的照片和视频,像素数从数十万到上亿不等。此外,许多高端设备还支持多摄像头系统,通过不同的镜头和传感器来实现更丰富的拍摄效果和功能。

　　随着生成式人工智能等技术的快速发展,智能穿戴设备正以其丰富的功能、便捷的操作和个性化的服务改变着人们的生活方式。智能穿戴设备可分为运动健康监测设备(如智能手表)、虚拟现实/增强现实设备(如智能眼镜)、智能语音交互设备(如语音翻译机)等。

　　移动设备常见的连接技术包括 Wi-Fi(无线局域网)、蓝牙、移动数据网络(如 4G、5G)、NFC(近场通信)等。这些技术使得移动设备能够实现无线数据传输、语音通话、网络浏览等功能。可以预见,未来的移动设备将更加智能化、个性化和便捷化。

✦ 2.1.2 计算机工作原理

计算机为什么能有如此强大的功能？所有信息是如何在硬件设备中表达和传递的？下面将介绍计算机的工作原理，从而帮助我们解答这些问题。

1. 二进制编码

由于电子元器件的特性，实现两种状态（如电压的高低、电路的导通与否、磁性的极性等）的切换相对容易，因此，计算机均采用二进制的形式进行存储和计算。数可以通过基数加权和来表示，下面以大家熟悉的十进制数为例，介绍这种数的表示方法。十进制数的基数为 10，10 的次方数称为权，如个位用 10^0 表示，十位用 10^1 表示，百位用 10^2 表示。例如，十进制数 257 可表示为：$257 = 2 \times 10^2 + 5 \times 10^1 + 7 \times 10^0$。其他进位制数的表示方法也是一样的。表 2-1-1 中对比展示了二进制、十进制，以及计算机领域常用的十六进制数的特征及其加权和表示方法。

微课视频
二进制编码

▼ 表 2-1-1　二进制、十进制、十六进制特征

进位制	数符	基数	权	区分标志	加法规则	举例
二进制	0—1	2	2^n	B	逢二进一	$1011B = 1 \times 2^3 + 0 \times 2^2 + 1 \times 2^1 + 1 \times 2^0 = 11$
十进制	0—9	10	10^n	D	逢十进一	$257D = 2 \times 10^2 + 5 \times 10^1 + 7 \times 10^0$
十六进制	0—9，A—F	16	16^n	H	逢十六进一	$5CEH = 5 \times 16^2 + 12 \times 16^1 + 14 \times 16^0 = 1486$

从表 2-1-1 中的例子可以看出，通过基数加权和，各种进位制数都可以转换成十进制数；而十进制数通过将数字除以基数，记录余数，对商部分继续除以基数，直到商为 0，即除基取余、倒序读数的方法，可以转换成其他数制形式。例如，十进制 11D 转换为二进制 1011B 的过程如图 2-1-11 所示，十进制 1486D 转换为十六进制 5CEH 的过程如图 2-1-12 所示。

$$11 \div 2 = 5 \cdots\cdots 1$$
$$5 \div 2 = 2 \cdots\cdots 1$$
$$2 \div 2 = 1 \cdots\cdots 0$$
$$1 \div 2 = 0 \cdots\cdots 1$$
$$11D = 1011B$$
倒序读数

$$1486 \div 16 = 92 \cdots\cdots 14，对应 E$$
$$92 \div 16 = 5 \cdots\cdots 12，对应 C$$
$$5 \div 16 = 0 \cdots\cdots 5$$

▲ 图 2-1-11　十进制转换为二进制示例　　▲ 图 2-1-12　十进制转换为十六进制示例

由于各种进制数与十进制数之间的转换需要用到乘法和除法，计算比较烦琐，而十六进制数有着类似于十进制数表达比较简短的特点，且十六进制与二进制之间的转换可以通过一位对应四位的方式直接转换，如表 2-1-2 所示。因此，计算机领域经常会用十六进制数来表达计算机内的二进制数据。

▼ 表 2-1-2　三种数制的对应关系

十进制	十六进制	二进制	十进制	十六进制	二进制	十进制	十六进制	二进制
0	0	0000	6	6	0110	12	C	1100
1	1	0001	7	7	0111	13	D	1101
2	2	0010	8	8	1000	14	E	1110
3	3	0011	9	9	1001	15	F	1111
4	4	0100	10	A	1010	16	10	10000
5	5	0101	11	B	1011	17	11	10001

根据表 2-1-2 的对应关系,十六进制 5DEH 转换成二进制 10111011110B 可以通过图 2-1-13(a)所示的方式。如果要将二进制数转换成十六进制数,则可以从小数点两边分别向左、向右 4 位分组,最前面和最后面的分组不足 4 位,可以在前面或后面添 0,再进行转换,如 1101001101.011B 可转换为 34D.6H,如图 2-1-13(b)所示。

（a）　　　　　　　　　　　　　　（b）

▲ 图 2-1-13　十六进制数与二进制数转换示例

在实际应用中,可以使用 Windows 自带的计算器(程序员模式)来完成数制的基本转换,如图 2-1-14 所示。计算器上除了十进制(DEC)、二进制(BIN)、十六进制(HEX)外,还有八进制(OCT)。

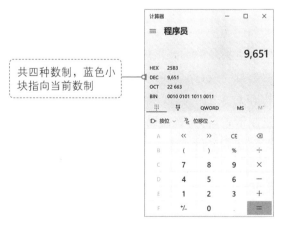

▲ 图 2-1-14　Windows 中的计算器(程序员模式)

（1）任何信息在计算机中都是用二进制来表示的，但数值、字符、图像、音频、视频等信息又具有各自不同的形式和特点。请利用互联网查找相关资料，并观看微课视频，探究数值、字符、图像、音频、视频是如何成为二进制编码的，以图文并茂的方式进行解释和说明。

西文字符和汉字
的表示与存储

图像与图形的
表示与存储

音频、视频与动
画的表示与存储

源码、反码和
补码

（2）在理解了数值在计算机内的表示方法之后，请利用互联网资源，查找并解释什么是数值的溢出。

2. 程序和数据的存储

冯·诺依曼计算机的工作原理就是程序存储和程序运行。程序以指令的形式被 CPU 执行。执行程序之前，都需要将其先存储到内存中。内存中的 RAM 用于存储程序指令和数据，其最基本的空间大小为字节，1 个字节（Byte，B）可以存储 8 位（bit）二进制数。计算机中的内存容量，除了内存本身的空间大小外，还取决于 CPU 的寻址能力，即 CPU 与 RAM 之间的地址总线宽度。例如，地址总线宽度为 10，则 CPU 可以寻址的内存范围为 $0-2^{10}$，即 $0-1\,023$ 个地址。如果每个地址 1 个字节，则存储的容量为 1 024 字节。

总线、外设和
接口

计算机中表示容量大小的单位除了 B 外，还有（由小至大）KB、MB、GB、TB、PB、EB、ZB 等，它们之间的换算关系为 2^{10}，即 1 024，如 1 MB＝1 024 KB，1 KB＝1 024 B。

3. 指令及其执行

计算机程序在计算机中以指令的形式指挥和协调各种软、硬件完成任务。指令由操作码和操作数两部分组成：操作码指示要进行什么操作（如加减乘除和移位等）；操作数指出操作对象的内容或所在地址，大多数情况为地址码。操作码和操作数都是二进制形式，称为机器码。

指令系统

指令的起始地址被存储在程序计数器中，而指令本身则按地址顺序被存储在存储器中。CPU 从第一条指令的所在地址（称为起始地址）开始，按顺序从存储器中取出一条指令并执行，其具体步骤又细分为：取指令、指令译码、执行指令、存操作结果。这四个步骤被称为一个指令周期，指令周期越短，指令执行得越快。决定指令周期的最重要参数是时钟频率（又称主频）。默认情况下（没有跳转指令），在每一条指令执行完成后，CPU 内的程序计数器会自动将指令地址加 1，从而可以按顺序取到下一地址中的指令，这就是指令的按序执行。

拓展阅读

计算机系统的主要性能指标

计算机系统的主要性能指标包括：运算速度、主频、字长、存取周期、存储容量等。

（1）运算速度：计算机运算速度（平均运算速度）是衡量计算机性能的一项重要指标，是指计算机每秒钟所能执行的指令条数，一般用"百万条指令/秒"（Million Instruction Per Second, mips）来描述。微型计算机一般采用主频来描述运算速度。通常说来，主频越高，运算速度就越快。

（2）主频：计算机的时钟频率，即 CPU 在单位时间（每秒钟）发出的脉冲数。通常以赫兹（Hz）表示。该指标在很大程度上决定了计算机的运算速度。

（3）字长：计算机在同一时间内处理的一组二进制数称为一个计算机的"字"，而这组二进制数的位数就是"字长"，即计算机可以直接处理的二进制数据的位数。该指标会直接影响计算机的计算精度、速度和功能。在其他指标相同的情况下，字长越长，计算机的运算精度越高，同时处理数据的速度也越快。计算机的字长都是2 的若干次方，如 32 位、64 位等。

（4）存取周期：对存储器进行连续存取操作所允许的最短时间间隔，即从发出上一条读写指令到能够发出下一条读写指令所需的最短时间。存取周期越短，存取速度越快。

（5）存储容量：一般指内存的容量，是 CPU 可以直接访问的存储器容量。由于需要执行的程序与需要处理的数据都需要存放在内存中，因此，内存容量的大小便可反映计算机即时存储信息的能力。随着操作系统的升级，应用软件的不断丰富及其功能的不断扩展，人们对计算机内存容量的需求也不断提高。

（6）其他指标：计算机设备的性能还涉及其他的一些衡量指标，比如外存储器的容量、输入输出（Input/Output，简称 I/O）速度、显存（显示内存，用于存储需要显示到显示器的内容）等。

✦ 2.1.3 计算机软件

计算机系统由计算机硬件和计算机软件两大部分组成。只有硬件的计算机称为裸机，裸机必须在安装计算机软件后才可以完成各项任务。计算机软件是各种程序和相应文档资料的总称。

软件系统

1. 计算机软件及其分类

从软件功能的角度，计算机软件可以分为系统软件和应用软件；从软件版权情况的角度，可以分为开源软件与非开源软件；从是否付费的角度，可分为付费软件和免费软件；从软件安装位置的角度,可以分为客户端软件和服务器端软件、在线软件等。表2-1-3将不同类别的软件特点进行了对比说明。

▼ 表2-1-3　软件分类比较

分类依据	软件类型	特点	示例
软件功能	系统软件	为用户使用计算机打基础的软件。比如,操作系统用于管理和协调各种软、硬件资源,为用户和应用软件提供接口	各类操作系统,如 Windows、Linux、鸿蒙、安卓等;高级语言(如 Python、C 语言、C＋＋等)及其配套的编译和解释程序、调试和查错程序;工具软件,如杀毒软件、解压工具等
	应用软件	具有某种使用目的的软件	文字处理、游戏、即时通信、电子商务等软件
软件版权情情	开源软件	对公众开放源代码,通过独特的开放许可证制度,赋予公众自由使用、分发、复制、修改软件的权利,并通过法律的形式保证了软件的自由开放	Linux 操作系统、My SQL 数据库管理系统、Firefox 浏览器、Python 编程语言等
	非开源软件	传统的商业软件,不对公众开放源代码	Windows 操作系统、Office 软件
是否付费	付费软件	需要付费购买软件的使用许可	非开源软件一般属于付费软件
	免费软件	可以免费使用,但不能用于商业用途	商业软件的试用版,有一定使用期限;有些免费软件带有广告
软件安装位置	客户端软件	客户端也称为用户端,是指向客户提供本地服务的程序,而不是服务器	各种浏览器软件,各种联网后工作的小程序、App(Application 的简称,即应用程序)
	服务器端软件	安装和运行在服务器端的软件	Windows Server
	在线软件	遵循"软件即服务"(Software as a Service, SaaS)的理念,厂商将软件部署在自己的服务器上,用户根据需要购买软件的功能,并通过网络使用,无须在本地电脑上安装和维护软件	石墨文档、飞书、腾讯文档等

2. 客户端软件与服务器端软件

在局域网范围内,经常会通过安装一套相互配合的客户端软件和服务器端软件来完成某种功能,客户端称为 Client,服务器端称为 Server,因此,这种软件系统体系结构也被称为 C/S 结构。例如:学校机房中部署的考试系统,便可以是这种结构的软件。这种结构的软件在开发和部署时,可以充分利用两端硬件环境的优势特点,然而,在软件升级时,客户端的软件需要在多台计算机上进行升级,操作相对烦琐。因此,与之相对应的浏览器/服务器(Browser/Server,简称 B/S)结构应运而生。这种结构的软件在客户端主要使用浏览器,因此,软件开发、维护的重点就在服务器端软件上了。

3. 开源软件与软件生态系统

开源软件,即开放源码软件(Open-Source Software,OSS),是成千上万潜在合作者辛勤工作、自愿放弃自己的时间创造的软件。这类软件的源代码向公众免费提供,任何人都可以根据自己的需要查看、修改和分发。这种模式可促进软件源代码的共享与协作开发,从而催生了一个跨越广泛领域的庞大的开源项目生态系统。原来分散在各处的开发人员,可以方便地通过互联网聚合在一起,只要有一个合适的基础和好的框架,他们就可以开发出产品级的工具软件。

开源软件在成本效益、透明度、安全防护、灵活性、快速创新、广泛支持、厂商独立性、广泛的生态系统等方面有很大优势。然而,开源软件也存在着以下风险:如因源代码的开放而导致的安全漏洞很容易被攻击者发现和利用;根据开源项目的受欢迎程度和社区参与度,部分开源软件可能会缺少支持和文档,导致一些技术不够强的用户比较难以使用;开源软件通常受特定许可证的约束,这些许可证规定了用户和开发者的权利与义务,违反许可证条款可能会产生一系列法律后果。

生态系统(Ecosystem)原本是一个生物学术语,意思是由一些生命体相互依存、相互制约而形成的大系统,将其移植到信息技术领域,就是"软件生态系统"(Software Ecosystem,SECO)。其本质是:随着软件向网络化、服务化、平台化、生态化、智能化的方向发展,软件系统的复杂性不断增长、用户群体日益扩大,闭源组织逐渐向开源架构转变,软件开发的开放性程度逐渐增强,软件系统及其开发者的规模增大、关联关系更丰富,共生于一个相互影响的生态环境中。

软件生态系统呈现了软件与开发者之间的关系,是他们在同一生态环境下共同演化的一个社会技术复杂系统。该系统聚焦开源开放的社区化软件开发,揭示了这类软件生态系统的演化机制,探究如何根据整体、协调、循环、自生等生态控制原理来构建健康的软件生态系统。这对于避免"软件生态危机",提升我国软件产业的生产力水平,具有极其重要的学术价值与现实意义。

问题研讨

(1) 通过互联网搜索相关资料,了解目前国内有哪些开源社区,以及它们有哪些特点。

(2) 尝试探索 Gitee(码云)等开源网站,讨论问题:什么是云原生? 云原生涉及哪些相关技术?

(3) 利用互联网资源,比较安卓、iOS、鸿蒙的手机系统生态环境,讨论问题:是否有一些App 在鸿蒙、安卓、iOS 上无法安装? 哪种手机系统可以找到更多的、生态系统更好的 App?

2.2

操作系统简介

问题导入

你是否想过,当你按下电源键开启你的笔记本电脑,或者解锁你的智能手机,开始工作或娱乐时,是谁在幕后安排所有程序的运行? 当你进行多任务处理,比如一边听音乐一边写文章,是什么确保了音乐不停顿、文稿不丢失? 当你在安装软件时,是什么确保它能安全地安装到你的设备上,并与其他应用软件和平共处?

答案是:操作系统。它是你数字生活的"指挥家",管理着硬件资源,协调各种软件应用,让你能够获得流畅的科技体验。

✦ 2.2.1 操作系统的定义

操作系统(Operating System,OS)是计算机系统中最重要和最基础的系统软件,是计算机系统的灵魂。操作系统是一组能有效地组织和管理计算机硬件和软件资源,合理地对各类作业进行调度,以及方便用户使用的程序的集合。作业是把程序、数据连同作业说明书组织起来的任务单位。

操作系统的定义

------------------------ 问题研讨 ------------------------

当你一边听音乐一边写文章时,操作系统为音乐播放器和文字处理软件分别创建了进程(一个作业中可以包含多个进程,进程是操作系统的核心概念,将在 2.2.2 小节中给出),并通过调度算法合理地管理这些进程的执行。

借助文心一言、通义千问、智谱清言等智能对话助手了解一下:计算机上常见的操作系统有哪些? 手机上常见的操作系统有哪些? 国产操作系统有哪些?

✦ 2.2.2 操作系统的功能

操作系统最主要的目的是为程序提供良好的运行环境,最大限度地提高系统中各种资源的利用率并方便用户使用。操作系统大致包括五个方面的管理功能:处理机管理、存储器管理、设备管理、文件管理、用户接口管理。此外,现代操作系统除拥有传统操作系统的功能外,还增加了保障系统安全、支持用户通过联网获取服务、可处理多媒体信息、人工智能等功能。

1. 处理机管理

计算机系统可以只有一个 CPU 芯片,也可以有多个 CPU(多核)芯片。在多道程序环境下,处理机的分配和运行都以进程为基本单位,因而对处理机的管理可归结为对进程的管理。所谓进程,是程序的执行过程,是系统进行资源分配和调度的一个独立单位。多个进程之间可以并发执行和交换信息。

处理机管理的主要功能包括:进程何时创建、何时撤销,对各进程的运行进行协调,进程之间进行信息交换,以及按照一定的算法把处理机分配给进程。

2. 存储器管理

存储器管理是为了给多道程序的运行提供良好的环境,方便用户使用以及提高存储器的利用率,并能从逻辑上扩大内存。存储器管理主要包括内存分配和回收、内存保护、地址映射和内存扩充等功能。

3. 设备管理

设备管理的主要任务是完成用户进程提出的输入输出请求,为用户进程分配所需的输入输出设备,并完成指定的操作,提高 CPU 和输入输出设备的利用率,提高输入输出速度,方便用户使用设备等。设备管理主要包括缓冲管理、设备分配、设备处理等功能。

4. 文件管理

计算机中的信息都是以文件的形式存在的,操作系统中负责文件管理的部分称为文件系统。文件管理的主要任务是为了方便用户使用,对用户文件和系统文件进行管理,并要保证文件的安全。文件管理包括文件存储空间的管理、目录管理以及文件读写管理和保护等功能。

文件管理是普通用户接触最多的功能。以 Windows 系统为例,可通过文件资源管理器来进行文件和文件夹的管理,用于浏览、搜索、管理和组织电脑上的文件与文件夹,支持复制、移动、删除等操作,同时提供属性查看、网络资源访问等功能。文件名可以由英文字符、汉字、数字、空格以及符号组成,但是不能含有字符"\ / : * ? " ⟨ ⟩ |"。文件命名有一定的规范,包括:文件名称一般由文件名和扩展名组成,文件名和扩展名之间用"."分隔。扩展名是标识文件类型的重要方式,跟随不同类型文件自动取名,并由相应的软件打开。同一类型的文件可能由多个软件打开。

文件资源管理器有多种打开方法,如:双击桌面上的"此电脑",或在任意位置直接双击文件夹或文件夹快捷方式等。对文件和文件夹操作的方法也有很多,比较快捷的一种方式是通过快捷菜单来完成。

例2-2-1

在C盘新建文件夹"练习"，在该文件夹中创建文本文件"python学习笔记.txt"，其内容为"学习记录"，并创建一个指向"记事本"程序的快捷方式，快捷方式的名称为"记事本"。

（1）双击桌面上的"此电脑"，打开资源管理器，双击C盘。

（2）在空白处单击鼠标右键，在弹出的快捷菜单中选择"新建/文件夹"，输入文件夹名"练习"。

（3）双击打开"练习"文件夹，在空白处单击鼠标右键，在弹出的快捷菜单中选择"新建/文本文档"，将文档的文件名修改为"python学习笔记.txt"，双击打开该文档，输入内容"学习记录"，并选择"文件/保存"菜单命令。

（4）在"练习"文件夹中的空白处单击鼠标右键，在弹出的快捷菜单中选择"新建/快捷方式"，弹出如图2-2-1(a)所示的"创建快捷方式"对话框，键入对象的位置为"C:\windows\system32\notepad.exe"，单击"下一步"，弹出如图2-2-1(b)所示的对话框，键入快捷方式的名称为"记事本"，单击"完成"。

说明：在建立好快捷方式、文件、文件夹等后，可以通过快捷菜单中的命令来设置其属性，请自行完成。

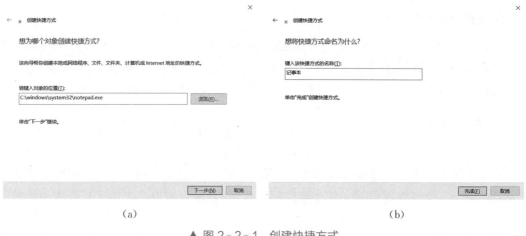

（a） （b）

▲ 图2-2-1 创建快捷方式

5. 用户接口管理

为了方便用户对操作系统的使用，操作系统向用户提供了接口。该接口分为两类：一类是用户接口，用户通过该接口向作业发出命令以控制作业的运行，有命令行方式、批命令方式、图形用户接口三种形式；另一类是程序接口，是为用户程序在执行中访问系统资源而设置的，是用户程序取得操作系统服务的唯一途径，编程人员可以使用它们来请求操作系统提供服务。

不同的操作系统提供给用户的接口不尽相同，目前多数操作系统都会提供图形用户接口，并可进行个性化的设置。图2-2-2中展示了几种操作系统的图形用户接口界面。

（a）鸿蒙操作系统　　　　　　　　（b）macOS 操作系统

（c）统信操作系统　　　　　　　　（d）Windows 操作系统

▲ 图 2-2-2　操作系统图形用户接口界面

　　此外，现代操作系统还会随着技术的变化，不断增加功能。现代操作系统能够采取多种有效措施来确保系统安全，如认证技术、密码技术、访问控制技术、反病毒技术等；支持用互联网取得各类网络服务，如 Web 服务、电子邮件服务等；支持处理多媒体信息。此外，AI 技术在操作系统中也得到了广泛的运用，如通过对计算资源使用情况的学习来预测未来资源的需求量，从而合理地分配和管理系统资源。

问题研讨

　　当你安装一个软件时，操作系统负责的功能包括：创建新的文件和目录（文件管理）；使安装程序本身能够在内存中运行（存储器管理）；确保安装程序能够获得必要的 CPU 时间片，并与其他正在运行的进程共享处理器资源（处理机管理）；提供图形用户界面或命令行界面，让用户可以与安装向导交互，进行设置和确认安装选项（用户接口管理）；确保硬件设备（如光驱、USB 设备、硬盘驱动器）能够正确地与安装程序交互（设备管理）。

　　问问文心一言、通义千问、智谱清言等智能对话助手：当你进行多任务处理（如一边听音乐，一边写作业）时，操作系统运用了哪些功能来保证音乐不停顿、作业不丢失？了解常见的操作系统，如 Windows11、鸿蒙，它们都做了哪些人工智能方面的扩充？

拓展阅读

鸿蒙中 AI 技术的运用

华为鸿蒙系统(HUAWEI HarmonyOS)是华为公司在 2019 年 8 月 9 日正式发布的分布式操作系统。随着科技的不断进步,华为在 2024 年的开发者大会(HDC 2024)上推出了 HarmonyOS NEXT,将 AI 技术的应用推向了一个新的高度。

这款全新的全场景智能操作系统,引入了盘古大模型,在功能上进行了全面的升级。

(1) 小艺升级为小艺智能体,常驻于导航条,打造系统级 AI 智能交互体验,随时帮助用户解决问题。比如,用户要约某人见面,可以告诉小艺:"给某某发条短信,明天下午五点我在某地等他。"小艺会完成日历、联系人、短信 3 个应用的协作。

(2) AI 声音修复:通过智能分析和处理,能够将难以辨识的语音进行实时修复,将其转化为清晰、流畅的语言,提高语言障碍者的社交能力。

(3) AIGC 图像生成:用户可以通过手绘线稿、填色、涂鸦等方式,快速生成个性化的图像。

(4) "控件 AI 化"特性:各种第三方 App 可以调用系统控件以实现实时朗读、智能填充、图文翻译、主体抠图等一系列功能。

✤ 2.2.3 操作系统的分类

根据不同的分类原则,操作系统可以有多种分类方式。基于设计目标,操作系统可以分为批处理操作系统、分时操作系统、实时操作系统;基于处理方式,可以分为单处理器操作系统和多处理器操作系统;基于用户和任务,可以分为单任务操作系统和多任务操作系统、单用户操作系统和多用户操作系统;基于应用场景,可以分为服务器操作系统、并行操作系统、网络操作系统、分布式操作系统、微机操作系统、手机操作系统、嵌入式操作系统、传感器操作系统等。

这里以基于用户和任务的分类维度为例进行具体介绍。单用户单任务操作系统只允许一个用户登录,且只允许该用户程序运行一个任务。单用户多任务操作系统只允许一个用户登录,但允许用户把程序分为若干个任务并发执行,从而有效地改善系统的性能。多用户多任务操作系统允许多个用户通过各自的终端使用同一台机器,共享主机系统中的各种资源;而每个用户程序又可分为多个任务,使它们并发执行,如某用户一边听音乐,一边完成文字工作。比较有代表性的多用户多任务操作系统是 UNIX、Linux、Windows NT/Server 系列等系统。

问题研讨

在安装软件的过程中,需要下载与操作系统相匹配的软件版本,因此在下载软件前,了解自己操作系统的版本是非常有必要的。

请利用文心一言、通义千问、智谱清言等智能对话助手,掌握查看操作系统版本的方法。了解自己用过的设备(如台式机、笔记本电脑、平板电脑、手机),讨论问题:它们安装的分别是什么操作系统? 是多少位的操作系统? 版本号是多少? 可以归属于上述哪个或哪几个类别的操作系统中?

拓展阅读

Windows 11 操作系统

Windows 11 是微软正式发布的新一代桌面操作系统。作为 Windows 10 的继任者,它带来了诸多改进和创新之处(如 Windows 11 取消了 Windows 10 中的智能助手 Cortana,加入了一个名为 Copilot 的 AI 助手),旨在提供更快的性能,增强用户体验。表 2-2-1 列举了 Windows 11 相较于 Windows 10 所增强的部分功能。

▼ 表 2-2-1 Windows 11 相较于 Windows 10 所增强的部分功能

功能	Windows 11
新界面	Windows 11 让视觉体验更舒适,使用起来更便捷。它汲取 Windows 10 中的优秀元素,并在此基础上加以改进
靠近就唤醒,离开就锁定	Windows 11 会在用户靠近时自动唤醒,并在用户离开时自动锁定
智慧型应用程序控制	智能型应用程序控制是 Windows 11 独有的功能。它只允许具有良好信誉评价的应用程序进行安装,从而增强系统的安全性
顺畅地重新连接	如果用户将计算机连接到外接屏幕,Windows 11 会智能地记录用户在离开前的视窗布局,然后在用户重新连接时自动恢复窗口状态。这是 Windows 11 独有的新功能
实时辅助字幕	Windows 11 的实时辅助字幕功能能够将传入的音频语音(如通过 Microsoft Teams 进行的通话)实时转录成文字说明

✦ 2.2.4 信创与国产操作系统

信创,全称为信息技术应用创新,是中国为了实现信息技术领域的自主可控和保障国家信息安全而提出的一个概念。信创的核心目标是在芯片、传感器、基础软件、操作系统、中间件、数据库等关键信息技术领域实现国产化替代,从而摆脱对外国技术和产品的依赖,解决核心技术环节上的"卡脖子"问题。下面介绍几款国产操作系统。

1. 麒麟操作系统(Kylin OS)

麒麟是以安全可信的操作系统技术为核心,面向通用和专用领域打造的安全、创新的操作系统产品。目前,它已形成以桌面操作系统、服务器操作系统、万物智联操作系统、工业操作系统、智算操作系统等为代表的产品线,达到国内最高的安全等级,且全面支持国产主流CPU,在系统安全、稳定可靠、好用易用和整体性能等方面具有领先优势,为行业信息化及国家重大工程建设提供安全可信的操作系统支撑。

2. 鸿蒙系统(Harmony OS)

鸿蒙系统是由华为公司研发的一款全新的面向全场景的分布式操作系统,创造了一个超级虚拟终端互联的世界,将人、设备、场景有机地联系在一起。它实现了消费者在全场景生活中接触的多种智能终端之间的极速发现、极速连接,促进了硬件互助、资源共享,从而能以合适的设备提供场景体验。总之,鸿蒙系统具有多设备协同、分布式技术、性能优化、跨平台能力、安全可靠等特点。

3. 统信操作系统(UOS)

统信操作系统是由统信软件技术有限公司开发的一款基于 Linux 内核的国产操作系统。统信操作系统包括桌面操作系统(专业版、教育版、社区版、家庭版)、服务器与云计算操作系统、智能终端操作系统。它具有安全性高、兼容性强、功能丰富、用户体验好和稳定性高等优势。它不仅满足了用户对于操作系统的基本需求,还积极推动了国产化进程和软硬件适配生态的建设。

4. 深度操作系统(Deepin)

深度操作系统是一款由武汉深之度科技有限公司开发的 Linux 发行版,其目标是为全球用户提供美观易用、安全可靠的操作系统。深度操作系统因其出色的美学设计和良好的用户体验,在国内外都形成了一定的影响力。此外,深度操作系统拥有丰富的软件仓库,用户可以通过它的软件中心轻松安装和管理各种应用程序。深度操作系统还采用了多种安全机制以保护用户的系统和数据安全,具有强大的兼容性,可以运行大量的 Windows 和 Mac 应用程序,被视为中国在操作系统领域的代表性产品之一。

上述这些国产操作系统在不同领域有着各自的应用场景,有的专注于服务器市场,有的则针对桌面用户或特定行业需求。随着时间的推移和技术的进步,国产操作系统的性能和功能也会不断改进,逐渐成为企业和个人的可行选择。

 问题研讨

针对你感兴趣的国产操作系统,通过网络了解其发展历程、目前的使用情况、各自的特色等信息,并与你常用的操作系统做对比。

2.3

综合练习

❖ **一、单选题**

1. （　　）是计算机中最主要的处理单元,负责执行程序指令和进行数据处理。

A. 显示器

B. 中央处理器(CPU)

C. 内存条

D. 硬盘驱动器

2. （　　）存储设备在读写速度上通常优于传统的机械硬盘。

A. 固态硬盘(SSD)

B. 光盘

C. USB 闪存盘

D. 磁带

3. 主板上最重要的部件是（　　）。

A. 插槽　　　　　B. 接口　　　　　C. 芯片组　　　　　D. 架构

4. 随机存储器(RAM)的主要特点是（　　）。

A. 断电后数据不丢失

B. 读写速度较慢

C. 存储容量大,价格低

D. 临时存储数据,断电后信息丢失

5. （　　）接口常用于连接高速固态硬盘(SSD)。

A. SATA　　　　　B. VGA　　　　　C. HDMI　　　　　D. NVMe

6. 计算机主板上的（　　）部件负责控制数据在计算机内部各部件之间的传输。

A. CPU　　　　　B. 内存插槽　　　　　C. 总线　　　　　D. 显卡插槽

7. 下面有关数制的说法中,不正确的是（　　）。

A. 二进制数制仅含数符 0 和 1

B. 十进制 16 等于十六进制 10H

C. 一个数字串的某数符可能为 0,但是任一位上的"权"值不可能是 0

D. 在常用的计算机内部,一切数据都是以十进制为运算单位的

8. 计算机硬件由（　　）组成。

A. 中央处理器、存储器和输入/输出设备

B. 中央处理器、存储器和底板

C. 中央处理器、存储器和机箱

D. 中央处理器、输入/输出设备和底板

9. 在计算机中,20GB 的硬盘可以存放的汉字个数是（　　）。

A. $10×1\,000×1\,000$ Bytes

B. $10×1\,024×1\,024$ KB

    C. 20×1 024 MB   D. 20×1 024×1 024 KB

10. （　　）系统是国产操作系统。

    A. 安卓   B. 鸿蒙   C. Linux   D. Windows

11. （　　）不是操作系统的功能。

    A. 处理机管理   B. 数据库管理

    C. 设备管理   D. 文件管理

12. 在 Windows 系统中，用鼠标右击对象，则（　　）。

    A. 可以打开一个对象的窗口   B. 激活该对象

    C. 复制该对象的备份   D. 弹出针对该对象操作的快捷菜单

13. （　　）不是关于 Windows 的文件类型和应用程序的正确理解。

    A. 一个文件类型只能设置一个应用程序为默认打开方式

    B. 一个应用程序只能打开一种类型的文件

    C. 一般情况下，文件类型由文件扩展名标识

    D. 一个文件类型可以用多个不同的应用程序打开

14. Windows 中有（　　）的规定。

    A. 同一文件夹中的文件可以同名   B. 不同文件夹中，文件不可以同名

    C. 同一文件夹中，子文件夹可以同名   D. 同一文件夹中，子文件夹不可以同名

❖ 二、是非题

（　　） **1.** DDR4 内存比 DDR3 内存速度快，但功耗也更高。

（　　） **2.** 固态硬盘（SSD）比机械硬盘（HDD）读写速度更快，但价格也更昂贵。

（　　） **3.** 显卡的显存容量是决定其性能的唯一因素，显存容量越大，显卡性能越好。

（　　） **4.** PCI-E 插槽主要用于连接显卡、固态硬盘等高速外部设备。

（　　） **5.** 在微型计算机中，信息的基本存储单位是字节，每个字节内含 8 个二进制位。

（　　） **6.** 存储容量为 2 GB，即可存储 2 000 MB。

（　　） **7.** 二进制数 101110010111B 转换为十进制数是 987D。

（　　） **8.** 计算机在断电或重新启动后，RAM 存储器中的信息会丢失。

（　　） **9.** 储存在计算机或传送在计算机之间的数据都是采用十六进制数字的形式予以表达的。

（　　）**10.** 软件可分为系统软件和应用软件两大类，设备驱动软件属于应用软件。

（　　）**11.** 按照软件源代码是否公开来划分，软件可分为非开源软件和开源软件。

（　　）**12.** 操作系统是一组能有效地组织和管理计算机硬件和软件资源，合理地对各类作业进行调度，以及方便用户使用的程序的集合。

（　　）**13.** 基于应用场景，操作系统可以分为单任务操作系统和多任务操作系统、单用户操作系统和多用户操作系统。

（　　）**14.** 人工智能技术尚未在操作系统中得到运用。

（　　）**15.** 信创是中国为了实现信息技术领域的自主可控和保障国家信息安全而提出的一个概念。

（　　）**16.** Windows11 是一个单任务的操作系统。

❖ 三、实践题

1. 在 C:\中创建两个文件夹：AA、AB,在 AA 文件夹下创建 AA1 子文件夹。

2. 在 C:\AB 文件夹下创建一个文本文件,文件名为"os. txt",内容为"Windows 11 操作系统",并将该文件的属性设置为只读。

3. 在 C:\AA 文件夹下建立一个名为"画图"的快捷方式,指向 Windows 系统文件夹中的应用程序"mspaint. exe",设置运行方式为最小化,并为快捷方式指定快捷键〈Ctrl〉＋〈Shift〉＋〈K〉。

4. 设备在使用一段时间后,往往会出现磁盘空间不够的情况。面对这种情况,你有什么解决的策略？ 基于该策略进行实践。（可借助文心一言、通义千问、智谱清言等 AI 助手完成）

5. 打开 Windows 操作系统的任务管理器,查看正在运行的进程有哪些,思考它们的系统性能如何。（可借助文心一言、通义千问、智谱清言等 AI 助手完成）

主题 3

计算机网络基础

主题概要

计算机网络是现代科技进步的必备条件,大到能源、交通、军事、医疗等领域,小到智能家居、课堂教学、网络购物等,都离不开计算机网络的支持。

大学生活与学习的方方面面,都和计算机信息网络息息相关。比如:报到前,我们会从网上了解学校的相关信息;报到当天,校门口的信息大屏上会实时显示同学们的报到情况。又如,我们平时在学校吃饭、洗澡、预约图书馆自习座位以及查询课程表和上课教室时,都需要网络的支持。因此,网络作为信息传输的载体发挥着重要的作用。

那么,如何将设备连接到互联网?如何在宿舍里组建一个用于传输资料的局域网?如何把手机作为热点共享给电脑上网?通过本主题的学习,我们不仅能够掌握这些操作,而且还能说出这些操作所涉及的技术。

学习目标

1. 了解数据通信基础知识、数据通信传输媒介和指标。
2. 了解计算机网络的组成、结构、分类,认识常见的网络设备。
3. 了解计算机网络安全相关技术。
4. 了解互联网基础知识,知道 IP 地址、域名系统。
5. 了解常见的互联网应用,理解其工作原理。
6. 了解无线通信技术,以及无线局域网的常见设备和组网技术。

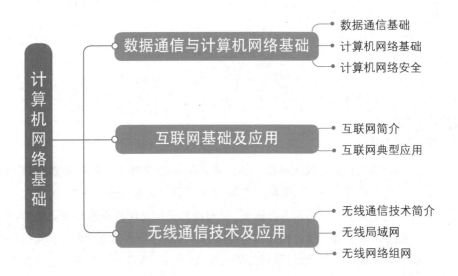

计算机网络基础

- 数据通信与计算机网络基础
  - 数据通信基础
  - 计算机网络基础
  - 计算机网络安全
- 互联网基础及应用
  - 互联网简介
  - 互联网典型应用
- 无线通信技术及应用
  - 无线通信技术简介
  - 无线局域网
  - 无线网络组网

3.1

数据通信与计算机网络基础

问题导入

　　想象一下,如果没有网络,我们该如何用手机查资料、交作业或是参加在线课堂? 其实,在这些便捷的背后,都离不开一个强大的支撑——数据通信与计算机网络。那么,数据到底是怎么在这个"网"里穿梭无阻的呢? 本节将探索数据在计算机网络中的传输方式,了解网络的基本构成,包括各种硬件设备的作用,以及通信协议是如何保证数据在传输过程中的完整性和可靠性的。

✤ 3.1.1　数据通信基础

1. 数据通信基本概念

　　数据通信是通信技术与计算机技术相结合的一种通信方式,即通过传输信道将数据终端与计算机连接起来。数据通信系统是通过数据电路将分布在远地的数据终端设备与计算机系统连接起来,实现数据传输、交换、存储和处理的系统。

　　数据通信系统主要由数据终端设备、数据传输设备、传输介质和计算机中心等组成。数据终端设备(Data Terminal Equipment,DTE)是数据通信系统中用以发送和接收数据的设备,负责数据的生成和接收,并通过数据电路与其他 DTE 进行通信。数据传输设备(Data Communications Equipment,DCE)负责将 DTE 产生的数字信号转换为适合在传输介质上传输的信号,并在接收端进行反向转换,如调制解调器(Modem)。传输介质是连接 DTE 和 DCE 的物理媒介,包括有线介质和无线介质。计算机中心是数据处理和存储的核心,它接收来自各数据终端的数据,并在对数据进行处理后,将其存储或转发。

2. 数据通信的传输媒介

　　数据通信的传输媒介主要分为有线传输媒介和无线传输媒介两大类。有线传输媒介包括双绞线、同轴电缆、光纤等,无线传输媒介包括红外线、微波、卫星等。

　　(1) 有线传输媒介

　　① 双绞线。双绞线是由两根绝缘的铜导线按一定密度互相绞在一起组

数据通信的传输媒介

成的线缆,它能减少信号干扰,提高数据传输的质量。双绞线分为非屏蔽双绞线(UTP)和屏蔽双绞线(STP)两种,UTP使用的范围更广泛,而STP则具有更高的抗干扰能力。

② 同轴电缆。同轴电缆由中心导线、绝缘层、网状屏蔽层和外部绝缘层组成,常用的有50欧和75欧两种阻抗,分别用于数字信号和模拟信号的传输。同轴电缆具有高带宽和低噪声干扰的特性。

③ 光纤。光纤是一种利用光在玻璃或塑料制成的纤维中的全反射原理而制成的光传导纤维。光纤分为单模光纤和多模光纤,其中,单模光纤传输距离更远,信号衰减更小。光纤通信具有高速、高容量、抗干扰等特点。

(2) 无线传输媒介

① 红外线。红外线常用于短距离通信。红外线传输属于直线传输,它不能穿透坚实的物体,安全性较高,不会受到无线电波干扰。

② 微波。微波是频率较高的无线电波,常用于高速、大容量的数据传输。微波传输也属于直线传播,不能完全穿透障碍物。

③ 卫星。卫星传输利用人造地球卫星作为中继站,实现了远距离的无线通信。它覆盖范围广,可以跨越国界,实现全球通信。卫星传输具有不受地理环境和通信距离的限制、通信频带宽等优点,但其延迟较高,且成本也相对较高。

3. 数据通信技术指标

数据通信技术指标是衡量数据通信系统性能的重要标准,它涵盖了多个方面,以确保数据传输的效率、质量和可靠性。数据通信技术指标主要有以下四项。

① 传输速率。传输速率指单位时间内传输的数据量,通常以比特率(bps,比特每秒)为单位来衡量。高传输速率意味着数据可以在较短的时间内完成传输,从而提高通信效率和实时性,这在视频通话、在线游戏和大数据传输等应用中尤为重要。

② 差错率。差错率用于衡量数据传输过程中发生错误的概率,通常分为误码率和误包率等。误码率是错误比特数占总传输比特数的比例,误包率是错误数据包数占总传输数据包数的比例。差错率是评估数据传输可靠性的重要指标。

③ 可靠性。可靠性指数据通信系统在规定条件下和规定时间内完成规定功能的能力。该指标综合考虑了系统的稳定性、容错性和恢复能力等多个方面。可靠性是数据通信系统稳定运行的基础,在数据中心、云计算平台等应用中尤为重要。

④ 带宽。带宽是指波长、频率或其他能量带的范围,分为信号带宽和信道带宽。信号带宽是指传送信号中的最高频率和最低频率之差,信道带宽是指允许通过信道的信号上限频率和下限频率之差。信号带宽越大,表示信号内容越丰富。信道带宽应该与被传输的信号带宽相匹配,被传输的信号带宽应该包容在信道带宽之内。

带宽

4. 常用通信网络

通信网络是指实现信息传输和交换的网络系统。它利用物理链路将各个独立的通信设备连接起来,形成能够相互通信的整体。

① 公用电话系统(Public Switched Telephone Network,PSTN)。公用电话系统是一个传统的,为优化实时语音通信的线路交换网络。该系统通过固定的电话线路连接用户,为其提供语音通信服务。PSTN 的通话质量稳定可靠,适合用于对语音质量要求高的场景。它主要应用于家庭和企业的固定电话服务,以及紧急呼叫和公共服务热线,如消防、医疗急救等。

② 移动通信系统。移动通信系统是通过无线电波进行的通信方式。随着移动通信系统的传输速度和效率的不断提升,用户可以在任何信号覆盖区域内自由移动并保持通信。它支持高速数据传输,能够满足多媒体和大数据量应用需求,也可以融合多种服务,如移动支付、移动办公、远程协作、物联网设备连接和远程监控等。

移动通信系统

③ 卫星通信系统。卫星通信系统是利用人造地球卫星作为中继站转发或发射无线电波,实现两个或多个地球站之间或地球站与航天器之间通信的一种通信系统。它具有覆盖范围广、不受地理条件限制、通信链路稳定、通信容量大等优点。卫星通信系统主要应用于跨国通信和国际电视广播、海洋和航空通信、紧急救援和灾难恢复通信、偏远地区的通信和互联网接入等。

卫星通信系统

❖ 3.1.2　计算机网络基础

计算机网络是计算机技术和通信技术相结合的产物,它是若干台计算机以某种通信介质互相连接,并按约定的规则进行通信的系统。计算机网络通常可划分为通信子网和资源子网两类。通信子网实现网络中的数据交换和传输;资源子网主要指计算机、外部设备和各种信息资源,用以实现联网数据的处理。计算机网络的功能主要包括数据通信与资源共享。数据通信是指计算机之间的数据传送;资源共享包括硬件资源、软件资源和数据资源的共享。

1. 网络的分类

计算机网络可以从不同的角度进行分类,如按网络的覆盖范围、使用范围、拓扑结构等进行分类。

(1) 按网络的覆盖范围分类

① 局域网(Local Area Network,LAN)。局域网的地理分布范围通常在几千米以内,由一个房间的几台计算机组成,也可以由一个公司的上千台计算机组成。

② 城域网(Metropolitan Area Network,MAN)。城域网是一种较大规模的计算机网络,由多个局域网互联组成,其覆盖范围一般在几十公里到几百公里之间。

③ 广域网(Wide Area Network,WAN)。广域网的覆盖范围最广,能连接多个城市或国家,甚至整个世界,实现远程通信和数据传输,从而形成国际性的互联网络。

(2) 按网络的使用范围分类

① 公用网。该网络是向公众开放,为社会提供服务的网络,一般由电信部门组建、管理

和控制。网络内的传输和交换装置可以租赁给任何部门和单位使用，只要它们符合用户的要求。

② 专用网。该网络是由某个组织（企业、政府部门或联合体）建设、管理和拥有的网络。它只为拥有者提供服务，具有内部资源的安全性和保密性效应。

（3）按网络的拓扑结构分类

计算机网络的拓扑结构是把网络中的计算机和通信设备抽象为一个点，把传输介质抽象为一条线，由点和线组成的几何图形，如图 3-1-1 所示。

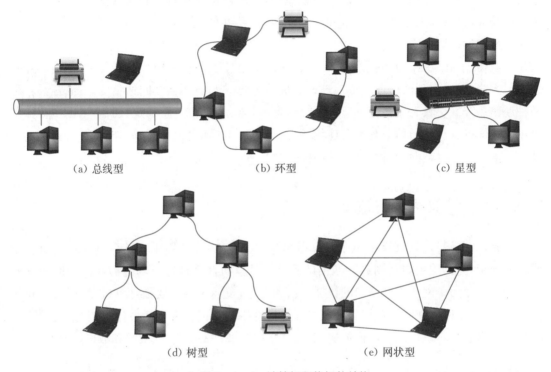

（a）总线型　　　　　　（b）环型　　　　　　（c）星型

（d）树型　　　　　　　　　（e）网状型

▲ 图 3-1-1　计算机网络拓扑结构

① 总线型网：在一条单线上连接着所有的工作站和共享设备（文件服务器、打印机等），采用广播式的数据传输方式。其特点是结构简单、成本低。

② 环型网：通过传输介质将设备连接成一个闭合的环，采用点对点的数据传输方式。信息在该网络中沿固定方向流动，两个节点间有唯一的通路，可靠性高。其优点是安装容易，费用较低，电缆故障容易查找和排除；缺点是一旦某一节点发生故障，会导致全网瘫痪，且不便于网络扩充。

③ 星型网：以中央节点为中心与各节点连接，采用点对点的数据传输方式。星型结构的中央节点大多采用可靠性较高的交换机，节点间以双绞线相连。其优点是系统稳定性好，故障率低；缺点是中央节点一旦出现故障，便会导致全网瘫痪。

④ 树型网：是从星型结构变化而来的，其中各节点按一定层次连接起来，形状像一棵"根"朝上的树，最顶端只有一个节点。树型拓扑结构容易扩展，故障也易于分离处理，但是整个网络对"根"的依赖性很大，一旦网络的"根"发生故障，整个系统将不能正常工作。

⑤ 网状型网:由分布在不同地理位置的计算机经传输介质和通信设备连接而成,每两个节点之间的通信链路可能有多条。其优点是系统可靠性高,缺点是结构复杂。

2. 网络体系结构

计算机网络将多个计算机系统用传输介质互连起来,以达到数据共享的目的。它贯穿着数据通信的实现、各通信节点间数据信息和控制信息的流动、各通信数据交换的规则与层次化运作机制等相关内容。网络体系结构是构成计算机网络的软、硬件产品的标准。

(1) 网络协议

网络协议(Network Protocol)是网络通信的语言,是计算机网络中相互通信的对等实体间为进行数据通信而建立的规则、标准或约定。网络协议由语义、语法、时序三个要素构成。语义是指构成协议元素的含义,包括需要发出何种控制信息,完成何种动作及做出何种应答。语法是指数据或控制信息的格式或结构形式。时序是指事件执行的顺序及其详细说明。

(2) OSI 参考模型

OSI 参考模型的全称为开放系统互连参考模型(Open System Interconnection Reference Model,OSI/RM),由国际标准化组织(ISO)提出。OSI 参考模型提供了一个开放系统互连的概念和功能上的体系结构,规定了开放系统中各层间在提供服务和通信时需要遵守的协议。

OSI 参考模型将计算机网络体系结构分为七层,从低到高依次为物理层、数据链路层、网络层、传输层、会话层、表示层和应用层。每一层都负责特定的通信任务,并向上层提供服务,同时接受来自下层的服务。模型的一至四层是面向数据传输的,而五至七层则是面向应用的。物理层直接负责物理线路的传输,最上面的应用层直接面向用户。OSI 参考模型的七层协议结构如图 3-1-2 所示,其中数据通信交换节点只有最低三层,称为中继开放系统。然而,由于OSI 参考模型实现起来复杂且制定周期过长,它并未成为全球范围内广泛使用的标准。

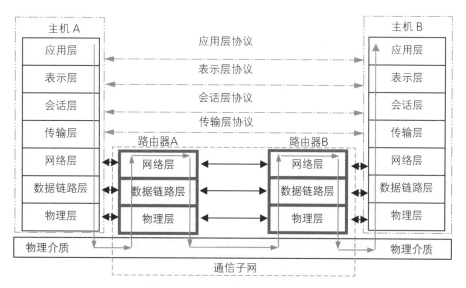

▲ 图 3-1-2 OSI 参考模型结构及协议

(3) TCP/IP 参考模型

TCP/IP(Transmission Control Protocol/Internet Protocol)由两个主要协议,即 TCP 协议和 IP 协议而得名。TCP/IP 是互联网上所有网络和主机之间进行交流时所使用的共同"语言",是目前互联网上广泛使用的体系结构模型。互联网体系结构以 TCP/IP 协议为核心。其中 IP 协议用来给各种不同的通信子网或局域网提供一个统一的互联平台,TCP 协议则用来为应用程序提供端到端的通信和控制功能。TCP/IP 协议参考模型分为四层,即网络接口层、网络层、传输层和应用层,如图 3-1-3 所示。

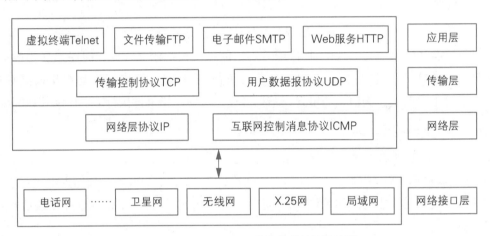

▲ 图 3-1-3　TCP/IP 网络体系结构及协议

TCP/IP 体系结构可实现异构网络互联,为互联网的迅速发展打下了基础,成为互联网的基本协议。

3. 网络互联设备

(1) 中继器和集线器

网络互联设备

中继器是最简单的网络连接设备,工作在物理层。它接收并识别网络信号,然后放大信号并将其发送到网络的其他分支上,从而扩展网络的传输距离。

集线器是一种多端口的中继器,工作在物理层,采用广播方式发送数据。它将多个设备以星型拓扑结构连接在一起,起到放大和转发信号的作用。

(2) 网桥和交换机

网桥和交换机是工作在数据链路层的设备。网桥负责在数据链路层将信息进行存储转发,一般不对转发帧进行修改。

交换机能够在任意端口提供全部的带宽,构造出一张 MAC(Media Access Control Address)地址与端口的对照表,并根据数据帧中的 MAC 地址将信息转发到目的网络。交换机支持并发连接、多路转发,能使带宽加倍,广泛应用于局域网中。

(3) 路由器

路由器是网络层的主要设备,负责在不同网络之间转发数据包,并根据路由算法选择最佳路径,过滤和分隔网络信息流,从而提高网络的安全性。路由器利用路由表进行寻址,这能提高通信速度,减轻网络系统的通信负荷,节约网络系统资源。

(4) 网关

网关是让两个不同类型的网络能够相互通信的硬件或软件。网关主要完成传输层以上的协议转换,有传输网关和应用程序网关两种。传输网关是在传输层连接两个网络的网关,应用程序网关是在应用层连接两部分应用程序的网关。

❖ 3.1.3 计算机网络安全

计算机网络安全是指通过采取必要的技术和管理措施,保护计算机网络系统中的硬件、软件和数据资源,使其不由偶然或恶意的原因而遭到破坏、更改和泄露,确保网络系统正常运行,从而保障网络数据的可用性、完整性和保密性。

1. 防火墙技术

防火墙是计算机网络安全的第一道防线,是一种建立在现代通信网络技术和信息安全技术基础上的应用性安全技术、隔离技术。它通过软、硬件结合的方式,在内网和外网之间建立一个安全网关;通过设置访问规则和过滤策略,监控并控制进出网络的数据包,阻止非法访问和攻击,从而保护内部网络的安全。

(1) 防火墙的功能

防火墙的功能包括访问控制、安全隔离、数据包过滤、日志记录和审计等。

① 访问控制。防火墙可以通过预设的安全策略,控制可访问内部网络资源的用户和设备等。安全策略通常基于 IP 地址、端口号、协议类型等多种因素制定。

② 安全隔离。防火墙在内网和外网之间建立一道屏障,实现物理或逻辑上的隔离,防止外部威胁直接渗透到内部网络,从而保护内部资源的安全性和完整性。

③ 数据包过滤。防火墙根据预设的规则集检查经过它的每一个数据包,这些规则通常基于数据包的源地址、目的地址、端口号、协议类型等信息进行匹配。通过数据包过滤,防火墙能够阻止恶意数据包的进入,降低网络遭受攻击的风险。

④ 日志记录和审计。防火墙能够记录所有通过它的网络活动,包括被允许或拒绝的数据包、登录尝试、配置更改等,并生成详细的日志报告。日志记录对安全审计、故障排查和威胁分析具有重要意义。通过审查日志记录,可以帮助我们了解网络的安全状况,及时发现潜在的安全问题。

(2) 防火墙的分类

根据不同的分类标准,可以将防火墙技术划分为多种类型。

① 按软、硬件形式分类:软件防火墙、硬件防火墙、芯片级防火墙。

② 按技术分类:包过滤型防火墙、应用代理型防火墙。前者基于网络层进行过滤,而后者则在应用层进行代理和过滤。

③ 按结构分类:单一主机防火墙、路由器集成式防火墙、分布式防火墙。

④ 按应用部署位置分类：边界防火墙、个人防火墙、混合防火墙。

2. 加密技术

加密技术用于保护数据在传输和存储过程中的机密性，确保数据不被未授权者读取或篡改，以保证网络信息通信的安全。

加密技术

(1) 对称加密

对称加密采用密码编码技术，文件加密和解密使用相同的密钥。对称加密的密钥公开，加密速度快、效率高，适用于大量数据的加密，但其密钥管理复杂，需要通信双方安全共享。它常用于金融交易、无线通信等。

(2) 非对称加密

非对称加密是使用不同的密钥进行加密和解密的加密方式。密钥分为公钥和私钥：公钥公开分享，用于加密；私钥由持有者保管，用于解密。非对称加密的密钥管理相对简单，安全性高，支持数字签名，但加密速度较慢，不适用于大量数据的加密。它常用于身份验证、数字签名和密钥交换等。

3. 防病毒技术

防病毒技术是指通过使用特定的软件和硬件工具，以及采取相应的策略和措施，来检测、阻止、隔离和清除计算机病毒、木马、蠕虫等恶意软件的技术。

(1) 病毒预防技术

病毒预防技术是指通过一系列措施阻止计算机病毒进入和感染系统。它侧重于在病毒侵入之前进行防范，以阻止病毒进入系统内存或磁盘，监控和拦截可疑的病毒传播行为，提高系统的整体安全性，降低感染风险。

(2) 病毒检测技术

病毒检测技术是指通过特定手段判断计算机系统中是否存在病毒。它通常与防病毒软件结合使用，以识别并报告系统中的病毒，对病毒进行分类和归档，便于后续的处理和分析。同时，它还提供病毒清除的指引或自动清除功能。

(3) 病毒清除技术

病毒清除技术是指通过特定手段将病毒从系统中彻底删除或隔离，是病毒防控的最后一道防线。它能够扫描并定位系统中的病毒，彻底删除或隔离病毒文件及其变种，修复被病毒破坏的系统文件和注册表项，恢复被病毒加密或删除的数据。

实践探究

请对自己的计算机系统中的防火墙进行观察，并总结其具有哪些防护功能。同时，思考可以在哪些方面设置不同层级的安全防护，以为计算机提供更全面的安全保护。

3.2

互联网基础及应用

问题导入

随着互联网的普及和快速发展,它已经成为人们日常生活中不可或缺的一部分。在享受互联网带来的便利的同时,你是否思考过互联网是如何工作的? 本节将简要介绍互联网和互联网典型应用的基本原理。

❖ 3.2.1 互联网简介

20 世纪 60 年代末,美国建立了一个名为阿帕网(ARPANET)的军用网络。利用这个网络,数据能够通过多条可选路径从一台计算机传送到另一台计算机。20 世纪 80 年代初,军事信息从阿帕网中独立出来,而剩下的部分就被称为互联网。互联网的发展最初是由学术团体推动的,各大学之间建立了连接,彼此利用 TCP/IP 交换数据。同时,政府机构也把自己的网络与互联网相连接。此后,互联网从学术界扩展至工商界,进而遍及全球。

1986 年,我国一些科研部门和高等院校开始研究网络互联技术,这个阶段的网络应用仅限于为少数高等院校和研究机构提供电子邮件服务。1994 年 4 月,中关村地区教育与科研示范网络工程进入互联网,开通了互联网全功能服务。自此之后,我国正式被国际社会承认为拥有互联网的国家。到今天为止,我国已建成中国教育科研计算机网(CERNET)、中国科技网(CSTNET)、中国公用计算机互联网(ChinaNET)、中国金桥信息网(ChinaGBN)四大骨干网络,并与互联网连通。

1. IP 地址

在互联网中,IP 地址用来唯一地标识网络中的一个通信实体,如一台主机或路由器。目前,互联网中使用的网际协议规范有 IP 版本 4(Internet Protocol version 4,IPv4)和 IP 版本 6(Internet Protocol version 6,IPv6)。IPv4 是当前广泛使用的互联网协议,而 IPv6 则是下一代互联网协议。随着互联网的快速发展和地址资源的枯竭,IPv6 作为 IPv4 的后继者,有望解决地址耗尽和安全性等问题。

IP 地址讲解

（1）IPv4 简介

在 IPv4 中，IP 地址共 32 位，采用"点分十进制法"表示，即以点号将地址划分成 4 段十进制数。每段数字的取值范围为 0 至 255，如 202.127.18.49、128.56.156.18 等。由于计算机网络中实际使用的是二进制数字格式，因此，IP 地址的每段对应了 8 个二进制数，4 段实际上对应了 4 个字节，即 32 位二进制数。

按照国际互联网组织的规定，IP 地址的 4 段分成主机所在的网络号部分和主机号部分。由于 IP 地址的总长度只有 4 个字节（32 位），因此，在选择网络号和主机号时需要进行权衡。选择长的网络号可容纳大量网络，但限制了每个网络的大小；而选择长的主机号则意味着每个物理网络能包含大量的主机，但限制了网络的总数。

为了适应不同规模网络的需要，IP 地址的设计者将 IP 地址划分为 A、B、C、D、E 五个不同的地址类别。其中，A、B、C 三类最为常用，它们用作主机地址，D 类地址用作组播，E 类地址保留未用。在 IP 编址方案中，地址的前 4 位决定了该地址所属的类别，并且确定了如何将地址的其余部分划分为网络号和主机号。五类 IP 地址的格式如图 3-2-1 所示。

▲ 图 3-2-1　IP(IPv4)地址格式

除了给每台计算机分配一个 IP 地址外，有时也使用 IP 地址表示整个网络或者一组计算机。这些特殊的地址不用来分配给主机，具有特殊含义，称为保留 IP 地址。表 3-2-1 列出了各类保留 IP 地址。

▼ 表 3-2-1　保留 IP 地址

地址类型	网络号	主机号	用途
本机地址	全0	全0	启动时使用
网络地址	某网络号	全0	表示一个网络
本地网络广播地址	全1	全1	在本地网络上广播
定向广播地址	某网络号	全1	在指定网络上广播
回送地址	127	任意	测试 TCP/IP 协议栈及本机应用程序间的通信

对于小型局域网而言,并不需要为每台主机申请一个全球唯一的 IP 地址。这些局域网主机可以通过 NAT(地址转换协议)路由器或 Proxy(代理)服务器等方式与互联网进行通信。为了便于管理,协议专门划分了一些地址段用于局域网主机。这些地址段不能用于互联网公网,只能使用在局域网内部。在不同的局域网内部,这些地址可以重复使用。但在同一局域网内部,须保证地址的唯一性。这些地址段包括:10.0.0.0—10.255.255.255、172.16.0.0—172.31.255.255、192.168.0.0—192.168.255.255。

(2) IPv6 简介

随着各种智能设备、无线网络设备的出现,互联网用户的数量呈爆炸性增长,IPv4 地址已经出现短缺现象。因此,互联网工程任务组设计出下一代网际协议规范 IPv6。IPv6 保留了 IPv4 赖以成功的许多特点,并做了一定修改。

IPv6 的最大变化就是使用了更大的地址空间,IPv6 地址长度为 128 位,而 IPv4 仅为 32 位。这种方案足以使得地球上每平方米的面积能够拥有超过 10^{24} 个 IP 地址。如果以每微秒分配一百万个地址的速度进行分配,需要 10^{20} 年的时间才能将所有可能的地址分配完毕。

IPv6 地址采用"冒分十六进制法"表示,即把地址分为 8 段,各段之间使用冒号分隔,每段包括 16 个二进制位,并以 16 进制书写,如"ABCD:EF01:2345:6789:ABCD:EF01:2345:6789"。在这种表示法中,每段的前导数字"0"可以省略,如可以将"2001:0DB8:0000:0023:0008:0800:200C:417A"缩写为"2001:DB8:0:23:8:800:200C:417A"。此外,在某些情况下,一个 IPv6 地址中间可能包含很长的一段"0",此时可以把连续的一段"0"写为"::"。但为保证地址解析的唯一性,地址中的"::"只能出现一次,如可以将"FF01:0:0:0:0:0:0:1101"缩写为"FF01::1101"。

与 IPv4 相比,IPv6 具有以下特性:

① 扩展地址空间:IPv6 采用 128 位地址长度,相比 IPv4 的 32 位地址,提供了更广阔的地址空间。

② 提高网络效率:IPv6 采用了更简化的报头格式,降低了数据包在路由和处理过程中的"开销",有助于提高网络性能和效率。

③ 增强安全性:IPv6 在设计时考虑了安全性问题,规避了一些 IPv4 中存在的安全缺陷,提高了网络的整体安全性。

④ 支持更好的移动性:IPv6 定义了许多移动 IPv6 所需的新功能,易于移动设备切换网络,提高了设备的可用性和用户体验。

当然,IPv6 也并非完美,它无法解决所有问题,需要在发展中不断完善。IPv4 向 IPv6 的过渡需要时间和成本的投入,不可能一蹴而就,但从长远来看,IPv6 有利于互联网的持续和长远发展。

2. DNS 域名系统

(1) 域名简介

由于 IP 地址用数字表示,不容易记忆,同时也无法据此判断出该地址的组织名称或性质。因此，在互联网中，需要通过域名来表示某台计算机的地址，并通过域名服务系统（Domain Name System，DNS），将域名高效地转换成 IP 地址。域名与主机之间存在映射关系：一台主机可以申请并拥有多个域名；当利用 DNS 解析实现负载均衡时，一个域名可以配置多个 IP 地址，但在实际映射的时刻，一个域名只对应一个 IP 地址。

域名采用层次结构的命名方法，其结构通常为："主机名. 三级域名. 二级域名. 顶级域名"。域名中的各个部分间采用"."分隔，每个部分可由英文字母和数字组成。例如，域名"www. ecnu. edu. cn"表示这是一台位于中国（cn）教育机构（edu）华东师范大学（ecnu）的提供万维网（World Wide Web，WWW）服务的 Web 服务器。

顶级域名允许有两种完全不同的命名分级方式：一是按地理划分，就是按国家或地区来划分，如 cn 代表中国，de 代表德国等；二是按组织划分，主要有 com、net 等。表 3-2-2 列出了常用的组织顶级域名。

▼ 表 3-2-2　常用的组织顶级域名

域名	说明	域名	说明
com	表示商业组织	mil	表示军事机构（美国）
net	表示网络服务机构	gov	表示政府部门（美国）
org	表示非商业、非营利性组织	edu	表示教育机构（美国）
info	表示信息提供	name	表示个人网站

对于很多顶层域是地理域的域名来说，域名的第二层则代表机构的类型，如"www. sh. gov. cn"，其第二层的"gov"表示该域名属于政府部门。

(2) 域名解析

相对于 IP 地址而言，域名更方便用户记忆。用户既可以使用 IP 地址，也可以使用域名访问主机。在使用域名访问主机时，需要先通过域名服务器将域名解析到 IP 地址，然后再使用该 IP 地址访问主机。

互联网上有很多负责将主机域名解析为 IP 地址的域名服务器，这些域名服务器一起构成了域名服务系统。每个域名服务器都需要具备将域名解析为 IP 地址的能力。当自身无法完成解析任务时，可以向其上级域名服务器请求解析。

✦ 3.2.2　互联网典型应用

1. 万维网

(1) 万维网的发展及定义

随着计算机网络技术的发展，人们已不再满足于传统媒体那种单向传输的信息获取方式,而是希望获得更多的主观选择和交互,能够更加及时、迅速和便捷地获取信息。到了1993年,万维网技术有了突破性的进展,它解决了远程信息服务中的文字显示、数据连接和图像传递等问题。自此以后,万维网逐渐流行起来,成为互联网上使用广泛的一种应用。

万维网可以视为由一个巨大的、遍布全球的 Web 页面集合所构成,这些 Web 页面简称为网页。网页中一般含有文字、图像、动画和表格等元素,通过超文本链接实现页面间的跳转。用户可以跟随超级链接来到它所指向的页面,从而获取到可互动的、丰富多彩的资源。

(2)网页浏览原理

用户若要通过浏览器访问万维网,只要在浏览器地址栏中输入 Web 服务器的网址,就可以进入丰富多彩的网络世界。目前,常用的浏览器有微软公司的 Edge、谷歌公司的 Chrome 和 Mozilla 的 Firefox 等。国内的 360 浏览器、搜狗浏览器、QQ 浏览器等大多是基于 IE、Chromium 等开源内核实现的。

Web 服务器在万维网上提供信息浏览服务,接受用户的访问,并返回网页文件内容。网页文件使用超文本标记语言(HyperText Markup Language,HTML)编写,存储在 Web 网站服务器上。在服务器上安装 Web 服务软件即可构建 Web 服务器。常见的 Web 服务软件有 Apache、Nginx、Internet 信息服务(Internet Information Services,IIS)等。

用户使用浏览器,通过 HTTP 协议(Hyper Text Transfer Protocol)或 HTTPS 协议(HyperText Transfer Protocol Secure),向 Web 服务器发送页面请求。Web 服务器接到请求后,通过 HTTP 协议或 HTTPS 协议将页面内容发送给浏览器,浏览器解释页面内容并显示给用户,如图 3-2-2 所示。

▲ 图 3-2-2 网页浏览原理

HTTP 协议是互联网上应用最为广泛的一种网络协议之一,用于从 Web 服务器传输超文本数据到本地浏览器。但 HTTP 协议采用了明文形式进行数据传输,极易被不法分子窃取和篡改。为了解决安全性问题,HTTPS 协议被提出,它使用 SSL/TLS(Secure Sockets Layer/Transport Layer Security),为数据传输提供了加密和完整性校验,从而保护了用户的隐私和数据安全。随着网络安全意识的提高,越来越多的网站开始使用 HTTPS 协议来保护用户数据。

2. 电子邮件

电子邮件(E-mail)，是一种用电子手段提供信息交换的通信方式。与传统邮件一样，要进行邮件发送，就一定要指明接收邮件的用户地址。同时，为了能让电子邮件在互联网上准确发送，必须保证用户地址的唯一性。电子邮件地址格式为：用户名@邮箱所在服务器的域名。符号"@"读作"at"，用以分隔用户名(邮箱名)和邮件服务器域名。邮件服务器域名在互联网上是唯一的，用户名在该邮件服务器上也是唯一的，从而保证了互联网上用户地址的唯一性。

电子邮件的工作机制如图3-2-3所示，其中电子邮件客户端主要用于邮件的生成和对邮件进行各种处理，并向电子邮件服务器端收发邮件。电子邮件服务器端主要负责邮件的存储和传输，包括向电子邮件客户端收发邮件，以及在电子邮件服务器端之间传送邮件。当用户试图发送一封电子邮件的时候，并不是直接将信件发送到对方的机器上，而是用电子邮件客户端去寻找一个电子邮件服务器，把邮件提交给它。电子邮件服务器在收到邮件后，会先将它保存在自身的缓冲队列中，然后根据邮件的目标地址，找到应该对这个目标地址负责的服务器，并且通过网络传送给它。对方的服务器在接收到邮件之后，将其缓冲存储在本地，直到邮件的接收者通过电子邮件客户端查看自己的电子邮箱。上述过程涉及简单邮件传输协议(Simple Mail Transfer Protocol，SMTP)、邮局协议第三版(Post Office Protocol 3，POP3)和互联网信息访问协议(Internet Message Access Protocol，IMAP)。

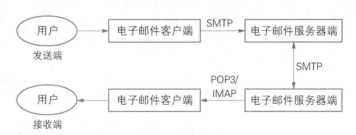

▲ 图3-2-3 电子邮件服务工作模式

SMTP是目前使用最普遍、最基本的电子邮件服务协议之一，主要用于保证电子邮件能够可靠和高效地传送。SMTP主要应用在两种情况：一是将电子邮件从客户端传输到服务器，二是将电子邮件从一个服务器转发到另一个服务器。

POP3是一种用户与邮件服务器之间收取邮件的协议。它位于应用层，主要用于支持客户端远程管理存储在服务器上的电子邮件。另外，若POP3协议提供了加密，则被称为POP3S。POP3协议支持"离线"邮件处理，具体过程是：邮件发送到服务器上，电子邮件客户端调用邮件客户机程序(如QQ邮箱程序、Foxmail、Outlook等)以连接服务器，并下载所有未阅读的电子邮件。这种离线访问模式是一种存储转发服务，可将邮件从邮件客户端送到个人终端电脑上。

IMAP也是一种收取邮件的协议。与POP3协议不同的是，IMAP支持在交互式的操作服务器上接收邮件，允许用户通过客户端直接对服务器上的邮件进行操作，如用户可以在服务器上维护自己的邮件目录。IMAP 支持用户在阅读完邮件的到达时间、主题、发件人、大小等信息后,再做出是否下载的决定。IMAP 协议支持多设备同步、实时更新等功能,非常适合多设备用户使用。

3. 虚拟专用网络

虚拟专用网络(Virtual Private Network,VPN)是一种将物理上分布在不同地点的主机和网络,通过公用网络连接而成的逻辑上的虚拟网络。VPN 通过利用公共网络(通常是互联网),将多个私有网络或网络节点连接起来,每个连接都采用了附加的安全隧道、用户认证、访问控制、保密性和完整性等措施,以防止信息被泄漏、篡改和复制,从而在混乱的公用网络中构建出一条安全、稳定的隧道。这样,企业内部的重要信息就能在这条隧道中安全传输,实现与专用网络类似的性能。

VPN 的原理为:两个互不直接相连的私有网络,通过两台在各自网络中与公共网络直接连接的计算机建立一条专用通道,从而形成一个虚拟专用网络。两个私有网络之间的通信内容,在经过这两台计算机或设备的封装后,会通过公共网络的专用通道进行传输,然后再解封还原成私有网络的通信内容。对于两个私有网络来说,公共网络就像普通的通信电缆,而接在公共网络上的两台计算机或设备则相当于两个特殊的线路接头。使用 VPN 访问专有网络的网络拓扑结构如图 3-2-4 所示。

VPN 为用户提供了一种通过公共网络安全地对企业内部专用网络进行远程访问的连接方式。如今,VPN 技术已经是路由器等设备所具备的重要技术之一,交换机、防火墙等设备大多都支持 VPN 功能。VPN 的关键技术包括数据加密技术、

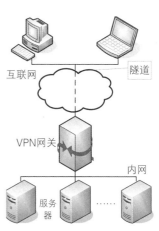

▲ 图 3-2-4 VPN 访问专有网络拓扑示意图

身份认证技术、隧道技术和密钥管理技术等。VPN 中两个通信实体之间的基本通信过程如下:①VPN 客户端连接至 VPN 服务器,并要求服务器验证它的身份。②服务器通过发送它的数字证书证明其身份。③服务器发出一个请求,对客户端的证书进行验证。④在确定身份后,双方协商加密算法以及用于完整性检查的算法。客户端通常提供它支持的所有算法列表,然后由服务器选择最强大的加密算法。⑤客户端和服务器协商会话密钥。⑥客户端和服务器分别使用协商好的加密算法及密钥,对要发送的数据进行加密,并对从对方收到的数据进行解密,从而实现在客户端和服务器间利用加密信道进行通信的目的。

实践探究

结合本节内容,尝试在自己的手机和电脑上安装电子邮件客户端软件,并按自己的电子邮箱地址进行配置,然后与同学互发邮件。

3.3

无线通信技术及应用

问题导入

　　有的学校宿舍只提供一个有线网口，为此，学生需要自己在宿舍里组建一个无线局域网，通过共享这个有线网口来连接互联网。本节将带领大家了解无线网络，学习如何在宿舍里组网。

❖ 3.3.1　无线通信技术简介

1. 什么是无线通信技术

　　无线通信（Wireless Communication）是利用电磁波信号可以在空间中传播的特性进行信息交换的一种通信方式。无线通信主要包括微波通信和卫星通信。微波传送的距离一般只有几十千米，因此，每隔几十千米就要建一个微波中继站。卫星通信是利用通信卫星作为中继站，在地面上的两个或多个地球站之间，或在不同卫星之间，建立微波通信的技术。

什么是 Wi-Fi 无
线网络

2. 无线接入技术的类型

　　无线接入技术（Wireless Access Technology）是以无线电波为传输媒介将用户终端与网络节点连接起来，以实现用户与网络间的信息传递。无线连接到互联网的方式有很多，有传统的微波网、卫星网、无线局域网和移动通信技术，还有蓝牙（Bluetooth）、ZigBee（译为"紫蜂"）以及 NFC 近场通信（Near Field Communication）等方式。

　　(1) 微波网

　　微波是无线电波中一个有限频带的简称，即波长在 1 毫米到 1 米之间的电磁波的统称，通常使用较小的发射功率配合定向高增益微波天线实现。数字微波设备接收和传送的是语音、数据或影像等数字信号，主要用于军事和专业领域。

　　(2) 卫星网

　　使用卫星上网需要为计算机装配卫星网络卡，并与一个约 75 厘米口径的卫星接收天线相连,然后配合卫星接入互联网。

美国太空探索技术公司(SpaceX)于 2014 年提出了低轨互联网星座计划——星链(Starlink),计划用 4.2 万颗卫星来取代地面上的传统通信设施,从而在全球范围内提供价格低廉、高速且稳定的卫星宽带服务。该计划的最终目标是建成一个覆盖全球、大容量、低时延的天基通信系统,为全球用户提供高速的互联网服务。

(3) 无线局域网

无线局域网(Wireless LAN,WLAN)是一种短距离无线通信组网技术。它是以无线电波为传输媒介构成的计算机网络,其信号传输半径只有几百米远。WLAN 本质上是以太网与无线通信技术相结合的产物。它能够让笔记本电脑、平板电脑、手机等终端设备在小范围内通过自行架设的接入设备接入局域网,从而实现与互联网的连接。

(4) 移动通信技术

移动通信(Mobile Communications)技术指利用无线电传输技术实现的移动终端与移动终端之间或移动终端与固定终端之间进行数据传输的技术,通常指手机上网。手机自问世到现在,经历了第一代模拟制式手机(1G),第二代 GSM(Global System for Mobile Communications)、TDMA(Time Division Multiple Access)等数字手机(2G),第 2.5 代 CDMA(Code Division Multiple Access)移动通信技术(2.5G),第三代移动通信技术(3G)这些阶段。

手机上网直至 2.5G 及 3G 阶段才有应用意义,如 2.5G 阶段的 GPRS(General Packet Radio Service)、WAP(Wireless Application Protocol)和 EDGE(Enhanced Data Rate for GSM Evolution)所提供的带宽已经能够满足电子邮件、网页浏览等服务,而 3G 阶段所提供的带宽已能够满足普通视频点播的需求。

2007 年 10 月 19 日,国际电信联盟(ITU)批准 WiMAX 成为继 WCDMA、CDMA2000 和 TD - SCDMA 三个主流 3G 标准之后的第四个全球 3G 标准。

WiMAX 是一种无线城域网接入技术,其信号传输半径可以达到 50 公里,基本上能覆盖到城郊。正是由于这种远距离传输特性,WiMAX 不仅能解决无线接入问题,还能作为有线网络接入 Cable(即有线电视电缆/同轴电缆)、DSL(即数字用户线/电话线)的无线扩展,从而方便地实现边远地区的网络连接。

随着新技术的发展,3G 及之前的业务在全球范围内正被逐步淘汰,美国和日本的部分运营商已经关闭了 2G/3G 网络,今后很长一段时间内将是 4G/5G 共存的局面。

4G 通信技术相较于 3G 通信技术来说是一次技术上的改良,它将 WLAN 技术和 3G 通信技术进行了很好的结合,使数据的传输速度更快。按照国际电信联盟的定义,4G 网络的静态传输速率一般可达到 1 Gbps,在高速移动状态下也可达到 100 Mbps 的传输速率。

目前,正在广泛使用的 4G 标准包括中国拥有自主知识产权的 TD - LTE 制式,以及在全球范围内采用的 FDD - LTE 制式。TD - LTE 是时分多址的 LTE(Long Term Evolution,长期演进技术),FDD - LTE 是频分多址的 LTE。简单地说,时分就是不同的用户占用不同的时间,而频分是不同的用户占用不同的频率。

(5) 5G/6G/7G 新技术

5G 是一种具有高速率、低时延和大连接能力等特点的新一代宽带移动通信技术。截至 2024 年 7 月,中国累计建成 5G 基站 383.7 万个,5G 用户普及率超过 60%。

6G 技术可促进产业互联网、物联网的发展。在全球 6G 专利排行方面,中国以 40.3% 的 6G 专利申请量占比高居榜首。5G、6G 新技术的应用必将带来更好的用户体验,在智能汽车、智慧城市建设,以及人工智能领域大放光彩。

7G 技术将采用卫星传输信号,实现星际信息的无缝流通,将物联网技术、AI 技术、大数据技术和区块链技术相融合,共同解决智慧城市中的痛点和难点问题。

(6) 蓝牙

蓝牙技术是一种无线数据和语音通信的无线技术标准,其工作频率为 2.4—2.485 GHz。蓝牙技术如今由蓝牙技术联盟(Bluetooth SIG)管理,该联盟负责监督蓝牙规范的开发,管理认证项目并维护商标权益。制造商的设备必须符合蓝牙技术联盟的标准才能以"蓝牙设备"的名义进入市场。

▼ 表 3-3-1 蓝牙各版本功能参数比较

蓝牙版本	发布时间(年份)	最大传输速度	传输距离
蓝牙 1.0	1998	723.1 Kbps	10 米
蓝牙 1.1	2000	810 Kbps	10 米
蓝牙 1.2	2003	1 Mbps	10 米
蓝牙 2.0＋EDR	2004	2.1 Mbps	10 米
蓝牙 2.1＋EDR	2007	3 Mbps	10 米
蓝牙 3.0＋HS	2009	24 Mbps	10 米
蓝牙 4.0	2010	24 Mbps	50 米
蓝牙 4.1	2013	24 Mbps	50 米
蓝牙 4.2	2014	24 Mbps	50 米
蓝牙 5.0	2016	48 Mbps	300 米
蓝牙 5.1	2019	48 Mbps	300 米
蓝牙 5.2	2020	48 Mbps	300 米
蓝牙 5.3	2021	48 Mbps	300 米
蓝牙 5.4	2023	48 Mbps	300 米

蓝牙 2.0 版新增的 EDR(Enhanced Data Rate)技术,使得蓝牙设备的传输率可达 2.1 Mbps。

4.0 版之前的蓝牙称之为经典蓝牙。自 4.0 版之后,低功耗蓝牙 BLE(Bluetooth Low Energy)诞生了,它与之前的蓝牙设备最显著的区别是功耗更低。蓝牙可连接多个设备,克服了数据同步的难题,是低成本的近距离无线连接,可实现固定设备、移动设备之间的短距离数据交换。一些便携移动设备和计算机设备能够通过蓝牙实现无线连接,即无须电缆便可连接到互联网。蓝牙 5.0 版开启了物联网的大门,在低功耗模式下具备更快、更远的传输能力。

2019 年,华为自主研发了超级蓝牙技术(X-BT)——全球首个实现 200 米以上稳定连接的蓝牙技术。2020 年 9 月,华为成立星闪(NearLink)联盟,并在 2021 年制定出了星闪 Release 1.0 系列标准。2023 年 8 月,华为正式发布新一代近距离无线连接技术——星闪,并将其带入商用阶段。作为全栈自研的新一代短距离通信技术,星闪以独特的优势全面超越了蓝牙和 Wi-Fi。星闪不仅连接距离更远、连接数量更多、传输速度更快、延时更短,同时耗能还更低。此外,由于星闪采用了 5GPolar 码技术,因此在抗干扰能力方面也大大超越了蓝牙。

(7) ZigBee

ZigBee 是基于蜜蜂交流方式研发而成的一种与蓝牙相类似的短距离无线通信技术,同样使用了 2.4 GHz 频段,用于传感控制应用,适用于传输范围短、数据传输速率低的电子元器件设备。该项技术适用于数据流量偏小的业务,可便捷地在一系列固定式、便携式移动终端中进行安装,还可实现 GPS 功能。

ZigBee 无线通信技术不仅可用于数以千计的微小传感器之间,依托专门的无线电标准达成相互协调通信,还可应用于小范围的基于无线通信的控制及自动化等领域,可省去计算机设备与一系列数字设备间的有线电缆连接,从而实现多种不同数字设备间的无线组网,使它们能够相互通信或者接入互联网。

(8) NFC

NFC 近场通信技术由非接触式射频识别(RFID)技术演变而来,是一种运行于 13.56 MHz 频率下的短距高频无线通信技术。它由飞利浦半导体(现恩智浦半导体公司)、诺基亚和索尼共同研制开发,传输速度包括 106 Kbps、212 Kbps 和 424 Kbps 三种。

NFC 近场通信技术可将感应式读卡器、感应式卡片和点对点通信的功能集成在单一芯片之上,使设备能在短距离内与兼容设备进行互相识别和数据交换。手机用户凭着配置了支付功能的手机就可以实现机场登机验证、大厦门禁钥匙、交通卡、信用卡等功能。

 问题研讨

(1) 查阅资料,对比蓝牙和星闪技术,探讨为什么蓝牙技术在连接数量、速度和延时等方面都逊于星闪技术。

(2) 结合正文知识并查阅资料,探讨在物联网中可采用的无线通信方式有哪些。

实践探究

（1）查阅资料并对比各种无线通信技术的传输距离、带宽和优缺点，然后将其整理成表格。

（2）查询自己的手机所支持的蓝牙最高版本，并为手机挑选一款相匹配的蓝牙耳机，然后以型号、所支持蓝牙的最高版本、技术资料出处为列名，将这些信息制作成表格。

（3）利用手机的手电筒功能找出常见 NFC 卡上芯片和天线线圈的位置。如果你有支持 NFC 功能的手机，可以尝试利用手机钱包、支付宝、交通卡或 NFC 工具等 App，体验近场通信技术的神奇。

✦ 3.3.2 无线局域网

1. 无线局域网(WLAN)概述

WLAN 是一种利用射频技术进行数据传输的系统。从广义上来说，WLAN 是以各种无线电波的无线信道来代替有线局域网中的部分或全部传输介质所构成的网络；从狭义上来说，WLAN 是基于 IEEE802.11 系列标准，利用高频无线射频（如 2.4 GHz、5 GHz 或 6 GHz 频段的无线电波）作为传输介质的局域网。

WLAN 主要包含了 WAPI(Wireless LAN Authentication and Privacy Infrastructure) 和 Wi-Fi 两种上网模式，用来弥补有线局域网络的不足，以达到网络延伸目的。WLAN 不局限于任何特定技术标准，理论上可以包含多种无线通信标准，如蓝牙、Wi-Fi、WiMAX 等。

Wi-Fi 是 Wi-Fi 联盟(Wi-Fi Alliance，WFA)的商标，也是一个基于 IEEE 802.11 标准的无线局域网技术。关于 Wi-Fi 的具体含义，现在有多种说法：一种说法认为 Wi-Fi 是无线保真(Wireless Fidelity)，类似于音频设备分类中的高保真 Hi-Fi(High Fidelity)；另外一种说法认为，Wi-Fi 并没有特别的含义，也没有全称。目前，并没有官方组织明确表明 Wi-Fi 就是指的 Wireless Fidelity，或给出 Wi-Fi 的确切定义。

IEEE(Institute of Electrical and Electronics Engineers)虽然开发并发布了 IEEE 802.11 标准，但没有对符合 IEEE 802.11 协议标准的设备提供相应的测试服务。由于 IEEE 802.11 标准很理论化，一旦将其产品化，每家厂商生产的产品便会五花八门。Wi-Fi 联盟很好地解决了符合 IEEE 802.11 标准的产品的生产和设备兼容性问题。同时，Wi-Fi 联盟还负责对各种无线局域网络设备进行 Wi-Fi 认证，测试产品是否符合 IEEE 802.11 协议标准。经认证后的设备，可标注 Wi-Fi 商标。

由于两套系统之间存在密切联系，Wi-Fi 和 IEEE 802.11 经常被混淆，而实际上两者是有区别的。概括来讲，IEEE 802.11 是一种无线局域网标准，而 Wi-Fi 则是 IEEE 802.11 标准的一种产品实现。很多时候 Wi-Fi 会被写成 WiFi 或 wifi，实际这些写法并没有被 Wi-Fi 联盟认可。

从 1997 年第一代 IEEE 802.11 标准发布至今,802.11 标准经历了 7 个版本的演进。在 Wi-Fi 6 发布之前,Wi-Fi 标准是通过从 802.11b 到 802.11ac 的版本号来标识的。随着 Wi-Fi 标准的演进,Wi-Fi 联盟为了便于 Wi-Fi 用户和设备厂商了解 Wi-Fi 标准,便选择使用数字序号来对 Wi-Fi 重新命名。

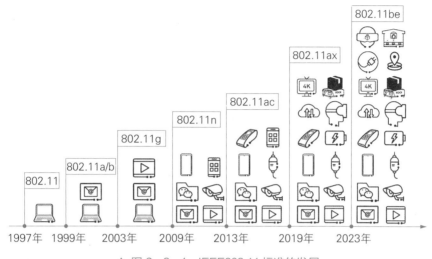

▲ 图 3-3-1 IEEE802.11 标准的发展

Wi-Fi 网络的架构十分简单,在机场、车站、咖啡店、图书馆等人员较密集的地方,一般都设有"热点",用户只需要将支持 Wi-Fi 的设备拿到该区域内,便可以接收其信号,高速接入互联网。

2. 无线网络设备

接入无线网络的设备主要包括无线接入点(Access Point,AP)、无线控制器(Access Controller,AC)、无线路由器(Wireless Router)等。

(1) 无线接入点

无线接入点(AP)是无线网络的接入设备,它类似于有线网络中的交换机或路由器。AP 负责将无线信号转换为有线信号,以便在有线和无线网络之间进行通信。AP 分为胖 AP 和瘦 AP,一般情况下所说的 AP 是指瘦 AP,它不具备路由器的功能,不能独立工作,只能把来自 AC 的有线网络转换为无线网络。

(2) 无线控制器

无线控制器(AC)是无线局域网的接入控制设备,负责把来自不同 AP 的数据进行汇聚并接入互联网,同时承担 AP 设备的配置管理,以及无线用户的认证、访问、安全等控制管理任务。

(3) 无线路由器

无线路由器是将单纯性无线 AP 和宽带路由器合二为一的扩展型产品,它不仅支持

DHCP、VPN(Virtual Private Network，虚拟专网)、防火墙等功能，还支持有线等效保密协议 (Wired Equivalent Privacy，WEP)加密、网络地址转换(Network Address Translation，NAT)功能，可支持局域网用户共享一个或多个互联网连接。

问题研讨

(1) 结合正文内容并查阅资料，列举出各Wi-Fi标准，然后从带宽、频段、覆盖范围等多个维度，对比各个标准之间的区别。

(2) 通过阅读相关资料，找出更多的(不少于两种)无线网络设备(除无线路由器、AP和AC外)，并加以介绍。

✤ 3.3.3 无线网络组网

1. 家庭无线组网

通常，运营商在用户家里安装的光猫(也称为单端口光端机、光调制解调器)自带Wi-Fi功能，用户可以实现无线上网，也可以在光猫的LAN口接一根网线到无线路由器的WAN口，以实现无线信号覆盖范围的扩展。这种采用多个无线路由器组建的无线网即为胖AP组网。胖AP是AP与路由器的结合体，它除了具备无线接入功能外，通常还具备WAN、LAN口，可以独立工作，实现拨号、路由、地址转换等功能。共享手机热点(或4G/5G路由器)上网就可归属于胖AP方式，此时WAN端是手机网络，而不是常见的有线网络。胖AP可独立完成Wi-Fi覆盖，而不需要另外部署管控设备。但是，由于胖AP独自控制用户的接入，用户因此无法在胖AP之间实现无线漫游，而只有在胖AP覆盖的范围内才能使用Wi-Fi网络。

因此，胖AP通常用于家庭或小型办公环境的小范围Wi-Fi覆盖，在企业场景已经逐步被"AC＋瘦AP"和更高级别的"云管理平台＋云AP"的模式所取代。

2. 点对点模式组网

点对点模式组网是在某个无线终端(如笔记本)上创建无线网络，以供其他终端连接，从而实现点对点连接的无线网络组网方式。例如，常见的手机之间通过蓝牙互传照片，即为该组网方式。

3. 中小型企业无线组网

中小型企业无线组网通常是指"AC＋FIT AP"模式组网，目前广泛应用于大中型园区的Wi-Fi网络部署，如商场、超市、酒店、企业办公等。AC的主要功能是通过CAPWAP (Control And Provisioning of Wireless Access Points，无线接入点控制和配置协议)隧道对所有FIT AP进行管理和控制。AC统一给FIT AP批量下发配置，因此不需要对AP逐个进行配置，从而大大降低了WLAN的管控和维护成本。同时，因为用户的接入认证可以由

AC 统一管理,所以用户可以在 AP 间实现无线漫游。

4. 大规模无线组网

大规模无线组网是在中小型企业无线组网的基础上,增加核心交换机、认证系统、计费系统、网管系统,以及防火墙、行为管理等安全设备,为用户提供全方位无线上网服务的组网方式。

5. Mesh 组网

无线 Mesh 组网(Wireless Mesh Network,WMN)即无线网格网络,是指利用无线链路将多个 AP 连接起来,并通过一个或两个根节点接入有线网络的一种网状动态自组织、自配置的无线网络。Mesh 是由 Ad-HOC 网络发展而来的,是解决"最后一公里"问题的关键技术之一。

Mesh 架构组网主要应用于仓储或厂房等面积较大且不方便布线的环境。通过将 AP 设置为 Mesh 模式,系统可自动协商进行组网和数据回传,同时边缘 AP 接入有线网络,从而实现减少布线,以及使无线网络具备链路冗余(备份链路)等功能。

主题3 综合练习

3.4

综合练习

❖ 一、单选题

1. 数据通信是（　　）相结合产生的通信方式。
   A. 通信技术与生物技术
   B. 通信技术与计算机技术
   C. 计算机技术与生物技术
   D. 光学技术与声学技术

2. 数据通信系统主要由（　　）组成。
   A. 数据终端设备、数据传输设备、传输介质、计算机中心
   B. 数据终端设备、电源、计算机中心、交换机
   C. 数据终端设备、路由器、传输介质、计算机中心
   D. 数据终端设备、防火墙、传输介质、服务器

3. 光纤通信主要利用（　　）原理进行信号传输。
   A. 电磁感应
   B. 光的全反射
   C. 电磁辐射
   D. 声波传导

4. （　　）衡量了数据通信系统在规定条件下和规定时间内完成规定功能的能力。
   A. 传输速率
   B. 差错率
   C. 可靠性
   D. 带宽

5. 移动通信系统主要基于（　　）技术进行信号传输。
   A. 光纤
   B. 无线电波
   C. 同轴电缆
   D. 红外线

6. （　　）传输介质在传输过程中不能穿透障碍物，且传输的方向性强。
   A. 无线电波
   B. 红外线
   C. 微波
   D. 光纤

7. （　　）反映了数据从发送端到接收端所需的时间。
   A. 传输速率
   B. 时延
   C. 带宽
   D. 吞吐量

8. （　　）传输介质具有高带宽和低噪声干扰的特性。
   A. 双绞线
   B. 同轴电缆
   C. 无线电波
   D. 红外线

9. （　　）设备工作在 OSI 参考模型的物理层。
   A. 路由器
   B. 交换机
   C. 网关
   D. 中继器

10. （　　）网络类型具有覆盖范围广、不受地理条件限制的特点。
    A. 局域网
    B. 城域网
    C. 广域网
    D. 卫星通信系统

11. 防火墙的主要功能不包括（　　）。
    A. 访问控制
    B. 数据加密
    C. 安全隔离
    D. 数据包过滤

12. (　　)技术常用于数字签名。

　　A. 对称加密　　　　B. 非对称加密　　　C. 哈希加密　　　D. 流密码加密

13. 在以下 IP 地址中,属于 C 类地址的是(　　)。

　　A. 16.20.30.40　　　　　　　　　B. 189.16.0.36

　　C. 192.168.251.10　　　　　　　D. 172.16.254.1

14. 在以下 IP 地址中,属于 B 类地址的是(　　)。

　　A. 126.20.30.40　　　　　　　　B. 189.16.0.36

　　C. 222.204.251.66　　　　　　　D. 202.101.244.101

15. 如果在域 ecnu.edu.cn 下新建主机 cc,该主机的完整域名为(　　)。

　　A. cc　　　　　B. cc.edu　　　　　C. cc.cn　　　　D. cc.ecnu.edu.cn

16. 在互联网的域名地址中,政府部门可表示为(　　)。

　　A. com　　　　　B. mil　　　　　C. gov　　　　D. edu

17. 在互联网的域名地址中,企业部门可表示为(　　)。

　　A. com　　　　　B. mil　　　　　C. gov　　　　D. edu

18. 电子邮件地址的格式为(　　)。

　　A. 用户名@邮箱所在服务器的域名　　　B. 邮箱所在服务器的域名@用户名

　　C. 用户名&邮箱所在服务器的域名　　　D. 邮箱所在服务器的域名&用户名

19. 将邮件从电子邮箱传输到本地计算机的协议是(　　)。

　　A. SMTP　　　　B. TELNET　　　　C. P2P　　　　D. POP3

20. 无线局域网本质上是(　　)与无线通信技术相结合的产物。

　　A. 以太网　　　　B. 卫星网　　　　C. 局域网　　　　D. 有线网

21. (　　)不属于第三代移动通信技术。

　　A. WCDMA　　　B. CDMA2000　　　C. WiMAX　　　D. FDD-LTE

22. (　　)无法工作在 2.4 GHz 频段。

　　A. 蓝牙　　　　B. NFC　　　　C. ZigBee　　　　D. Wi-Fi

23. (　　)是传输速率最快的无线通信方式。

　　A. 蓝牙　　　　B. NFC　　　　C. ZigBee　　　　D. Wi-Fi

24. (　　)不是无线组网设备。

　　A. AP　　　　B. AC　　　　C. 无线路由器　　　D. 交换机

25. (　　)不是 Wi-Fi 采用的工作频段。

　　A. 13.56 MHz　　　B. 2.4 GHz　　　C. 5 GHz　　　D. 6 GHz

❖ 二、是非题

(　　) **1.** 数据通信是通信技术和计算机技术相结合的产物。

(　　) **2.** 双绞线分为屏蔽双绞线(STP)和非屏蔽双绞线(UTP),其中 STP 的抗干扰
　　　性能较低。

（　　）**3.** 光纤通信具有高速、高容量、抗干扰等特点，适用于长距离数据传输。

（　　）**4.** 公用电话系统（PSTN）主要应用于固定电话服务，通话质量稳定可靠。

（　　）**5.** 访问控制技术只能应用于计算机系统中的文件和数据访问，不能用于网络设备。

（　　）**6.** 无线 Mesh 组网是通过一个或两个根节点接入有线网络的一种网状动态自组织、自配置的无线网络组网方式。它既无法实现减少布线，又不能使无线网络具备链路冗余功能。

主题 4

信息处理

主题概要

　　文本、图、音频与视频是数智时代重要的信息载体,娴熟的信息处理技术是当代大学生未来生存和发展的基本能力及必备素质。

　　本主题首先介绍文本创建、编辑排版、样式设计、审阅和协作等技术,以满足学术、商业和个人写作等领域对文档处理效率和质量的需求;然后介绍矢量图和位图的基本概念、思维导图绘制和 AIGC 文生图的方法,以及图像编辑软件的使用方法;最后介绍音频与视频信号的数字化原理,并通过实例讲解音频与视频的编辑技术,以及 AIGC 在媒体生成、处理中的作用。

学习目标

1. 熟练掌握文本信息的生成和编辑技术。

2. 了解常见文档编辑器的特点。

3. 掌握网络合作文档编辑技术。

4. 理解矢量图与位图的概念和基本原理。

5. 掌握矢量图工具的使用方法。

6. 掌握思维导图工具的使用方法。

7. 理解 AIGC 文生图模型的基本原理,初步掌握文生图的方法。

8. 熟练掌握图像处理工具的编辑、多图像合成和特效添加等技术。

9. 理解音频与视频信号的数字化技术,了解常见的音频与视频文件格式。

10. 掌握常见的音频与视频软件编辑处理技术,了解 AI 技术在音频与视频领域的应用方法。

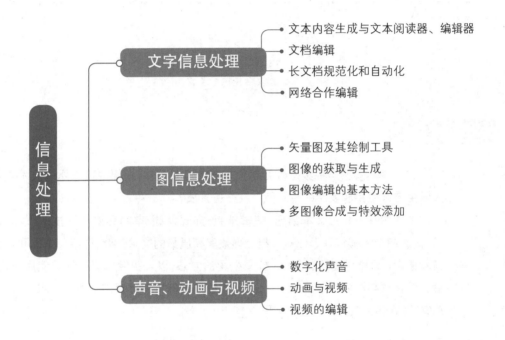

信息处理
- 文字信息处理
  - 文本内容生成与文本阅读器、编辑器
  - 文档编辑
  - 长文档规范化和自动化
  - 网络合作编辑
- 图信息处理
  - 矢量图及其绘制工具
  - 图像的获取与生成
  - 图像编辑的基本方法
  - 多图像合成与特效添加
- 声音、动画与视频
  - 数字化声音
  - 动画与视频
  - 视频的编辑

4.1

文字信息处理

问题导入

智能时代的文字处理手段纷繁多样,哪些才是最恰当、最高效地完成文字处理工作的方式? 不同的文字处理软件的特点和长处,以及它们之间的异同是怎样的? 应该如何根据自己的需要,有目的地重点学习和熟练掌握文字处理软件?

✦ 4.1.1 文本内容生成与文本阅读器、编辑器

1. 文本内容生成

教材在主题 1 中已介绍大模型和 AIGC 的概念及其使用方法。其中,与本节内容密切相关的是 AIGC 文生文。它通常需要基于深度学习模型,如循环神经网络(Recurrent Neural Network,RNN)、长短期记忆网络(Long Short-Term Memory,LSTM)和 Transformer 及其变体(如 BERT、GPT 等),这些模型能够"理解"和生成自然语言。文本生成过程通常包括数据预处理、模型训练、生成策略制定和后处理等步骤。模型通过学习大量文本数据,理解语言模式,并生成新的文本内容。

目前,众多文字处理软件也已加入 AI 文本内容生成功能。以国产文字处理软件 WPS AI 为例,它依托大语言模型,结合了意图识别、文本聚类等语义匹配算法,并通过训练和调优其自主研发的模型,以满足更加细分化和个性化的场景需求。WPS AI 能提供的功能如图 4-1-1 所示。

① 内容生成与改写:AI 帮助用户生成各类文档的草稿,如工作周报、文章大纲、策划方案等,并提供内容改写和润色功能。

② 智能排版:AI 可自动化套用模板,帮助用户完成文档的排版工作。

③ 文档阅读与问答:AI 能够阅读长篇文档,快速提取重点内容与数据,并支持用户通过提问来获取文档中的具体信息。

④ 全文总结:AI 能够快速掌握文章内容,并生成全文总结,减少用户的阅读负担。

⑤ 全文翻译:AI 能够提供翻译服务,帮助用户更好地理解外文文档。

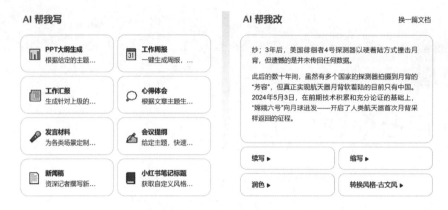

▲ 图 4-1-1　WPS AI 文本生成功能

⑥ 帮我写-灵感市集：提供创意提示词和指令模板，用户可以根据需要选择和改写这些指令，以生成特定内容。

⑦ 模板：AI 能够为各行业提供量身定制的模板，并快速生成文档，如生成薪酬管理制度等。

尽管 AIGC 技术发展迅速，为内容创作与信息传播带来了新的机遇，但它依然面临着生成内容在一致性、准确性及创造性等方面的挑战。因此，在使用 AIGC 技术生成文本后，必须自行对内容进行检查与把关，以确保其质量。

2. 常用文本阅读器

文本阅读器分为软件和硬件两大类，都可用于查看文本文件，通常支持多种文件格式，如 PDF、EPUB、MOBI、DOCX 文档等。此外，文本阅读器通常还具备简单的文本编辑功能（如复制、粘贴、查找、替换等），有些还支持导航、批注、书签等高级功能。

(1) 软件类文本阅读器

Adobe Acrobat Reader：支持 PDF 文件的阅读和注释。

Foxit（福昕）Reader：国产的轻量级 PDF 阅读器，提供丰富的注释和编辑功能。

BookViser：支持多种格式，具备 3D 翻页效果及注释工具。

Sumatra PDF：一个开源的 PDF、EPUB、MOBI、CHM、XPS 和 DjVu 格式阅读器，界面简洁。

微信阅读：集电子书阅读、听书、社交互动于一体的移动阅读应用，依托微信生态，提供丰富的书籍资源和便捷的社交分享功能。

(2) 硬件类文本阅读器

小米多看电纸书：墨水屏阅读器，支持 24 级双色温前光。

汉王电纸书：高分辨率屏幕，支持手写笔输入。

掌阅 iReader 系列：配备不同尺寸的屏幕，并具备长续航能力。

科大讯飞智能办公本：高分辨率电子墨水屏，支持语音的识别和转换。

文本阅读器注重界面的友好性，确保操作直观便捷；同时，注重文件格式的广泛兼容性，支持多样化的文档类型。随着移动设备的普及，文本阅读器也在向移动端发展，能够提供跨平台的阅读体验。同时，将 AIGC 技术融入文本阅读器，如自动提供摘要和内容推荐等，也是未来的发展趋势之一。

3. 常用文本编辑器

常用的文本编辑器包括 WPS、LibreOffice、Apache OpenOffice、Google Docs、Adobe Acrobat Pro、iWork Pages、Microsoft Office Word 和 LaTex 等。

▲ 图 4-1-2　常用文档编辑器

(1) WPS

WPS Office 和 WPS 365 是金山办公旗下的两款办公软件，其侧重点各不相同。WPS Office 主要服务于个人用户，提供包括文档编辑、表格处理、演示制作在内的基础办公功能，支持跨平台使用，涵盖 Windows、Mac、Linux、Android 及 iOS 系统，并具备在线协作编辑能力，专注于提升个人办公效率。WPS 365 是针对企业用户打造的一站式数字办公解决方案，集成了 WPS Office 的全部功能，并在此基础上扩展了云文档管理、云盘存储、即时通信、视频会议等协作工具。同时，WPS Office 还集成了 AI 技术，如智能文档库和企业智慧助理，以加速企业办公自动化进程，并促进企业实现数据驱动的精准决策。

(2) LibreOffice

LibreOffice 是一款免费的、国际化的开源办公套件，由来自全球的社区成员参与开发，开发过程完全开放透明。它支持在 Windows、Linux 以及 Mac OS 等操作系统上运行，并为用户提供一致的操作体验；其体积小巧，操作便捷，同时支持多种文档格式。

(3) Apache OpenOffice

Apache OpenOffice 也是一款免费的、开源的办公软件套件，它包含文本文档、电子表格、演示文稿、绘图、数据库等组件，支持多国语言，可以运行于多种主流操作系统。

(4) Google Docs

Google Docs 是谷歌公司开发的 Google Apps 套件中的一种应用。它支持用户在线创建、编辑并存储文档，而无须在本地计算机上安装软件。此外，Google Docs 还支持多用户协同工作，体现了办公自动化与互联网技术两大趋势——"云计算"与"移动计算"的深度融合。

(5) Adobe Acrobat Pro

Adobe Acrobat Pro 是一款用于阅读和编辑 PDF 格式文件的软件。PDF（Portable Document Format，意为"可移植文档格式"）是由 Adobe 公司最早开发的跨平台文档格式。

PDF 文件以 PostScript 语言图像模型为基础,可以保证在不同打印机上打印及在不同屏幕上显示时保持同样的视觉效果,即所谓的输出一致性,这一特性使 PDF 格式成为普及度最高的电子书和电子文档资料格式之一。

PDF 文件的使用主要包括阅读和编辑两方面,阅读使用 PDF 阅读器,编辑使用 PDF 编辑器。利用 PDF 编辑器,除了可以编辑和生成 PDF 格式的文档外,还可以合并文件、将文件扫描为 PDF 等。PDF 与 Word、WPS 格式的文档之间可以方便地互相转化。

(6) iWork Pages

iWork 是苹果公司开发的办公软件三套件,包括文字处理工具 Pages、电子表格工具 Numbers 和演示文稿制作工具 Keynote。iWork 针对 Mac、iPad 和 iPhone 等苹果设备用户免费。苹果用户可以实时协作,共同编辑文档、电子表格或演示文稿;PC 端用户也能通过 iCloud 版 iWork 一起参与。此外,用户可以使用 Apple Pencil 在 iPad 上手动绘制插图和添加标注;iWork 简单易学且模板美观,和 Microsoft Word 高度兼容。

(7) Microsoft Office Word

Microsoft Word 是微软公司开发的办公套件 Microsoft Office 中的文字处理软件。作为 Microsoft Office 的重要一员,Word 的版本不断升级,功能逐渐强大,在云存储、协同工作、多平台、跨设备和智能办公方面不断改进和提高。随着大语言模型时代的到来,Microsoft 365 与集成了自然语言处理和机器学习技术的 Copilot(名称源于"Co-Pilot",即副驾驶)协同工作,能够提升用户的工作效率,使用户能够在 Word 中直接利用 AI 技术实现文字的智能化处理。例如,可以通过提示或已有文件内容自动生成文档,以及利用 AI 进行现有文档的对话式编辑、回答查询和编写汇总文章等。

(8) LaTeX

LaTeX 是一种基于 TeX 的排版系统。TeX 是由美国斯坦福大学高德纳·克努特 (Donald E. Knuth)教授开发的一款排版系统,是世界公认的数学公式排版最优系统之一。美国数学学会(American Mathematical Society, AMS)鼓励数学家们使用 TeX 系统向其期刊投稿。许多世界一流的出版社,如艾迪生-韦斯利出版公司、牛津大学出版社等,也利用 TeX 系统出版书籍和期刊。

与 Word 相比,LaTeX 在公式排版上更具优势。它的排版效果优雅大方,因此,在涉及大量数学公式的科技论文和书刊的撰写中,作者往往会优先采用 LaTeX。不少国外的高水平期刊,甚至只接受 LaTeX 排版的稿件。虽然一些期刊同时接受 LaTeX 和 Word 格式的稿件,但采用 LaTeX 排版的稿件往往收费更为优惠。此外,大部分 LaTeX 排版系统都是免费且开源的,这为使用者提供了更多的便利。

然而,由于 LaTeX 不是 Word 那样"所见即所得"的编辑方式,而且是纯英文界面,没有汉化的中文版,也没有 Word 上手简单,因此 LaTeX 只是在科技界比较普及,不像 Word 那么"平易近人"。

TeX/LaTeX 不是一个单独的应用程序。一个 TeX/LaTeX 的发行版是将引擎、编译脚本、管理界面、格式转换工具、配置文件、支持工具、字体，以及数以千计的宏和文档集成在一起打包发布的软件。TeX/LaTeX 在不同操作系统上的发行版不同，且同一个操作系统也会有好几种 TeX 系统。目前，国内最主流的 TeX/LaTeX 发行版是 CTeX 和 TeX Live。

❖ 4.1.2 文档编辑

1. 文档编辑基础

下面以 WPS 文字为例，介绍文档编辑的基础操作。

(1) 界面工具

① 标尺。标尺分为水平标尺和垂直标尺。利用标尺可以查看正文的宽度和高度，显示和设置页边距、段落缩进以及制表位的位置。在"视图"选项卡中勾选或取消"标尺"选项可显示或隐藏标尺。

② 选中栏。选中栏位于文档窗口内编辑区的左边，当鼠标指针移入该区域时，指针指向右上角，此时若单击或拖曳鼠标，可选定右边编辑区内对应的文本行。

③ 状态栏。状态栏是 WPS Office 软件中的一个重要部分，它通常位于文档的底部，不同软件的状态栏内容差异较大。WPS 文字的状态栏用于显示当前文档的状态信息，如页码、字数统计、语言模式等。状态栏的其他功能如下：

- 状态栏右侧为视图快捷方式，单击相应按钮可以在护眼模式 👁 、页面视图 📄 、大纲 ☰ 、阅读版式 ▷ 、Web 版式 ⊕ 、写作模式 ✐ 间切换。

- 拖动状态栏最右侧的"缩放"滑块，可以调整文档窗口的显示比例。单击"最佳显示比例" 🔲 按钮，软件将自动调整至最佳的显示比例。

- 右击状态栏可以打开"自定义状态栏"菜单，自行定义状态栏的显示内容。

(2) 新建和保存文档

① 新建文档。在启动 WPS Office 后，单击"新建/文字"命令，出现包括"空白文档"模板在内的可套用模板列表，选择其一即可新建文档。此外，在编辑文档的过程中，单击"文件/新建"命令，也可以另外新建一个文档。

② 保存文档。利用"文件/保存"命令，可将编辑后的文件以原文件名保存；利用"文件/另存为"命令，可以新的文件名或新的位置保存文件副本。对于新建的文档，在第一次执行保存操作时，系统将打开"另存为"对话框。

- 选择"文件/文档加密/属性"命令，可以查看文档的类型、位置、大小、创建时间、修改时间、存取时间以及文档属性等信息，并可修改文档的标题、作者等属性。

- 如果想在当前文档编辑完成后仅关闭该文档而不退出 WPS 文字程序，可以直接单击当前文档窗口右上角的"关闭" ✕ 按钮，或通过〈Ctrl〉＋〈W〉组合键执行关闭命令。

(3) 输入基本对象

WPS 文字中的基本对象包括文字、单词、标点符号，以及由它们构成的段落等。

① 输入文本。单击要插入文本的位置，即可在插入点后键入文本。每按下〈Enter〉键一次，便插入一个段落标记，文档可另起一段。段落标记标志着一个段落的结束。在段落中按〈Shift〉＋〈Enter〉组合键，可强行插入分行符，实现分行不分段。

② 编辑文本。在编辑文本时，应先定位插入点光标，指示操作位置。利用滚动条可以查看文档各部分的内容。在完成文本或图形的移动、插入或复制等操作时，必须先选定该文本或图形。常用的选定文本的方法有：

- 若要选定一个词，可用鼠标左键双击该词。
- 若要选定一段，可在段落中三击鼠标左键，或在选中栏双击该段文本。
- 若要选定一行，可单击该行左侧的选中栏。
- 若要选定文档的任一部分，可先在要选定的文本开始处单击鼠标左键，然后拖曳鼠标到要选定文本的结尾处；也可按住〈Shift〉键，再按住键盘光标控制键选定。
- 若要选定大部分文档，可先单击要选定文本的开始处，然后按住〈Shift〉键，再单击要选定文本的结尾处。
- 若要选定整篇文档，可用鼠标左键三击选中栏，或者按〈Ctrl〉＋〈A〉键。
- 若要选定矩形文本块，可在按住〈Alt〉键的同时拖曳鼠标。在按住〈Ctrl〉键的同时拖曳鼠标，可选定非连续文本。

③ 撤销和恢复。通过快速访问工具栏中的"撤销" 和"恢复" 按钮可完成相应操作，可一次撤销和恢复多个操作。撤销以最近一次保存文档为界限；而恢复则以最后一次保存文档后的撤销步骤为界限。

④ 剪贴板。剪贴板工具组在"开始"选项卡的最左侧。单击该组右下角的"对话框启动器"按钮，可以打开剪贴板任务窗格。

- 直接单击"剪贴板"组的"粘贴"按钮，可直接粘贴剪贴板中的已有数据。

- 单击"粘贴"按钮旁的下拉列表按钮，会展开一系列粘贴选项，这些选项允许用户根据具体需求选择最合适的粘贴方式，如图 4-1-3 所示。

- 在完成粘贴动作后，对象的旁边会出现粘贴按钮，单击此按钮也会展开粘贴选项。

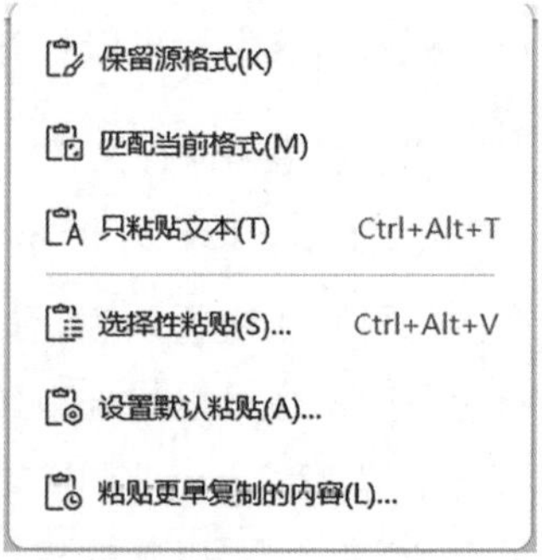

(4) 文档管理

保留源格式(K)	
匹配当前格式(M)	
只粘贴文本(T)	Ctrl+Alt+T
选择性粘贴(S)...	Ctrl+Alt+V
设置默认粘贴(A)...	
粘贴更早复制的内容(L)...	

▲ 图 4-1-3 粘贴选项

利用"文件/打开"命令，可以打开所需要的文件。通过"视图"选项卡"重排窗口"中的"水平平铺""垂直平铺""层叠"命令，可以同时查看多个文档内容；通过"拆分窗口"中的"水平拆分""垂直拆分"命令，可以将当前文档窗口拆分为两个，以便比较长文档的上下文。利用"文件/打开/最近"命令，可以查看"最近使用的文档"。

（5）打印设置和打印预览

在 WPS 文字中，可通过单击"文件/打印"命令来完成打印预览、页面设置和打印属性设置等操作。

2. 排版设计技术

进行文档格式编排通常需要按照字符、段落和页面三个层次进行。插入对象的方式多样，既包括直接在文字处理软件中创建的对象（如文本框、图形、表格等），也包括利用对象链接与嵌入（Object Linking and Embedding，OLE）技术或现代数据交换机制从其他程序（如电子表格、演示文稿软件、图片编辑器等）插入的对象。

（1）字符格式

① 字符格式设置。利用"开始"选项卡的"字体"组可完成格式设置，并能够实时预览所选择的字体效果。若要清除格式，可单击"清除格式"  按钮，清除所选文本的格式。

单击"字体"组右下角的"对话框启动器"，可打开"字体"对话框，这里能从字体、字符间距和文字效果三个方面对字符进行格式化处理。对于简单的格式设置，可以先选定文字，然后在浮动工具栏完成设置，如图 4-1-4 所示。

▲ 图 4-1-4 浮动工具栏

② 特殊字符格式设置。WPS 文字提供了极为丰富的文字效果，通过单击"字体"对话框的"文本效果"按钮，可打开"设置文本效果格式"对话框，从中可进行文本填充、文本轮廓、阴影、倒影、发光以及三维格式等效果的设置；也可以利用"开始"选项卡"字体"组中的"文字效果" 按钮，进行实时预览和设置。

（2）段落格式

段落格式的设置主要包括缩进和间距、制表位、对齐方式、项目符号和编号、段落底纹和边框等，可以通过套用"样式"完成，也可以通过"段落对话框"完成，还可以通过标尺上的控制标记完成，如图 4-1-5 所示。缩进和间距的设置方法不再具体介绍，下面主要介绍其他

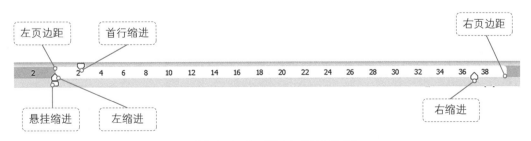

▲ 图 4-1-5 标尺上的控制标记

几类段落格式的设置方法。

① 制表位。制表位是一种类似表格的限制文本格式的工具，图4-1-6展示的是添加制表位后的效果。使用制表位可以灵活多变地制作自定义的目录。

图书清单

书名	出版社	单价
《C 语言教程》	清华大学出版社	38.00
《洛杉矶雾霾启示录》	上海科技出版社	25.00
《大学语文》	华东师范大学出版社	45.00
《上海地图册》	地图出版社	5.50

▲ 图4-1-6 制表位效果

② 对齐方式。段落对齐方式包括左、右、居中、两端、分散等类型。

③ 项目符号和编号。项目符号和编号是论文撰写中不可或缺的元素。单击"项目符号"按钮，打开项目符号库，可自定义项目符号。单击"编号"按钮，打开编号库，可自定义项目编号。此外，还可以利用符号功能自定义新的项目符号。

④ 段落底纹和边框。为进一步美化段落格式，可以利用"底纹"工具给插入点所在段落添加底纹，利用"边框"工具给插入点所在段落添加所需边框。

(3) 查找替换和选择

在编辑文档时，经常需要在已完成的文档中查找多次出现的文字或格式，并加以修改，这时就需要用到"查找、替换和选择"功能。

① 在"开始"选项卡中，单击"查找替换"按钮，打开"查找和替换"对话框，可以进行无格式、带格式、特殊字符以及样式的查找和替换操作。

② 在"查找和替换"对话框的"替换"选项卡中，单击"替换"以及"查找下一处"按钮，可逐个观察文字的替换情况；单击"全部替换"，则一次替换全部内容；还可以单击"高级搜索"中的"搜索"选项，设置搜索方向为"全部""向上""向下"，设置更多的搜索条件。

③ 在"开始"选项卡中，单击"选择/选择窗格"按钮，可以选择文档中的所有文本，格式相似的文本，隐藏、堆叠的文本，文本背后的形状，以及图片、图形或图表等其他对象；在按住〈Ctrl〉键的同时单击所需对象，可以同时选择多个对象。

(4) 格式刷、样式和模板

格式刷、样式和模板是快速设置格式的工具，它们适用于文字、段落以及全篇文档的格式设置，从而大大提高编辑格式的效率。

① 格式刷。利用"格式刷"工具，可以将选定文本的格式复制给其他选定文本，从而实现重复的文本和段落格式的快速编辑。在选定带格式的文本后，单击"格式刷"按钮，可以复制格式一次；双击"格式刷"按钮，可以复制格式多次，最后按〈Esc〉键退出该功能。

② 样式。样式指已经命名的字符和段落格式，套用样式可以减少重复操作，提高文档格

式编排的一致性,以及排版的效率和质量。例如,在撰写论文前,可先进行文档的规范化处理,也就是新建一整套论文各级标题、题注和正文所需要的样式。此外,样式也是建立目录和大纲的基础(将在 4.1.3 中具体介绍)。

● 套用样式。WPS 文字本身已经内嵌了许多样式,在选定需要定义样式的文本后,单击"预设样式"中的任何样式,该样式即可套用到所选内容上。单击"样式集" $\mathcal{A}_{\mathcal{G}}$ 按钮,可以从预设样式中选择需要的样式集。

● 新建样式。创建新样式的方法有两种:一是单击"预设样式"右下角的按钮,打开"预设样式"列表,单击"新建样式"命令即可创建新样式,如图 4-1-7(a)所示。二是单击"开始"选项卡"样式和格式"组右下角的"对话框启动器",打开"样式和格式"窗格,单击该窗格左下角的"新样式"按钮,同样可打开"新建样式"对话框,如图 4-1-7(b)所示。在新建完成后,该样式会出现在样式窗格中。

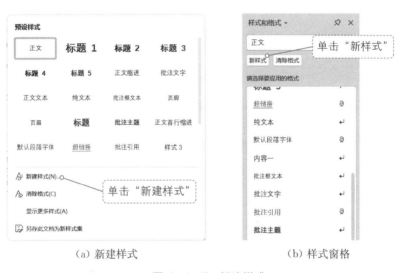

(a) 新建样式　　　　　　　　　(b) 样式窗格

▲ 图 4-1-7　新建样式

● 修改样式。右击"预设样式"列表框中的某一样式,选择快捷菜单中的"修改样式",打开"修改样式"对话框,单击左下角的"格式"按钮,可以重新为该样式设定具体格式;单击"开始"选项卡"样式和格式"组右下角的"对话框启动器",打开"样式和格式"窗格,右击样式窗格中的某一样式,选择"修改",也可弹出"修改样式"对话框。在修改样式后,当前文档中所有运用该样式的文本都会自动更新格式,这给长篇文档的排版带来了便利。除了文字和段落的样式,WPS 文字还提供了包含整个文档的各级标题、正文等格式的样式集,单击"样式集"按钮,可以从"预设样式集"中选择需要的样式集。

③ 模板。模板可为文档提供基本框架和一整套的样式组合,可在创建新文档时选择套用。现在的主流文字处理软件除了支持本地模板外,通常还提供不断更新的在线模板库。在 WPS 文字中,模板同样是一种文档格式,其扩展名一般为.wpt。

(5) 页面布局

页面布局包括与页面格式有关的主题设置、页面设置、节和分栏、页面背景和稿纸设置等。

① 主题设置。主题和模板类似，包括颜色、字体和效果等格式。不同的主题可呈现不同的整体风格。

② 页面设置。页面设置的常见需求包括设置文字方向、页边距、纸张方向、纸张大小等内容。其中，文字方向可以设置水平方向、垂直方向（从右往左、从左往右）、所有文字顺（逆）时针旋转 90 度、中文字符逆时针旋转 90 度；页边距指文档中文字距离页边的留白宽度，可以分别制定上、下、左、右页边距；纸张方向可以设置打印纸纵向或横向放置；纸张大小可以选择常见规格的纸张类型或自定义大小。

③ 节和分栏。节用于将文档分割成不同部分，每部分可独立设置页眉、页脚等，以增强文档的灵活性。分栏则用于将文本划分为多个并排显示的区域，常用于报纸、杂志排版，可提升文档的美观度和可读性。两者结合使用，可高效实现复杂文档的编辑与排版需求。

在默认状态下，整篇文档为一节，可以通过"页面"或者"插入"选项卡中的"分页" 按钮插入分节符，将文档分为多个节；可以通过"页面"选项卡中的"分栏" 按钮进行分栏设置，如图 4-1-8 所示。

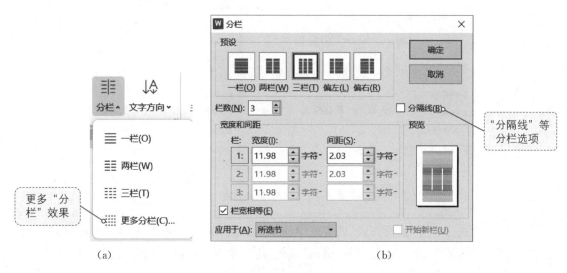

（a）　　　　　　　　　　　　　　（b）

▲ 图 4-1-8　设置分栏

④ 页面背景。使用"页面背景"功能，可以为文档设置统一的背景颜色、填充效果或图片。

⑤ 稿纸设置。中文文学写作有在稿纸上书写的传统，WPS 文字专门为满足中文用户的需求而开发了稿纸设置功能。用户可将新建文档或当前文档的内容快速转换为稿纸格式。

(6) 封面、分页符和空白页

封面、分页符和空白页都是与页面格式有关的对象。

① 封面。当需要给文档添加封面时，可以利用软件提供的封面功能，套用现成的封面模板。

② 分页符。一般情况下,只有在一页的内容输入满了才会自动另起一页,但在长文档撰写的过程中,经常有一页没写满但换了主题,要另起一页的需求。这时,可以利用"分页"功能,实现强行分页。

③ 空白页。单击"插入"选项卡最左侧的"空白页"命令按钮,可以从插入点所在位置插入一张空白页,效果相当于插入两个分页符。

(7) 表格

表格是文档中常见且重要的元素,它不仅可以用于展示数据,甚至还可以用于文档的排版。Word、LaTeX 和 WPS 等综合性文字处理软件都提供了丰富的表格创建与编辑功能。

① 创建表格。以 WPS 文字为例,可以通过如图 4-1-9 所示的多种方式创建表格。

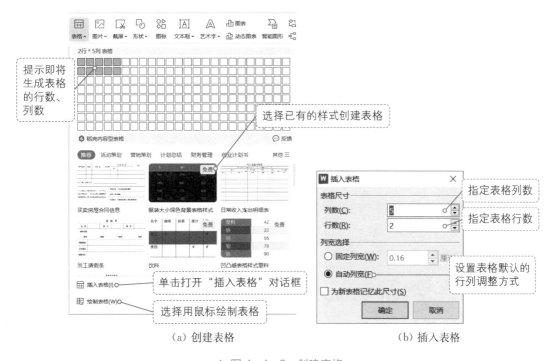

（a）创建表格　　　　　　　（b）插入表格

▲ 图4-1-9　创建表格

② 表格格式。在创建表格后,可以通过"表格工具"和"表格样式"动态选项卡设置表格的格式。

③ 修改表格。通过调整"表格工具"中的参数,可完成表格的修改。主要包括:插入和删除单元格、行和列,以及对单元格进行合并和拆分等操作;还能改变单元格大小、对齐方式,以及进行某些计算。

(8) 插图

图文并茂是文档编辑必不可少的需求,因此,文字处理软件一般都提供了插图编辑功能。以 WPS 文字为例,它不仅可以插入表格,还可以插入图片、截屏、形状、图标、文本框、艺术字、图表、动态图表、智能图形以及流程图和思维导图等元素,如图 4-1-10 所示。

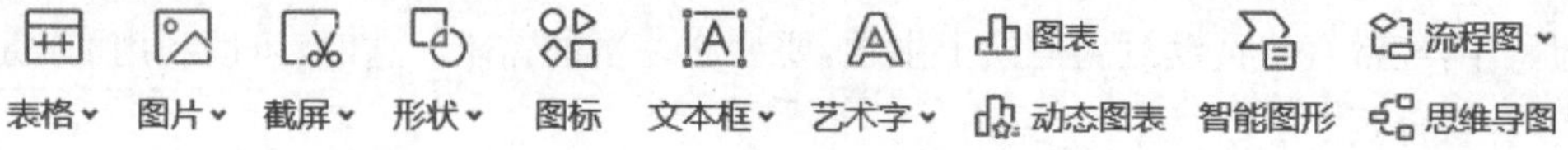

表格 ▾　图片 ▾　截屏 ▾　形状 ▾　图标　文本框 ▾　艺术字 ▾　图表　动态图表　智能图形　流程图 ▾　思维导图 ▾

▲ 图 4-1-10　WPS 文字可插入的对象

① 图片。文档可以插入来自本地计算机或网络上的图片。如果需要编辑图片，可通过动态选项卡"图片工具"调整图片的颜色、艺术效果、样式、版式、对齐方式和大小等格式。

② 截屏。主流文字处理软件通常会提供屏幕截图功能，使用方法与 QQ、微信等即时通信软件的截图工具类似，此处不再赘述。

③ 形状。如果需要在文档中自行绘制比较简单的示意图，可以利用"形状"功能完成。常见的形状包括线条、矩形、基本形状、箭头总汇、公式形状、流程图、星与旗帜、标注等图元。

④ 文本框。文本框最主要的优点是能够将文本定位在页面的任意位置，并可实现文档中局部文字的横排或竖排以及图文混排，使排版效果更加生动活泼。

⑤ 图表。图表能够直观地展示数据间的联系与变化趋势。除了在专门的电子表格软件中制作图表外，还可以在文档内直接根据所选数据区域迅速生成柱状图、折线图、饼图等多种图表类型。如图 4-1-11 所示，这是一个文档中的雷达图表。

⑥ 智能图形中的 SmartArt。SmartArt 是一种将文字和图片以某种逻辑关系组合在一起的文档对象，如图 4-1-12 所示。

▲ 图 4-1-11　图表示例

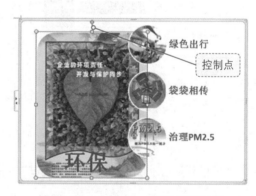

▲ 图 4-1-12　SmartArt 图形示例

(9) 页眉和页脚

在比较正式的文档中，如毕业论文、科技期刊和教材等，往往要求添加页眉、页脚和页码，因此，添加和编辑页眉、页脚也是 Word、LaTeX 和 WPS 等软件的必备功能。

在 WPS 文字中，页眉、页脚和页码需要用"插入"选项卡中的相应命令来完成。选择插入页眉、页脚或页码后，会自动显示"页眉页脚"动态选项卡（如图 4-1-13 所示），同时进入页眉或页脚编辑状态，文档内容暗淡显示。在完成页眉和页脚的编辑后，单击"关闭"按钮或双击文档编辑区中的任意空白处,可切换回普通文本编辑状态。

▲ 图 4－1－13 "页眉页脚"动态选项卡

(10) 文档部件

① 自动图文集。若有需要重复在文档中插入的诸如单位地址、联系电话和徽标等信息模块,可以通过文档部件存储,当需要使用时可以快速调用。

② 日期。在 Word、LaTeX 和 WPS 文字等软件中,都可以根据需要插入自动更新的日期和时间。以 WPS 文字为例:单击"插入"选项卡中的"文档部件"按钮,在下拉菜单中单击"日期",弹出"日期和时间"窗口,如图 4－1－14 所示。如果勾选了"自动更新"选项,当将插入点移动到时间所在的位置时,会显示底纹。此时,按下〈F9〉键可以将时间刷新为当前的日期和时间。

▲ 图 4－1－14 "日期和时间"窗口

(11) 艺术字和首字下沉

在文档标题中,可以同时使用艺术字和文字效果,以达到醒目的效果。例如,图 4－1－15(a)展示了艺术字的应用,其视觉效果非常突出。另外,图 4－1－15(b)则展示了首字下沉的格式效果,即段落中第一个字符下沉的排版方式。

艺术字示例

(a) 艺术字

在文档中插入当前日期和时间可以使用"插入"选项卡的"文本"组中的"日期和时间"命令,打开如图 3-2-29 所示的"日期和时间"对话框,选择日期的样式,单击"确定"后插入到插入点所在处。

(b) 首字下沉

▲ 图 4－1－15 艺术字和首字下沉示例

通过"绘图工具"和"文本工具"动态选项卡可完成艺术字的编辑,"绘图工具"选项卡如图 4－1－16 所示,"文本工具"选项卡如图 4－1－17 所示。这两组工具可以设置艺术字的填充、轮廓和效果,以及旋转方式、与文字的环绕方式和精确的大小等。

▲ 图 4－1－16 "绘图工具"选项卡

▲ 图 4-1-17 "文本工具"选项卡

(12) 公式

公式是理工科论文中必不可少的要素，主流的文字处理软件都具有公式输入模块以供用户使用。除了常用的各种数学符号，公式编辑器还会提供很多内置公式模板，如三角函数恒等式、二次方程求根公式、二项式展开公式、泰勒级数等。

将光标置于需要插入公式的地方，单击"插入"选项卡中的"公式"，在下拉列表中单击"公式编辑器"，打开"公式编辑器"窗口，在该窗口中可以创建所需要的公式。在完成公式编辑后，在"公式编辑器"窗口中，选择"文件/更新"或按〈F3〉键，文档中的公式即被更新。若直接关闭公式编辑器窗口或选择"文件/退出并返回…"，也可完成更新操作。

(13) 音频和视频

单击"插入"选项卡中的"附件"按钮，可以添加"附件"或"对象"的方式来添加音频或视频文件。

❖ 4.1.3　长文档规范化和自动化

科技论文的撰写者需要给文章添加目录和引文标注，会议或大型活动的组织者需要群发邀请函和通知，而书籍与杂志的主编则需要审阅和校对来自不同作者的不同版本的文章等。另外，为了提高工作效率，对于经常需要调整的内容，用户有必要掌握一些自动化的排版方法。下面将对此做简要介绍，重点介绍在完成毕业论文时需要掌握的相关技术。

1. 文档导航

使用文档导航功能，可以帮助用户方便地完成在长篇文档中快速定位、重排结构、切换标题等操作。

如图 4-1-18(a)所示，选择"视图"选项卡，单击"导航窗格"按钮，打开导航窗格。在导航窗格的"目录"选项卡中，可显示文档结构，单击其中的标题即可实现跳转，光标也会定位到文档的对应部分(注：能实现跳转的前提是将段落和标题设置为样式)。

右击导航窗格中的文档标题，可弹出调整文档结构的快捷菜单，如图 4-1-18(b)所示，用户可根据需要进行升级、降级及插入新标题等改变文档结构的操作。

在编辑文档时，除了可以利用"开始"选项卡中的"查找替换"按钮进行查找和替换操作外，还可在导航窗格的"查找和替换"框中进行查找，搜索出的结果将突出显示。

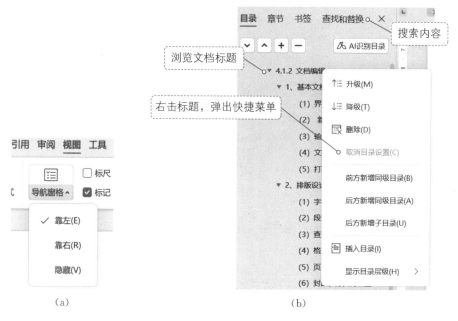

▲ 图 4-1-18 文档导航

2. 目录

目录是论文和书籍等长文档中不可缺少的组成部分,Word、LaTeX 和 WPS 文字等软件都提供了自动提取目录的功能。当目录所在文档的内容发生变化时,可以很方便地对其进行更新。需要注意的是,自动提取目录功能的前提是文档的各级标题均采用了样式或设置了大纲级别。当然,也可以利用前文介绍过的制表位来手动输入目录。

(1) 创建目录

单击"引用"选项卡中的"目录"按钮,在下拉列表中有软件的内置目录样式可供选择,选择其中之一后单击鼠标即可插入目录。

(2) 修改和更新目录

自动生成的目录默认只能提取一至三级标题。如果需要提取更多级别的标题,则需要选择"目录"下拉列表中的"自定义目录"按钮,如图 4-1-19(a)所示;打开"目录"对话框,可修改显示标题的级别,如图 4-1-19(b)所示;单击"目录"对话框中的"选项"按钮,打开"目录选项"对话框,可修改标题和目录级别的对应关系,如图 4-1-19(c)所示。

当文档标题发生变化后,单击"引用"选项卡中的"更新目录"按钮,即可自动更新目录。

3. 脚注和尾注

在论文或书籍中,常常需要附加解释、说明或一些必要的参考文献等,Word、LaTeX 和 WPS 文字等软件都具备添加、编辑脚注和尾注的功能。通常情况下,文档每页末尾处的注释称为脚注,在每节或者整个文档末尾处的注释称为尾注。若要在文档中插入脚注和尾注,可

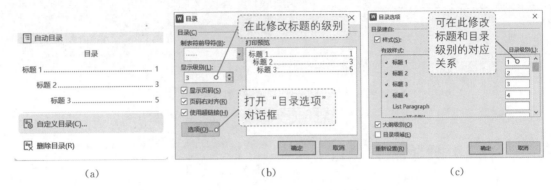

▲ 图 4-1-19　目录的创建和修改

通过"引用"选项卡中的"插入脚注"和"插入尾注"按钮完成。

（1）插入和编辑脚注

以 WPS 文字为例，单击"引用"选项卡中的"插入脚注"按钮，插入点便会自动移至当前页面左下角的脚注位置；在输入脚注内容后，在正文任意位置单击鼠标即可切换回正文编辑状态。在添加脚注后，文档中的相应位置会出现脚注标记；当鼠标移至该标记处时，光标会变成 ，同时会显示对应的脚注内容。

单击"脚注和尾注"组中的对话框启动器，打开"脚注和尾注"对话框，可以自定义脚注和尾注的位置和格式。若要删除脚注，只需删除正文中的脚注标记即可。

（2）插入和编辑尾注

插入尾注的步骤与插入脚注类似，单击"引用"选项卡中的"插入尾注"按钮，即可进入尾注编辑状态。用鼠标双击尾注，光标插入点将回到对应的标记处。若要删除尾注，只需删除正文中的尾注标记即可。

4. 题注

图片和表格是文档的常见元素。一篇比较长的论文中可能会出现大量图片或表格，这些图片或表格一般都需要添加编号和简要的文字说明，以便在正文中对其引用。如果这些图片或表格的编号是手动输入的，一旦对图片或表格进行增减或移动前后位置等操作，就要对上、下文的编号进行整体修改，这项工作烦琐且容易出错。因此，Word、LaTeX 和 WPS 文字等软件均提供了图表题注功能。如果用户利用题注功能对图片或表格进行编号，当图片或表格的数量、位置发生变动时，软件会自动更新编号，保证编号的顺序正确。

例 4-1-1

利用软件的题注功能，添加可自动更新的题注。

打开配套素材中的 L4-1-1.docx 文件。为文件中的两张环保题材图片添加可自动更新的编号；尝试调整图片的位置，完成题注编号的自动更新，结

添加可自动
更新的题注

果可参见 LJG4-1-1. docx。

5. 交叉引用

在毕业论文等大型文档的撰写过程中,经常需要在某个地方引用文档其他位置的内容。比如,在 5.1 节中需要出现"参见 4.1.1 节相应内容"的引用说明。对于需要出现"参见4.1.1 节相应内容"的位置,一般称为"引用位置",而"4.1.1 节"本身的位置则称为"被引用位置"。

如果"参见 4.1.1 节相应内容"是手动输入的,假设在论文编撰过程中,原来的 4.1.1 节调整到了 4.1.3 节,就需要进行对应的手动修改。类似的查找和修改工作不仅非常麻烦,而且极易出现疏漏。为此,Word、LaTeX 和 WPS 文字等软件都提供了交叉引用功能,即用软件实现引用和被引用位置变化的监控及自动更新。

以 WPS 文字为例,具体的操作方法为:可将插入点移到引用位置,然后输入除章节编号之外的内容,如"参见×节相应内容",章节编号位置留空;单击"引用"选项卡中的"交叉引用"按钮,打开"交叉引用"对话框,设置引用的类型和内容,并选择被引用位置的标题,如图 4-1-20 所示。

▲ 图 4-1-20　交叉引用

6. 邮件合并

在需要批量制作信封、胸卡、邀请函、会议通知等文档主体内容相同、只有个别元素不同的文档时,可以采用 Word 和 WPS 文字等软件提供的邮件合并功能。在开始邮件合并工作前,可以先准备好需要进行邮件合并的主文档和数据源文件,数据源文件可以是Word 文档、Excel 表格和 Access 数据库等,但通常 Excel 电子表格文件因其直观性和易处理性而被更广泛使用。

例 4-1-2

根据要求进行邮件合并操作。

将配套素材中的 L4-2-1.docx 和 L4-2-2.docx 合并为一个文件 LJG4-2-1.docx。

邮件合并

实践探究

WPS 中的邮件合并可以应用在哪些场合？结合自身的生活经历，寻找身边的需求，给出一个使用 WPS 邮件合并的例子，然后寻找相关素材，完成实践操作。

拓展阅读

审　阅

文档的主编、审阅人和编辑等在评阅、校对文档时，需要对文档内容提出批评、修改意见等。WPS 文字在"审阅"选项卡中提供了文档校对、文档比较、字数统计、拼写检查、批注、修订、翻译、中文简繁转换、限制编辑、文档加密、文档定稿等功能，以帮助相关人员高效地完成各项审阅操作。

✦ 4.1.4　网络合作编辑

网络合作编辑是一种在线协作方式，它允许多人同时或依次对文档内容进行编辑和更新。这种编辑方式可使团队成员跨越空间界限，共同工作于同一个项目中，从而提高工作效率和协作的灵活性。

1. 在线文档协作平台的特点

在线合作编辑通常需要通过在线文档协作平台来实现。一般情况下，这类平台需要具备如下特点。

（1）云存储

云存储服务允许用户将文档保存在远程服务器上，从而替代了传统的本地硬盘存储方式，这意味着可以在任何有网络连接的地方访问文档。

（2）实时同步与协作

实时同步是在线文档协作平台的核心功能之一。它允许多个用户同时编辑同一份文档，并且所有用户的修改都会实时反映在各用户的屏幕上。这种实时同步的特性能够确保团队成员之间的即时沟通与协作，从而有效避免因文档版本不一致或信息不同步而导致的工作延误。

(3) 版本控制

版本控制是在线文档协作平台的另一个重要功能。它能够记录文档的所有历史版本，并提供版本回溯和比较的功能。这让用户能够随时查看文档的旧版本，了解文档的修改历史，并且可以在需要时将文档恢复到特定的版本。版本控制功能对确保文档的完整性和可追溯性具有重要意义。

(4) 丰富的协作功能

在线文档协作平台往往配备多种协作功能，如评论、批注和审阅。这些功能可以支持团队成员在文档中进行即时交流和讨论，从而有效提升团队协作的效率。此外，一些软件还支持"@提及"功能，允许用户直接通过文档与特定团队成员进行沟通。

(5) 跨平台性

随着多元化设备的广泛使用，在线文档协作平台必须支持跨平台操作，即这些平台能够在安装了 Windows、Mac、iOS、Android 等多种操作系统的不同设备上运行。这种跨平台兼容性确保用户能够随时随地编辑文档和进行协作，从而增强了工作的灵活性和便捷性。

(6) 安全性与权限控制

在线文档协作平台通常提供权限控制功能，以确保文档的安全性和数据的隐私性。这些软件可以通过设置不同的权限级别来控制用户对文档的访问和编辑权限，防止敏感信息的泄露和未经授权的修改。此外，一些软件还采用加密技术来保护数据传输和存储过程中的安全性。

(7) 易于使用和集成

在线文档协作平台以用户为中心，不仅注重易用性和用户界面的友好性，更致力于提供卓越的用户体验。同时，这些平台还支持与其他办公软件和服务的无缝集成，如电子邮件、日历以及项目管理工具等，使用户能够更便捷地管理和共享文档。

2. 常用的在线文档协作平台

(1) 腾讯文档

腾讯文档是腾讯公司推出的一款在线协作工具，它与腾讯的社交应用微信和QQ实现了无缝整合，使得用户可以直接使用微信或QQ账户登录并参与文档协作。这一特点极大简化了使用步骤，提高了使用的便捷性。与其他平台相比，腾讯文档的优势在于它与腾讯旗下其他产品的深度结合，并且得到了腾讯云服务的有力支持，这使其在中国市场具有独特的便利性和适用性。

例 4 - 1 - 3

创建一个腾讯文档，如图 4 - 1 - 21 所示，统计小组同学参加社团的情况，如图 4 - 1 - 22 所示。

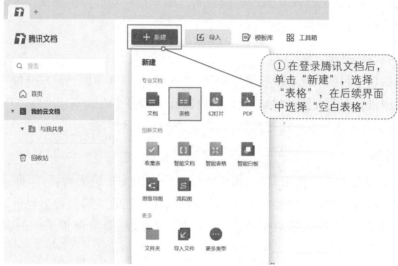

▲ 图 4 - 1 - 21　新建腾讯文档

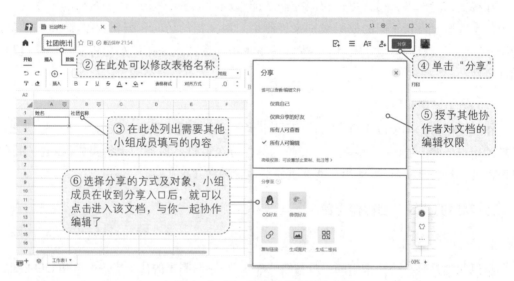

▲ 图 4 - 1 - 22　编辑并分享腾讯文档

(2) WPS 云文档

WPS 云文档是金山软件公司推出的在线文档协作服务，是 WPS Office 办公软件套件的重要组成部分。它的操作界面与 WPS Office 桌面版高度一致，以确保用户能够快速地将熟悉的操作习惯转移到云端平台上，而无须再进行额外的学习。此外，WPS 云文档与 WPS

Office 的其他功能深度集成,如 Office 组件和 PDF 阅读等,提供了一站式的办公解决方案。

(3) 飞书云文档

飞书云文档是字节跳动公司推出的在线文档协作服务,是企业协作与管理平台飞书的核心功能之一。飞书云文档不仅与飞书平台内的即时通信、日历、视频会议等功能无缝对接,共同构建了一个完整的工作流解决方案,而且还与飞书应用市场中的第三方应用协作。这种高度集成的设计,确保了用户能够在单一平台上高效地完成各项任务,优化了工作流程,进一步提升了工作效率。

除了上述三款软件外,武汉初心科技有限公司开发的石墨文档、阿里巴巴集团开发的语雀、Microsoft 公司开发的 Microsoft Office 365 也是常用的在线文档协作平台。随着人工智能技术的飞速发展,越来越多的在线文档协作平台开始引入智能助手。这类助手能够辅助用户处理一系列日常办公任务,包括日程提醒、文档搜索及语音转录等。AI 智能助手的引入,不仅能够极大地提升工作效率,而且可以使文档管理更加智能化和个性化。

4.2

图信息处理

想象一下，当你为公司设计标志时，会选择哪种图像类型呢？当你策划一场活动时，又会通过什么方式来理清思路呢？再或者，当你面对一张老旧或者破损的照片时，会如何运用技术修复它，使其焕发新的光彩？这些过程中，究竟涵盖了哪些技术和方法呢？让我们带着这些问题，一同深入了解矢量图、思维导图和图像处理的世界。

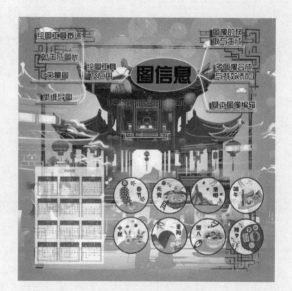

▲ 图 4-2-1　图信息

✤ 4.2.1　矢量图及其绘制工具

绘图工具能够绘制的图形种类繁多，涵盖了从基础的几何图形到复杂的工程图样、流程图和思维导图等多种类型。

1. 常见图形类别

① 几何图形：包括基础几何图形（如矩形、椭圆、多边形等）和复杂几何图形（如曲线、螺旋线、抛物线等）。

② 工程图样：包括机械制图（如零件图、装配图等）、建筑制图（如平面图、立面图、剖面图等）和电路图等。

③ 其他图形：包括流程图、图表（如柱状图、折线图、饼图等）、思维导图、符号图形和自定义图形等。

2. 矢量图

图形即矢量图(Vector Graphic),是一种以数学公式和几何形状来描述图形的计算机图形。它不是通过像素点阵来记录图像,而是通过直线、曲线、形状和颜色的算法描述来绘制的。矢量图具有以下特点:

① 可编辑性强:各个组件(如线条、形状)可以单独选中和编辑,且在进行如调整图形的大小、颜色和形状等操作时,不会有损图像质量。

② 可伸缩性强:矢量图基于几何算法,在放大或缩小时不会失真。

③ 文件体积小:相对于位图来说,矢量图文件通常较小,因为它只记录图形的几何形状和属性,而无须记录每个像素点的颜色信息。

另外,矢量图还具有透明背景,不受分辨率的影响等特点。

矢量图主要的应用领域有图文制作中的标志、图标、插画等设计元素的绘制,工程制图CAD(计算机辅助设计)中的图纸绘制,以及技术绘图中的工程图、建筑草图、流程图和地图等的绘制。此外,矢量图也常用于二维动画制作,因为它可以轻松地实现图形的变形和动画效果。

目前,有许多专业的绘图工具支持矢量图的绘制和编辑,如 Adobe Illustrator、CorelDRAW、Inkscape(开源软件)、Microsoft Visio 等;也可以使用编程库绘制矢量图,如 D3. js(主要用于网页矢量图形)等。Visio 是 Office 软件系列中的用于绘制流程图和示意图的软件。它提供了多种类型的模板与形状,可绘制函数曲线、电路、地图、结构等矢量图。

例 4-2-1

思考利用 AI 生成图片的过程,并将思考结果以流程图的形式呈现。

(1) 创建流程图。这里以 Microsoft Visio 2021 为例进行介绍。打开软件,在其提供的模板列表中选择"流程图"(如图 4-2-2 所示),并选择一个符合需求的流程图模板,如"基本流程图",然后在弹出的对框中选择"基本流程图",单击"创建"按钮(如图 4-2-3 所示)。

微课视频

Visio 绘图的方法

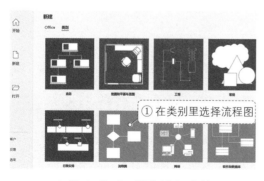

▲ 图 4-2-2 新建 Visio 文件

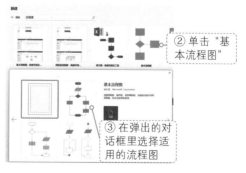

▲ 图 4-2-3 创建流程图

（2）设计主题。在"设计"选项卡中，可以修改纸张的方向和大小，选择预设的主题样式，还可添加或更改流程图的背景颜色或图片。这里将流程图的主题修改为"简单"，如图4-2-4所示。

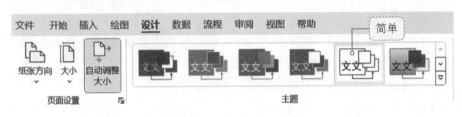

▲ 图4-2-4　流程图设计

（3）添加和排列形状。在左侧的"形状"窗口中，可选择所需的流程图形状。Visio的流程图模板通常包含开始/结束形状、处理步骤、决策点等类型。用鼠标光标将选定的形状从"形状"窗口拖动到绘图页面上，然后调整它的大小和位置。

（4）添加连接线。在绘制连接线时，Visio提供"自动连接"功能和"连接线"工具。"自动连接"功能在"视图"选项卡的"视觉帮助"组中，需确保该功能处于选中状态。"连接线"工具在"开始"选项卡的"工具"组中，也可以按〈Ctrl〉＋〈3〉快捷键，切换到连接线工具。图4-2-5所示的是流程图的绘制效果（也可按照自己的思路绘制）。

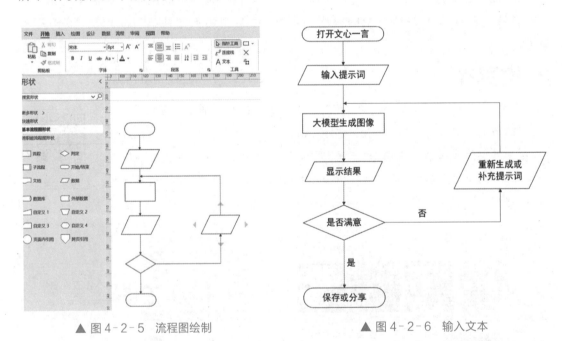

▲ 图4-2-5　流程图绘制　　　　　　▲ 图4-2-6　输入文本

（5）输入文本。双击形状以进入文本编辑模式，输入流程图中的步骤以及决策点的描述。根据需要调整文本的字体、大小、颜色和对齐方式。

（6）美化与优化。在完成绘图后，可以在"开始"选项卡的"形状样式"组中更改线条的颜色、粗细和样式，以及形状的颜色和边框；还可以应用主题或样式集来快速更改流程图的整体外观。另外,可以通过"排列"组中的"排列"工具来确保形状排列整齐。

(7)保存和导出。在完成流程图的绘制后,单击"文件/保存"命令来保存 Visio 文件。如果需要将其用于其他文档或演示文稿,可以单击"文件/另存为"命令来选择保存的格式,可以选择 svg、wmf、emf 等矢量图格式。

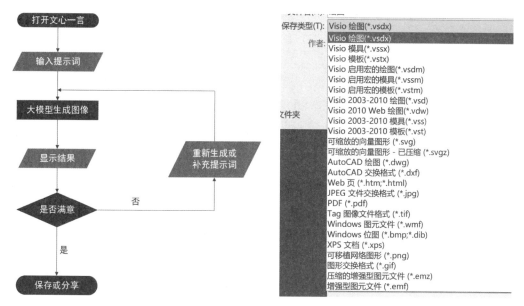

▲ 图 4-2-7 流程图的美化与保存

除以上介绍的流程图外,Visio 还可绘制组织结构图、地图、平面布置图、工程图、网络图、软件和数据库图等类型的图形,以满足不同领域的需求。

实践探究

(1)设计并绘制一个包含多个中国传统节日(如春节、端午节、中秋节等)的庆典活动流程图。每个节日节点应详细展示其特色活动(如春节的贴春联、包饺子、放鞭炮;中秋节的赏月、吃月饼等),并使用 Visio 的符号库或自定义图形来体现节日元素,如灯笼、龙舟、月饼等。

(2)选取一个经典的中国古代神话传说(如嫦娥奔月、牛郎织女、哪吒闹海等),利用 Visio 的绘图功能,设计并绘制一系列故事板(Storyboard);可以利用 AI 大模型,辅助生成设计方案。每个画面代表故事中的一个关键场景,通过人物、动物、场景布局等元素,可以生动再现神话传说的情节,同时也可以融入中国传统元素,如祥云、神兽、古建筑等,以增强故事的文化氛围。

绘制复杂的矢量图资源

1. 官方资源

Microsoft 官方网站提供了 Visio 软件的详细介绍和在线帮助等。用户可以从中找到关于 Visio 的官方教程，这些都是绘制复杂矢量图的重要参考。Microsoft Office 的支持页面包含了针对 Visio 的常见问题解答、技术文档和视频教程等。

2. 专业网站与论坛

（1）技术博客与教程网站：可以登录如 51CTO 博客（技术成就梦想）、CSDN 博客等网站，阅读由专业人士撰写的 Visio 绘图教程和分享案例。

（2）专业论坛：可以登录如知乎、Visio 社区等论坛，论坛中有许多 Visio 用户发布的经验、技巧、问题解答等方面的帖子；还可以在论坛上提问或参与讨论，以获取关于 Visio 绘图的实用建议和解决方案。

3. 在线教程与视频

慕课网、网易云课堂等在线教育平台上也有关于 Visio 绘图的在线课程，这些视频教程通常直观、生动，有助于用户快速掌握绘图技巧。

4. 其他资源

在社交媒体平台上，如微博、微信公众号等，用户可以关注与 Visio 绘图相关的账号或话题，以获取最新的绘图技巧和资讯。

3. 思维导图

思维导图是一种图形化的思维辅助工具，它通过层级结构和颜色、图像等元素来组织和表达思维内容，将人类大脑的放射性思维具体化，帮助人们更有效地思考、学习、记忆和解决问题。思维导图具有以下特点：

① 中心主题明确：整个思维导图围绕一个中心主题展开，这个主题通常位于图的中心位置，是整个思维过程的起点与核心。

② 层级结构清晰：通过分支和子分支的层级结构，思维导图能够清晰地展示不同想法之间的逻辑关系，帮助人们理解和记忆复杂信息。

③ 关键词和图像结合：在思维导图的每个分支上，通常使用关键词来概括主要想法而不是用长句，从而帮助用户快速捕捉和传达信息。同时，思维导图中的图像、图标或颜色等元素可以帮助用户记忆，增强表达效果。

④ 激发创造力和联想：思维导图的自由形式和非线性结构，可以鼓励人们进行联想，激发创造性思维，有助于人们萌发新的想法和解决方案。

⑤ 促进信息整合：思维导图可以将分散的信息整合到一个统一的图形结构中，这有助于人们更好地理解和把握整体情况，提高信息处理的效率。

思维导图主要应用于学习领域的学科知识整理、学习计划制定和笔记整理等；工作领域的项目管理、会议记录、团队协作和创意激发与策划等;生活领域的旅行规划、日程安排和人生规划等。此外,思维导图还可用于学术研究,如整理复杂的理论框架、实验设计和文献综述,也可用于教育与培训,如进行教学和培训内容的组织与设计等。

思维导图的绘图主要有两种方法:一是手绘思维导图;二是利用思维导图的绘制软件或平台来绘制。在手绘思维导图时,需要准备好空白的纸张和彩笔,纸张大小应当能容纳思维导图的内容。绘制时,每一笔都是思维在流动,能在大脑中刻下印记,更为深刻地刺激大脑,从而有效地激发大脑的潜能。然而,手绘思维导图需要一笔一画地绘制,相较软件绘制速度较慢,且可能会出现笔误或结构不合理的情况,修改不便。此外,其纸质形式不便于随时随地地查看和分享。相比之下,思维导图软件配备丰富的绘图工具和图标,让不擅长手绘者也能轻松绘制,并支持音视频等多媒体链接,功能更为强大,修改起来也非常方便。利用软件绘制的思维导图,可以保存为电子文件,便于存储、传输以及信息的统计和分析。

思维导图的绘制软件主要包括 XMind、MindManager、MindMapper、FreeMind 等。绘制平台主要有 ProcessOn、boardmix、知犀、百度脑图和幕布等。

例 4-2-2

利用幕布平台,绘制知识结构思维导图。

(1)创建新文档。打开幕布应用或幕布网页版(需要注册并登录),创建一个新的文档,将标题命名为"4.2 图信息",如图 4-2-8 所示。

微课视频

幕布的使用

▲ 图 4-2-8 新建幕布文档

(2)新建主题,构建大纲结构。单击新建主题,进入大纲笔记视图,输入内容标题,也可以在切换到思维导图视图后再输入内容标题。然后,在 4.2.1 的标题之下,输入"4.2.1 绘图工具及应用"的子标题。操作方法为:①在大纲笔记视图下,可先在标题后面按回车键,然后按〈Tab〉键添加子主题;②在思维导图视图下,可在选中主题框后,按〈Tab〉键添加子主题。单击主题名称可以进行重命名操作,拖动主题可以调整其位置,如图 4-2-9 所示。

(3)丰富笔记内容。在大纲笔记视图下,单击主题文字前的三个点号,可对其添加描述,以及插入图片或链接等附件,以丰富笔记内容;同时,还可以调整文本格式,增强笔记的可读性。在思维导图视图下,选中主题文字,窗口底部会弹出浮框工具条,同样可进行相关操作,如图 4-2-10 所示。

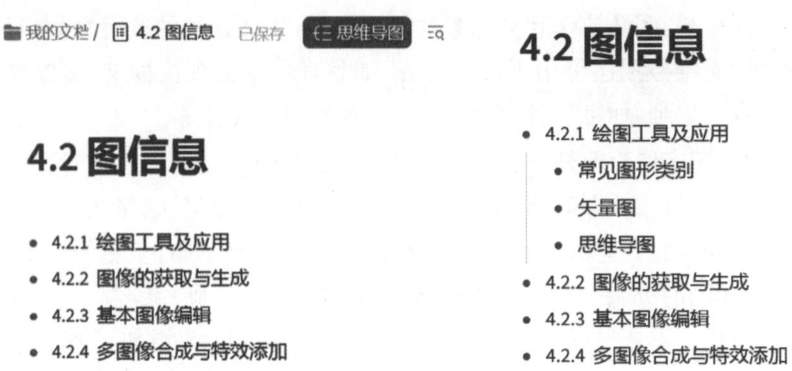

我的文档 / 4.2 图信息 已保存 思维导图
4.2 图信息
4.2.1 绘图工具及应用
4.2.2 图像的获取与生成
4.2.3 基本图像编辑
4.2.4 多图像合成与特效添加
4.2 图信息
4.2.1 绘图工具及应用
常见图形类别
矢量图
思维导图
4.2.2 图像的获取与生成
4.2.3 基本图像编辑
4.2.4 多图像合成与特效添加

▲ 图 4-2-9 构建大纲

4.2 图信息
4.2.1 绘图工具及应用
常见图形类别
矢量图
思维导图
4.2.2 图像的获取与生成
4.2.3 基本图像编辑
4.2.4 多图像合成与特效添加
完成
编辑描述
添加图片
复制主题链接
导出
删除
2024-08-19 16:59
4.2 图信息
4.2.1 绘图工具及应用
常见图形类别
矢量图
思维导图
4.2.2 图像的获取与生成
4.2.3 基本图像编辑
4.2.4 多图像合成与特效添加
底部浮框工具条

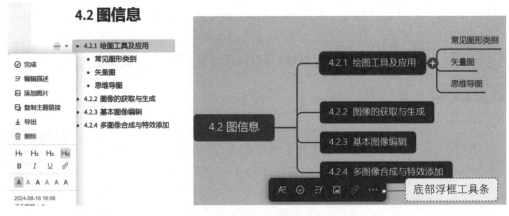

▲ 图 4-2-10 丰富笔记内容

(4) 自定义结构和主题。在思维导图视图下，通过窗口右侧的浮框工具条，可以调整文件的结构和主题等，使笔记更加个性化，如图 4-2-11 所示。

常见图形类别
4.2.1 绘图工具及应用
矢量图
70%
右侧浮框工具条
4.2 图信息
结构
主题

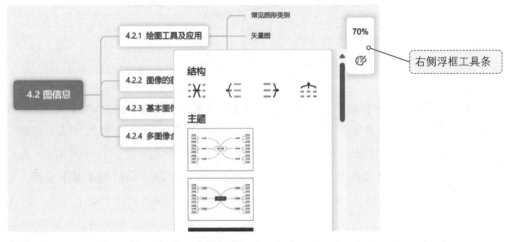

▲ 图 4-2-11 自定义结构和主题

(5) 分享与保存。在完成绘制后，可以将思维导图分享给其他人，或保存为模板，或将文件导出,以便在其他平台上使用,如图 4-2-12 所示。

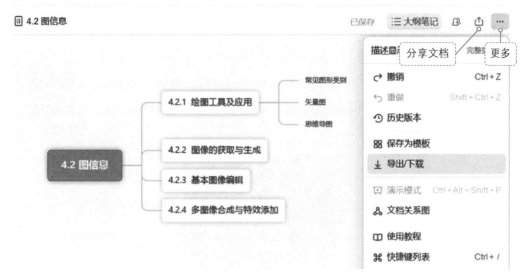

▲ 图 4-2-12 分享和保存

在大纲笔记视图或思维导图视图下,均支持导出多种格式的文件。若要导出思维导图图片、Freemind 格式,则需进入思维导图模式导出,如图 4-2-13 所示。在大纲笔记视图下,可以直接复制文档内容,并将其粘贴到其他软件或平台上,如 Word、博客、微信公众号等。

(a) 大纲笔记模式导出界面   (b) 思维导图模式导出界面

▲ 图 4-2-13 导出格式

(6)定期回顾与维护。用户可以定期回顾自己创建的笔记,更新过时信息及删除不再需要的内容。

实践探究

(1) 在 AI 大模型的辅助下,以"中国传统艺术"为主题创建思维导图。在绘制时,可以将"中国传统艺术"作为中心节点。然后,根据艺术门类的不同,增加书法、绘画(国画)、戏曲(京剧、昆曲等)、音乐(古筝、二胡等)、舞蹈(古典舞、民族舞等)、雕塑、剪纸、皮影戏等多个一级分支,并在每个分支下,详细列出该艺术形式的特点、代表作品、著名艺术家、历史发展等二级分支。

  (2) 打开配套素材中的SJ4－1－1.jpg(如图4－2－14所示),分别使用文心一言、豆包、KIMI 等国内主流的 AI 大模型,将图片中的文字去掉,然后让大模型将去除过程生成一幅思维导图。根据测试结果,对各 AI 大模型进行评价。

AI 模型测试结果

▲ 图4－2－14 案例图片

① 文心一言的生成结果:

评价:

② 豆包的生成结果:

评价:

③ KIMI 的生成结果:

评价:

例4－2－3

利用"豆包大模型＋幕布平台",生成思维导图。

  上述几个大模型虽然没有成功绘制出理想的思维导图,但是我们可以运用大模型生成的文字,并结合思维导图绘制软件或平台来生成思维导图。这里以"豆包大模型＋幕布平台"为例,介绍思维导图的生成过程。

  (1)在幕布平台新建文档,输入文档名"去掉图片中文字的方法",单击新建主题,将豆包大模型生成的文字粘贴过来。

  (2)文字缩进。在大纲笔记视图下,根据文字内容的级别,在需要右缩进的文字前按

〈Tab〉键,结果如图 4-2-15 所示。如果需要多人共同完成,可以邀请协作者。

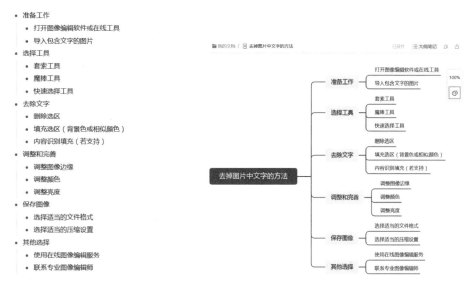

▲ 图 4-2-15 幕布大纲视图　　　　　▲ 图 4-2-16 幕布思维导图视图

(3) 生成并编辑思维导图的结构和主题。单击窗口右上角的"思维导图"按钮,即可生成一幅思维导图。在思维导图视图下,单击右侧的浮框工具条,修改思维导图的结构和主题,如图 4-2-17 所示。

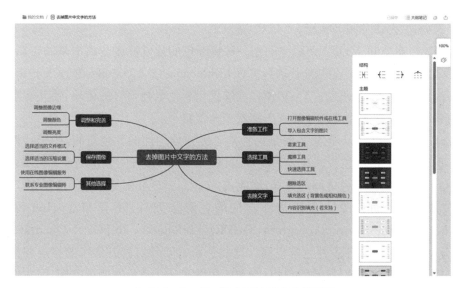

▲ 图 4-2-17 修改后的幕布思维导图

✤ 4.2.2　图像的获取与生成

1. 图像处理基础

(1) 色彩空间模型

色彩空间模型，又称彩色模型或彩色系统，是在特定标准下用通常可接受的方式对彩色进行说明的方法。色彩空间模型具有多种分类方式，每种模型都有其特定的应用场景和优缺点。

① RGB 色彩空间。RGB 色彩空间以红、绿、蓝三种基本色为基础，通过对它们不同程度的叠加可产生丰富的颜色。RGB 模型是面向硬件的彩色模型，广泛应用于彩色监视器、彩色视频摄像等领域。

RGB 颜色空间是一个三维直角坐标系，黑色位于原点，红（Red）、绿（Green）、蓝（Blue）分别位于三根坐标轴上。每种颜色按其亮度的不同分为 256 个等级（在 8 位系统中），因此，RGB 模型可以表示大约 1 670 万种不同的颜色。RGB 模型是加色模型，即三原色相加可产生白色，常用于视频、多媒体与网页设计等领域。

② CMY 色彩空间。CMY 色彩空间是工业印刷采用的颜色空间，由青色（Cyan）、品红色（Magenta）、黄色（Yellow）三种颜色组成，是 RGB 的补色。CMY 模型是基于反射光的减色原理制定的，即颜色中青色成分的增多则意味着反射光中红色成分的相应减少，以此类推。

由于颜料纯度的限制，CMY 混合无法产生纯黑，因此通常会增加一个黑色通道（K），形成 CMYK 模型，其广泛应用于印刷行业。

③ HSV 色彩空间。HSV 色彩空间由色调（Hue）、饱和度（Saturation）、亮度（Value）三个参数组成，是一种面向视觉感知的颜色空间。HSV 模型将色调、饱和度和亮度分开表示，更符合人眼对颜色的感知方式。在该模型中，色调用角度表示，饱和度用比例表示，亮度用百分比表示。HSV 模型是一个圆锥体模型，顶点为黑色，底面中心为白色，底面圆周为纯色，常用于图像处理、图像分割等领域。

④ YUV 色彩空间。YUV 色彩空间是一种将颜色的视觉亮度分离出来的色彩空间，其中 Y 代表亮度（Luminance），U、V 代表色度（Chrominance）。YUV 模型能够节省带宽，因为人眼对亮度的敏感度高于色度。YUV 模型能够优化彩色电视信号的传输，使其实现与黑白电视的兼容。YUV 模型主要用于视频压缩及传输领域。

⑤ Lab 色彩空间。Lab 色彩空间是一种基于感知均匀性的颜色空间，用于计算机色调调整和彩色校正。Lab 颜色空间独立于设备，能够实现不同设备间颜色的准确转换。Lab 空间中的距离可直接衡量颜色之间的差异，因此，它在色彩管理和图像处理领域得到广泛应用。

⑥ 其他色彩空间。除了上述几种常见的色彩空间外，还有 HSI（Hue Saturation Intensity）、HSL（Hue Saturation Lightness）、YIQ（Luminance、In-phase、Quadrature，即亮度、同相分量、正交分量）等多种色彩空间。这些色彩空间各自具有独特的特点和相应的应用场景。例如，HSI 和 HSL 都是将色相、饱和度和亮度分开表示的颜色空间，但它们在饱和度和亮度的具体定义上略有不同。而 YIQ 则是 NTSC（National Television Systems Committee，美国国家电视系统委员会）彩色电视系统所采用的标准色彩空间之一。

（2）分辨率

计算机是通过将图像分割成众多离散的最小区域来表示图像的，这些最小区域就是像素。像素是计算机系统生成和再现图像的基本单位，像素的色相、彩度、亮度等属性是通过特定的数值来表示的。计算机将许多像素点组织成行列矩阵，整齐地排列在一个矩形区域内，形成数字图像。在计算机系统中，数字图像的大小、清晰度等特征通常通过分辨率这一概念来量化。分辨率是一个总体性概念，它涵盖了多种具体形式，如屏幕分辨率、图像分辨率、扫描分辨率以及打印分辨率等。

（3）图像文件格式

图像文件格式是指用于存储和传输图像数据的文件格式。图像格式种类繁多，各有特点和用途。

① JPEG(JPG)。JPEG 是一种有损压缩格式，它采用离散余弦变换(DCT)和哈夫曼编码等算法进行压缩，文件体积较小，但会损失部分图像数据。JPEG 格式支持真彩色，适用于存储照片等色彩丰富的图像，广泛应用于网页、数字相册、数码相机等领域。

② GIF。GIF 是一种无损压缩格式，采用 LZW(Lempel-Ziv-Welch Encoding)压缩算法，文件体积较小，支持动画和透明背景。然而，GIF 格式只支持 256 种颜色，不适合存储真彩色图像，常用于网络上的小图标、按钮、简单动画等。

③ PNG。PNG 是一种无损压缩格式，支持真彩色和透明度调节。PNG‑8 是 8 位索引色模式，文件体积较小；PNG‑24 是 24 位真彩色模式，色彩丰富但文件体积相对较大，适用于需要高质量图像且对文件体积有一定要求的场景，如网页设计、图形界面设计等。

④ TIFF(TIF)。TIFF 是一种灵活性高、可扩展性强的图像格式，支持多种图像压缩方式和色彩模式。TIFF 格式通常用于存储高质量的图像数据，如扫描件、印刷品等，广泛应用于印刷、出版、图形艺术等领域。

⑤ BMP。BMP 是一种无损的点阵图格式，它既支持索引色，也支持直接色。BMP 格式几乎不对数据进行压缩，因此文件体积通常较大。它适用于对图像质量要求较高且对文件体积不敏感的场景，如图像处理软件的中间文件等。

⑥ SVG。SVG 是一种基于 XML(Extensible Markup Language，可扩展标记语言)的矢量图形格式，支持无限放大不失真。SVG 文件体积小，易于编辑和修改，适用于需要高质量、可缩放矢量图形的场景，如网页图标、logo 设计、矢量图形编辑等。

⑦ WebP。WebP 是由谷歌公司开发的一种新图片格式，同时支持有损和无损压缩。WebP 在相同质量的情况下，文件体积比 JPEG 和 PNG 更小。虽然目前 WebP 的兼容性相对较差，但随着 Web 技术的发展，以及浏览器对 WebP 格式支持度的提高，WebP 有望成为未来 Web 图像的主流格式之一。

除了上述常见的图像文件格式外，还有如 PSD(Photoshop 的专用原生文件格式)等图像文件格式。PSD 文件采用无损压缩算法，保留了图像的原始数据，包括图层、通道、路径、文本、注释等信息，以及图像的色彩模式、分辨率等属性，常用于海报、广告、名片等图像设计作品的创作和编辑，方便开发人员进行网页的切图和布局，还可用于图像的修复和恢复等工作。然而,PSD 文件也存在一些缺点,如文件体积比较大,不便于存储和传输,且作为非开放格式,其他软件可能无法完全兼容。

以上这些图像格式各有特点和适用的应用场景,用户可以根据实际需要选择合适的格式进行图像的存储、处理和传播。

实践探究

请使用操作系统自带的画图软件或其他图像软件,画一幅自画像,并尝试以不同的文件格式保存,观察每个文件类型(如 BMP、JPG、GIF、PNG 和 TIFF)的文件大小和画质,并分析其原因。

问题研讨

比较几种常见的图像压缩算法(如 JPEG、PNG、GIF 等)的基本原理,并分析它们各自的优势和适用场景,以及在不同类型图像(如照片、图标、动画等)上的表现差异。

2. 图像的获取

图像的获取是指将物体或场景以图像的形式记录下来,并将其转换为可处理的数字图像的过程。这个过程通常涉及多个步骤和不同的技术方法,以下是对图像获取过程的详细解析。

(1) 图像获取的基本步骤

① 捕捉:利用摄像机、数码相机、手机摄像头或其他图像捕捉设备来捕捉目标物体或场景图像。这些设备通过光学镜头将光线聚焦在感光元件上,形成图像。

② 数字化:将捕捉到的模拟图像转换为数字图像。这一步骤通常需要通过图像捕捉设备内置的模数转换器(Analog-to-Digital Converter,ADC)来完成,即将感光元件上接收到的光信号转换为电信号,并进一步转换为数字信号。

③ 存储:将数字化后的图像存储在计算机硬盘、可移动存储设备或云端等介质上,以便后续处理和分析。

(2) 图像获取的方式

图像获取的方式多种多样,主要有以下几种。

① 相机捕捉:使用数字相机或摄像机,通过逐行或逐帧扫描的方式捕捉图像。这是最常见的图像获取方式,适用于大多数场景。

② 视频采集:通过摄像机或摄像头实时采集连续的视频流,并从中提取图像帧。视频数据可以通过帧间差分或者光流估计等方法进行处理。其中,帧间差分法是一种通过对视频图像序列中相邻两帧或连续几帧图像进行差分运算,从而获取运动目标轮廓的方法;光流估计法是利用图像序列中像素在时间域上的变化以及相邻帧之间的相关性来计算出运动物体

的速度矢量场的一种方法。

③ 红外/热红外捕捉:使用红外传感器或热红外相机来捕捉人眼无法看到的红外或热红外图像。这类技术在夜视、工业检测和安防等领域具有重要的应用价值。

④ 3D扫描:利用结构光、时间飞行(TOF)或立体摄像机等技术,来获取物体的三维形状和纹理信息。其中,结构光技术是一种通过投射特定光图案到物体上,并观察这些图案如何因物体表面形状而变形,从而计算物体三维形状的方法;时间飞行技术是一种通过测量光脉冲从发射到反射,再返回传感器的时间来获取物体距离的方法。这种方式常用于建模、增强现实和虚拟现实等领域。

⑤ 扫描仪获取:对于已经存在的模拟图像(如照片、图纸等),可以使用扫描仪将其转换为数字图像。扫描仪通过测量从图片表面反射的光,并依次记录光点的数值,来生成一个彩色或黑白的数字拷贝。

(3) 图像获取时的考虑因素

① 分辨率:图像的分辨率决定了图像中的细节和清晰度。分辨率越高,其提供的图片信息也就越多,但同时对存储和处理能力的要求也会更高。

② 曝光和对比度:适当的曝光和对比度可以确保图像中的细节得到准确捕捉,通常通过调整相机的曝光时间、光圈和增益等参数来实现。

③ 校准和校正:对于一些特殊应用,如机器人导航和计量测量,图像获取设备需要对其进行校准和校正,以确保图像数据的准确性和一致性。

④ 光源和照明:光源和照明的选择对图像的质量有很大影响。合理的光源和照明条件可以减少阴影和反光,提高图像的清晰度和对比度。

拓展阅读

分辨率

分辨率,又称解析度、解像度,是一个广泛使用的术语,主要用来描述量测系统或显示系统对细节的分辨能力。它决定了图像、视频或显示设备中所显示的细节和清晰度。分辨率的概念可以细分为多种类型,包括显示分辨率、图像分辨率、打印分辨率和扫描分辨率等。

(1) 显示分辨率:在显示器领域,分辨率通常指屏幕水平和垂直方向上的像素点数量,使用乘积表示,如1 920×1 080。随着技术的发展,显示器的分辨率已经从标准清晰度(SD)、高清(HD)、全高清(Full HD)发展到了4K(3 840×2 160)和8K(7 680×4 320)等超高清分辨率。这些高分辨率显示器能够提供更加细腻和清晰的图像,给用户带来更加有沉浸感的视觉体验。

(2) 图像分辨率:指图像中存储的信息量,通常表示为每英寸包含的像素点数(PPI)。图像分辨率越高,图像就越清晰,能够展现更多的细节。图像分辨率对图像质量有着直接的影响,因此在图像处理、打印和显示等领域都非常重要。

(3) 打印分辨率：指打印设备在每英寸内可以打印的点数(DPI)，它决定了打印图像的清晰度。

(4) 扫描分辨率：指扫描仪在扫描图像时能够捕获的像素密度，它决定了扫描图像的质量。

分辨率是衡量图像和视频质量的重要指标之一。高分辨率的图像和视频能够提供更丰富的细节和更清晰的画面，从而提升用户体验。在数字摄影、电影制作、游戏开发等领域，高分辨率已经成为标准配置。

(4) 获取图像的设备

获取图像的设备多种多样，包括但不限于数字相机、摄像机、手机摄像头、工业相机、红外传感器、热红外相机、扫描仪等。这些设备各有特点和适用范围，可以根据具体需求和场景选择合适的设备进行图像获取。

3. 图像的生成

通过人工智能技术创建图像，是近年来计算机视觉和机器学习领域的一项重要进展。其运作的核心原理是基于深度学习算法，特别是生成对抗网络(GANs)和变分自编码器(VAEs)等模型。这些模型通过训练大量的图像数据，学会捕捉图像中的特征分布，并据此生成新的图像。

(1) 技术原理

① 生成对抗网络(GANs)：由生成器(Generator)和判别器(Discriminator)两部分组成。生成器的任务是创造出尽可能接近真实的图片，而判别器的任务则是区分图片是由生成器创造的，还是真实存在的。两者在训练的过程中相互竞争、不断优化，最终使生成器能够生成高质量的图像。

② 变分自编码器(VAEs)：通过学习输入数据的潜在空间表示，能够生成与输入数据相似但又不完全相同的图像。它通过编码器和解码器的结构，将输入图像映射到潜在空间，并从这个空间中采样生成新的图像。

(2) 特点

① 创新性：AI可以生成大量不同风格和主题的图像，这些图像可能融合了多种元素或概念，从而创造出全新的视觉效果。

② 高效性：相比传统的手绘或数字绘画，AI可以在极短的时间内生成大量图像，大大提高了创作效率。

③ 可控性：随着技术的进步，AI生成的图片越来越接近真实照片。通过调整模型的参数或输入条件，AI可以精确控制生成图像的风格、内容、分辨率等属性。

④ 适应性：AI模型能够学习并适应不同的数据集，从而生成符合特定主题、风格或需求

的图像。

（3）应用领域

国外模型更注重艺术创作和虚拟现实等领域的应用，而国内模型则更多应用于教育、娱乐和设计等领域。未来，随着 AI 技术的不断发展，国内外文生图大模型将在生成质量、速度等方面取得更大的突破，从而推动 AI 绘画技术的发展，为艺术创作和技术创新带来更多的可能性。

（4）绘图工具

AI 绘图工具随着人工智能技术的快速发展而不断涌现，如 OpenAI（知名的人工智能研究公司）推出的 DALL‐E 3、专注于生成幻象风格图像的 Midjourney、擅长将照片转化为艺术作品的 DeepArt，以及由百度公司推出的人工智能艺术和创意辅助平台文心一言等。

文心一言 AI 绘图工具是基于文心跨模态大模型 ERNIE-ViLG 的人工智能技术开发而成的。它支持用户通过输入关键字、主题等文字描述，自动生成相应的图片，从而为用户提供了一个释放创造力和想象力的平台。

例 4‐2‐4

利用文心一言，生成需要的图片。

（1）准备工作。登录文心一言平台，切换至对话界面，开启一个新的绘图任务，如图 4‐2‐18 所示。

▲ 图 4‐2‐18　文心一言的对话界面

（2）输入提示词：提示词是文心一言绘图的关键。我们需要向 AI 清晰地描述想要绘制的画面，包括画面的主题、色彩、风格、细节等。例如，如果想要绘制一只可爱的卡通小熊，可以这样编写提示词："一只可爱的卡通小熊，它的眼睛像两颗亮晶晶的黑宝石，鼻子小巧玲珑，嘴角微微上扬，背景是一片翠绿的草地，上面点缀着五彩斑斓的花朵。"

这里以生成"春节鞭炮下的红灯笼与福字"的图片为例介绍文生图的操作方法。输入文字（如图 4‐2‐19 所示），单击文字后面的图标或按〈Tab〉键，AI 会对文字进行润色，润色后的效果如图 4-2-20 所示。

▲ 图 4-2-19　输入提示词

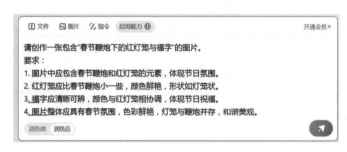

▲ 图 4-2-20　润色后的提示词

（3）等待绘图完成。在提交提示词后，文心一言会据此生成相应的图画。这个过程可能需要一定的时间，具体时间取决于提示词的复杂程度和系统的负载情况。AI 生成的图片，如图 4-2-21 所示。

▲ 图 4-2-21　AI 生成的图片

（4）优化与调整。如果初次生成的图画不符合要求，可以单击"重新生成"，也可以通过修改提示词来优化结果。例如：可以向 AI 提出调整画面的色彩、风格或细节等要求，以获得更满意的图画。

（5）保存与分享。在确认生成的图片符合要求后，可以单击图片，使其放大，然后右击鼠标,选择"将图片另存为",图片即可保存到本地设备中。此外,也可以单击右下角的分享按钮,获取分享连接,将图画分享到社交媒体、工作群聊等平台上,如图 4-2-22 所示。

▲ 图 4-2-22 图片的保存与分享

由于 AI 技术的限制和不确定性,其生成的图片可能与期望存在一定差异。因此,在创作的过程中需保持耐心和开放的心态,调整提示词,使 AI 能不断完善图片作品。

除了文生图模型之外,还有许多图像处理和编辑工具、深度学习框架以及 AI 绘画软件等都支持图生图的功能。这些功能通常通过风格迁移、图像修复、超分辨率重建等技术实现。在输入一张或多张图像后,便可输出经过精细处理或风格转换后的全新图像。

实践探究

在通义万相、豆包和文心一言等 AI 大模型平台上,输入提示词"传统建筑,微距镜头,摄影级作品",生成相应的图像,如图 4-2-23、图 4-2-24、图 4-2-25 所示。比较几个平台文生图的特点和异同。

▲ 图 4-2-23 通义万相文生图　▲ 图 4-2-24 豆包文生图　▲ 图 4-2-25 文心一言文生图

✤ 4.2.3　图像编辑的基本方法

图像编辑是指对图像信息进行分析、加工和处理，使其符合人们视觉、心理以及其他要求的技术。图像编辑主要包括图像变换、色彩和色度调整、模式变换、图像修复、图像特效、图像合成、抠图、多样化文字效果等技术。本节以 Adobe Photoshop CC 2015 为例，基于实例介绍基本的图像编辑处理方法。

1. 图像选取

在图像编辑的过程中，图像的缩放变换、裁切、旋转、合成、调色、特效等，都需要运用软件中的基本工具对图像进行选取和处理。因此，建立选区是图像处理的基础操作之一。它允许用户对图像的特定区域进行编辑，同时确保其他区域不受影响。建立选区的工具有选框工具组、套索工具组、魔棒工具组和快速蒙版等。选框工具组用于建立规则形状的选区，套索工具组用于手动勾勒出选区，而魔棒工具组则依靠容差（允许像素 RGB 值的偏差范围）快速选择颜色相近的区域。

① 矩形选框工具 ▢。单击工具栏中的"矩形选框工具"，在图像待选区域左上角按住鼠标左键不放，拖动光标到右下角，然后松开鼠标即可创建出矩形选区。如果在拖动鼠标的同时按住〈Shift〉键，则可创建出正方形选区。

② 椭圆选框工具 ⬭。椭圆选框工具与矩形选框工具的使用方法相似，这里不再赘述。

③ 套索工具 ◯。套索工具用于创建手绘的选区。单击工具栏中的"套索工具"，在待选区域边缘按住鼠标左键不放，移动鼠标进行圈选；松开鼠标左键，起点与终点将形成闭合选区。

④ 多边形套索工具 ▱。多边形套索工具用于创建多边形选区。单击工具栏中的"多边形套索工具"，在待选区域边缘的某个拐点上单击，确定第 1 个紧固点；将光标移动到相邻拐点上再次单击，确定第 2 个紧固点；依次操作下去。当光标回到起点时（光标旁边带一个小圆圈），单击起点即可闭合选区；当光标未回到起始点时，双击鼠标可闭合选区。在使用多边形套索工具时，如按住〈Shift〉键拖曳鼠标，可创建水平、竖直或其他 45 度倍角的直线段选区边界。多边形套索工具适合选择边界由直线段围成的区域对象。

⑤ 磁性套索工具 ▱。磁性套索工具可自动识别对象的边界。在使用前，可在工具选项栏中设置宽度、对比度及频率等各项参数，作为磁性套索工具自动识别对象边界的依据。磁性套索工具适合选择边缘清晰且与背景对比明显的区域。

⑥ 快速选择工具 ✎。快速选择工具通过涂抹的方式选择图像中的邻近相似区域。当确定目标区域适合使用此工具时，可选择"快速选择工具"，并在待选区域内单击鼠标开始，随后拖动鼠标进行涂抹以扩大选择范围。

⑦ 魔棒工具 ✦。魔棒工具用于选择颜色值相近的区域。在使用前，可根据所选区域颜色值的差别程度，在工具选项栏设置"容差"参数，也可以根据"取样大小"参数设置魔棒工具的取样范围。需要说明的是，默认的取样范围为当前图层，当在选项栏中选择"对所有图

层取样"时,魔棒工具将从所有可见图层中创建选区。

⑧ 快速蒙版 ![icon]。快速蒙版是创建选区的特殊工具。在默认设置下,蒙版区域和选区互补。蒙版区域可以使用画笔等绘图工具创建:使用黑色画笔涂抹可以扩大蒙版区域范围,使用白色画笔涂抹可以缩减蒙版区域范围;而非蒙版区域则为选区。

2. 绘图修图、着色

① 画笔工具 ![icon] 和铅笔工具 ![icon]。画笔和铅笔工具都使用前景色绘制线条。画笔绘制软边线条,铅笔绘制硬边线条。操作方法为:设置前景色,根据需要在工具选项栏中的"画笔预设"选取器中,选择预设的画笔笔尖形状,更改笔尖的大小和硬度(也可以创建自定义画笔)。然后在图像编辑窗口中,按住鼠标左键拖动,光标经过的轨迹即为画笔的笔迹。在移动鼠标时,如果同时按下〈Shift〉键,则可绘制水平或垂直的线条。

② 橡皮擦工具 ![icon]。橡皮擦工具与画笔工具的使用方法完全相同。画笔是绘制出像素,而橡皮擦则是擦除像素。在使用橡皮擦工具时,要注意工作图层的性质。若在背景图层上使用橡皮擦工具擦除,被擦区域将被当前背景色取代;若在普通图层上进行擦除操作,被擦除的部分将变为透明。

③ 油漆桶工具 ![icon]。油漆桶工具用于填充单色(当前前景色)或图案。在使用油漆桶工具时,可选择填充类型,包括前景和图案两种。若选择"前景"(默认)选项,将使用前景色填充;若选择"图案"选项,并在"图案"拾色器中选择预设图案或自定义图案,将进行相应图案的填充。

④ 渐变工具 ![icon]。渐变工具用于填充各种过渡色。软件提供多种渐变方式,可以选择前景色、背景色或预设的渐变颜色对选区或图层进行过渡色填充,也可以通过工具选项栏中的"渐变编辑器",在对当前选择的渐变色进行编辑修改或定义新的渐变色后进行填充。

⑤ 图章工具 ![icon]。图章工具有仿制图章和图案图章两种:仿制图章用于图像的关联复制,可依据参考点的内容来修复图像;图案图章则可根据用户选择的图案修改图像。

仿制图章工具常用于数字图像的修复。操作方法为:选择仿制图章工具,设置大小和硬度参数,在按住〈Alt〉键的同时,用鼠标单击源图像的待复制区域进行取样;松开〈Alt〉键,在目标区域或其他图层、图像中,按住鼠标左键拖动光标,即可复制图像(注意源图像数据的十字取样点)。

3. 图像变换

图像变换包括图像的移动、缩放、旋转、翻转(镜像)、斜切、透视和扭曲等内容。操作方法为:执行"编辑/自由变换"命令(快捷键为〈Ctrl〉+〈T〉),或者"编辑/变换"命令,可以对选区对象或整个图层进行移动、缩放、旋转、斜切、扭曲、透视等多种变形操作。如图4-2-26所示,图中为变换图像大小、方向的操作。

▲ 图4-2-26　自由变换效果

4. 添加文字

文字是图像的重要组成部分，文字的再加工（如彩虹文字、变形文字、路径文字、立体文字、滤镜-通道特效文字等）也是图形图像处理过程的重要环节。在平面、三维、动画、视频等设计软件中，文字都是一个重要的元素。文字的搭配不仅能使受众更容易读懂图像所传达的信息，而且经过精心设计的特效文字更能增强图像的美观性，甚至创造出震撼人心的视觉效果，成为整幅图像的点睛之笔。文字工具包括一般文字和蒙版文字两类。在输入一般文字后，将产生文字矢量图层；而在输入蒙版文字并提交后，则形成文字选区，并不会生成文字图层，图4-2-27为添加的蒙版文字效果。

▲ 图 4 - 2 - 27　蒙版文字效果

5. 色彩调整

色彩调整一般是针对位图图像而言的，主要用来改变图像色彩的明暗对比、纠正色偏、黑白照片上色、改变图像局部色彩等。

"图像/调整"菜单下的各项命令可用于对选区或图层进行色彩调整。其中，亮度/对比度、色阶、曲线、阴影/高光等命令主要用于调整色彩的明暗对比，图4-2-28、图4-2-29为调整曲线参数的过程；色相/饱和度、色彩平衡、可选颜色、替换颜色等命令主要用于纠正色偏；照片滤镜、黑白、反相、阈值、渐变映射等命令主要用于制作特殊的色彩效果。

▲ 图 4 - 2 - 28　曲线菜单命令

▲ 图 4 - 2 - 29　曲线调整

6. 通道

在图像合成以及其他特殊处理中，常要用到通道技术。通道是 Photoshop 的高级功能，包括颜色通道、Alpha 通道和专色通道三类。颜色通道用来存储颜色信息，可以使用各类调色命令来编辑颜色通道,从而改变图像颜色;Alpha通道用来存储选区信息,可以使用绘图工具和各类滤镜来编辑 Alpha 通道,从而实现对选区的修改;专色通道用来存储印刷用的专色。

通道的选择、创建、复制、删除、分离、合并等基本操作都可以利用"通道"面板完成,如图 4-2-30 所示。若需要混合多个图像的不同通道,则可以使用"图像"菜单下的"计算"和"应用图像"命令。

▲ 图 4-2-30 通道

例 4-2-5

▲ 图 4-2-31 新建文档

利用椭圆选框工具、渐变工具和画笔工具制作 3D 效果文字。

(1) 创建文档:启动 Photoshop,选择"新建"命令,创建一个 600×600 像素、分辨率为 72 像素/英寸、RGB 颜色模式、8 位、白色背景内容的新图像,将文件命名为 L4-8-1,如图 4-2-31 所示。

(2) 在椭圆中添加渐变色。选择工具栏中的"椭圆选框工具",按住〈Shift〉键(可以保持正圆),在画布中央拖曳,画出一个圆形选区,如图 4-2-32 所示。将前景色设置为 #ef89e9(深粉色),背景色设置为 #cfef89(浅绿色),如图 4-2-33 所示。使用工具栏中的"渐变工具",在工具属性栏中选择径向渐变、前景色到背景色渐变,在颜色条的 50% 处单击鼠标,增加 #6bcaf2(浅蓝色),完成"深粉色—浅蓝色—浅绿色"渐变色的设置,如图 4-2-34 所示。

▲ 图 4-2-32 建立圆形选区

▲ 图 4-2-33 设置背景色

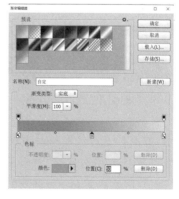

▲ 图 4-2-34 设置渐变色

（3）设置3D笔触制作效果图。从椭圆选区的中心点向右下角边界拖曳鼠标，建立如图4-2-35的渐变效果。选择工具栏中的"混合器画笔工具" ，在选项栏上选择"干燥，深描"。按住〈Alt〉键在椭圆选区单击，再按〈Ctrl〉+〈D〉快捷键取消选取状态。单击"混合器画笔工具"选项栏上的"'画笔预设'选取器"面板，在列表中选择大小为40像素、硬度为100%的硬边圆，如图4-2-36所示。在图片空白处写上具有3D立体感的文字"AI"，分别以LJG4-8-1.psd和LJG4-8-2.jpg为文件名保存图像。

▲ 图4-2-35　渐变效果

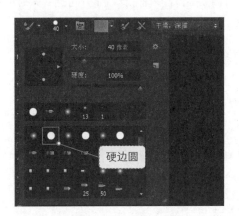

▲ 图4-2-36　硬边圆

例 4-2-6

▲ 图4-2-37　样张

利用裁剪工具、魔术棒工具、铅笔工具拼合图像，调整画布大小，制作电影胶片效果，如图4-2-37所示。

（1）裁剪背景图，将"闹元宵"三个字移进背景图中。打开配套素材中的L4-9-1.jpg和L4-9-2.jpg文件。使用"裁剪工具"裁去图片L4-9-1.jpg底部的杂色。选择工具箱中的"魔棒工具"，在选项栏中将容差值设置为32，取消勾选"连续"，单击图像L4-9-2.jpg中的"闹元宵"三个字，将这三个字选中。使用"移动工具"将"闹元宵"三个字拖曳到L4-9-1.jpg图片中，执行"编辑/自由变换"命令，按照样张的位置和大小放置文字。解锁背景图层（变为图层0），按住〈Shift〉键，选中图层0与图层1，右击选择"拼合图像"，将图层进行合并。

（2）扩展图画大小。执行"图像/画布大小"命令，勾选"相对"，将"画布扩展颜色"设为白色，高度扩展10像素。再次执行"图像/画布大小"命令，勾选"相对"，将"画布扩展颜色"设为黑色，高度扩展5厘米，如图4-2-38所示。

▲ 图 4-2-38　扩展画布　　　　　　▲ 图 4-2-39　设置画笔类型

（3）设置方头画笔参数。使用"铅笔工具"，打开"'画笔预设'选取器"，单击对话框右上角的齿轮按钮，在列表中选择"方头画笔"，如图 4-2-39 所示。在确定替换当前画笔后，将笔触大小设置为 24 像素，如图 4-2-40 所示。单击"切换画笔面板"按钮，选择"画笔笔尖形状"，将间距设置为 200％，如图 4-2-41 所示。

▲ 图 4-2-40　画笔参数(1)　　　　　▲ 图 4-2-41　画笔参数(2)

（4）制作胶片齿孔。将前景色设置为白色，使用"铅笔工具"，按下〈Shift〉键，沿黑框画水平直线，最后将文件保存为 LJG4-9-1.jpg。

例4-2-7

▲图4-2-42 样张

利用仿制图章工具、磁性套索工具、修补工具、文字工具,改变图像大小,并进行羽化、变换方向等设置,制作草原效果图,如图4-2-42所示。

(1) 去掉马前腿上方的标记。打开配套素材中的L4-10-1.jpg。使用"仿制图章" 工具,按住〈Alt〉键不放,单击鼠标左键,在图像中定点取样,完成后放开左键。用仿制图章在马身上涂抹,去掉图案标志。

(2) 选择"磁性套索工具",将频率设为20,在马的边缘单击鼠标,确定起点,然后沿图像边缘移动鼠标。当鼠标光标回到起点处时,光标右下角会出现一个小圆圈,单击即可完成选取操作。

(3) 为马添加20像素的羽化效果,运用"移动工具",将马的图像移动至L4-10-2.jpg图像中。对马执行"编辑/变换/水平翻转"命令,然后再执行"编辑/自由变换"命令,按住〈shift〉键,将马缩放至样张大小,并移至相应位置。

(4) 去除L4-10-2.jpg图片中趴着的奶牛。选择"修补工具" ,用鼠标选取奶牛部分,按住鼠标左键将其拖到要取样的区域进行修复(可重复操作),修补完成后,取消选中状态,效果如图4-2-42样张所示。最后,将文件保存为LJG4-10-1.jpg。

例4-2-8

利用快速选择工具,以及色调均化、去色、曲线等命令,制作老照片效果,如图4-2-43所示。

(1) 给图片去色、添加渐变映射,制作老照片效果。打开配套素材中的L4-11-1.jpg,执行"图像/调整/色调均化"命令,均匀图像的亮度值。执行"图像/调整/去色"命令,将图像中的色彩信息去除,转变为灰度图像。单击"图层"面板下方的"创建新的填充或调整图层"按钮,创建新的"渐变映射1"调整图层。在如图4-2-44、图4-2-45所示的渐变映射属性中,单击渐变色样本,打开渐变编辑器,将渐变色的两端分别设置为黑色和白色。在渐变色条中间约50%位置处单击鼠标,增加褐色(R=190,G=164,B=67),如图4-2-46所示。此时图像已呈现偏褐色的老旧照片效果。

▲图4-2-43 样张

▲ 图 4-2-44 渐变映射(1)

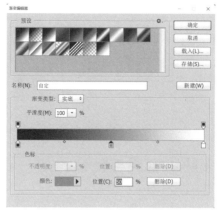

▲ 图 4-2-45 渐变映射(2)

▲ 图 4-2-46 前景色设置

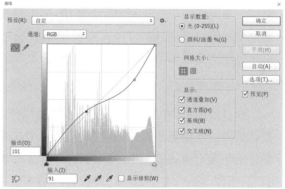

▲ 图 4-2-47 曲线设置

(2) 设置曲线效果。在"图层"面板最上方创建一个新图层。将前景色设置为褐色(R＝190,G＝164,B＝67),背景色设置为白色。使用工具栏中的"渐变工具",设置渐变选项为"前景色到透明渐变",在图片上自上而下地拖曳鼠标,图片将呈现渐变色。将图层 1 的模式设置为线性加深,不透明度设置为 90％。选择背景图层,执行"图像/调整/曲线"命令,适当拖曳曲线,如图 4-2-47 所示。

(3) 打开图片 L4-11-2.jpg,选择"快速选择工具",在工具选项中设置"添加到选区",笔触大小为 15 像素,在图片上选取人物背景,然后反选人物(执行"选择/反向"命令),将人物抠出。使用"移动工具"将人物合成至图片 L4-11-1.jpg 中,得到图层 2。将图层 2 的模式设置为叠加,填充为70％,如图 4-2-48 所示。

(4) 文字书写。使用"横排文字工具",输入文字"这里是上海""一座城一盏灯一个人",设置字体为宋体,字号分别为60 号和 48 号,字符间距为 200,颜色为白色,如图 4-2-43样张所示。最后,将文件保存为 LJG4-11-1.jpg。

▲ 图 4-2-48 叠加设置

如果要为大学校园设计海报，那么在风格定位、素材准备、结构布局、文字风格、装饰美化、颜色搭配、细节调整等方面该做哪些准备工作？请拍摄就读学校里的美景图，并配上适当的文字，为学校做一份宣传海报。

✤ 4.2.4 多图像合成与特效添加

1. 图层、图像合成

图像合成是图像处理中经常用到的技巧，即选取一幅图像中的某个部分，然后将其合成到另一幅图像之中。在 Photoshop 中，除了使用基本操作工具（如选择、复制粘贴、变换、更改不透明度等）合成图像外，还可以使用图层混合模式、遮罩、通道、贴图等高级图像处理技术来更完美地实现图像合成效果，达到以假乱真的艺术境界。

(1) 图层概念

通过前面的学习，已初步接触了图层操作。图像的最终效果是各个图层上下叠加后的整体效果。在图层面板上，通过调整图层的排列顺序、设置图层的不透明度、使用图层样式、修改图层混合模式等操作，可以获得丰富多彩的图层叠加效果。在 Photoshop 中，主要包括背景、图像、像素、文字、调整、形状等图层类型。

① 背景图层：处于最底部的图层，是一个比较特殊的图层，其排列顺序、不透明度、填充、混合模式等许多属性都是锁定的，无法更改。另外，图层样式、图层变换等也不能应用于背景图层。若想在该图层实现上述效果，可解除"锁定"，将其转换为普通图层。

② 图像图层：是最基本的图层类型之一。它可以通过文件放置或拖放创建，保留原始 JPEG 文件，无法进行破坏性操作，即无法直接修改图像内容。

③ 像素图层：通过文件打开或复制粘贴创建，复制了原始文件的像素数据，不再保留原始文件，可以进行破坏性操作，如修改颜色、添加滤镜等。像素图层具有尺寸固定、颜色丰富、可编辑性强等特性。在实际应用中，像素图层是最常见且基础的图层类型之一，几乎所有的图像编辑工作都是基于像素图层进行的。

④ 文字图层：在使用文字工具输入文字后，将自动产生一个图层，缩览图为"T"。文字图层是 Photoshop 中的矢量图层，渐变填充等编辑工具无法应用在矢量图层上。若要实现上述效果，则需通过"栅格化"命令将其转化为一般的像素图层才能进行编辑操作。

⑤ 调整图层：可以对调整图层以下的图层进行色调、亮度和饱和度的调整。

⑥ 形状图层：在使用形状工具创建图形后，将自动产生一个形状图层。

(2) 图层基本操作

在实际应用中，需要用到图层的选择、新建、复制、锁定、删除、移动、合并、显示与隐藏、调整不透明度等重要操作。这些技能可通过持续的实践练习来熟练掌握。

(3) 图层样式

图层样式是创建图层特效的重要手段,包括斜面和浮雕、描边、内阴影、内发光、光泽、颜色叠加和投影等类型。图层样式影响的是整个图层,不受选区的限制。它对背景层和锁定的图层是无效的。当需要对选定的图层添加图层样式时,可单击"图层"面板下方按钮,选择相应的图层样式命令;或选择菜单"图层/图层样式"中的有关命令进行设置。当需要编辑或修改图层样式时,可单击该图层右侧的三角形按钮,折叠或展开图层样式,从而修改样式参数或删除样式。

(4) 图层混合模式

图层混合模式决定了当前图层像素与下方图层像素以何种方式混合像素颜色。图层混合模式包括正常、溶解、变暗、正片叠底、变亮、滤色、叠加、柔光等类型,默认的混合模式为"正常"。在这种模式下,当前图层的像素将遮盖其下面图层中对应位置的像素。通过调整图层的混合模式,可产生不同的图层叠加效果。

在图层面板上,单击"正常"旁边的下拉按钮,可以为当前图层选择不同的混合模式。列表中的图层混合模式被水平分割线分成多个组,一般来说,每个组中各混合模式的作用是类似的。其中,"变亮"模式与"变暗"模式相反,"变亮"模式的作用是比较本图层和下方图层对应像素的颜色,选择其中较亮(值较大)的颜色作为结果色。以 RGB 图像为例,若当前图层与下方图层对应的像素分别为红色(255,0,0)和绿色(0,255,0),则混合后的结果色为黄色(255,255,0)。

2. 图层蒙版

在 Photoshop 中,蒙版主要用于图像的遮盖。Photoshop 提供了三类蒙版:图层蒙版、矢量蒙版和剪贴蒙版。其中,图层蒙版应用比较广泛。

图层蒙版附着在图层上,不破坏图层内容但能控制该图层像素的显示与隐藏。图层蒙版以 8 位灰度图像形式存在,黑色隐藏图层对应区域,白色显示图层对应区域,灰色则半透明显示对应区域。透明程度由灰色的深浅决定。通过各种绘画与填充工具、图像修整工具以及相关的菜单命令,可以对图层蒙版进行编辑和修改。

(1) 添加图层蒙版

选中要添加蒙版的图层,然后采用下述方法添加图层蒙版。

方法 1:单击"图层"面板下方的"添加图层蒙版" ![按钮] 按钮,或选择菜单命令"图层/图层蒙版/显示全部",可以创建一个白色的蒙版(图层缩览图右边的附加缩览图表示图层蒙版)。白色蒙版对图层的内容显示无任何影响。

方法 2:按住〈Alt〉键,单击"图层"面板下方的"添加图层蒙版"按钮,或选择菜单命令"图层/图层蒙版/隐藏全部",可以创建一个黑色的蒙版。黑色蒙版能够隐藏对应图层的所有内容。

方法 3:在存在选区的情况下,单击"添加图层蒙版"按钮,或选择菜单命令"图层/图层蒙版/显示选区",将基于选区创建蒙版。此时,选区内的蒙版填充白色,选区外的蒙版填充黑色。按住〈Alt〉键，单击"添加图层蒙版"按钮，或选择菜单命令"图层/图层蒙版/隐藏选区"，则产生的蒙版正好与之前的相反。

需要注意的是，背景图层不能添加图层蒙版，只有将其转化为普通图层后，才能添加图层蒙版。

（2）删除图层蒙版

在"图层"面板上选择图层蒙版的缩览图，单击面板下方的"删除图层"🗑按钮，可删除图层蒙版。此外，可以单击菜单命令"图层/图层蒙版/删除"，在弹出的提示框中选择相应选项：若单击"应用"按钮，则会在删除图层蒙版的同时，将蒙版效果永久地应用在图层上（图层遭到破坏），若单击"删除"按钮，则在删除图层蒙版后，蒙版效果不会应用到图层上。

（3）在蒙版编辑状态与图层编辑状态之间切换

在"图层"面板上，单击图层缩览图，则图层缩览图周围会显示边框，表示当前处于图层编辑状态，所有的编辑操作都作用在图层上，对蒙版没有任何影响。若单击图层蒙版缩览图，则图层蒙版缩览图的周围会显示边框，表示当前处于图层蒙版编辑状态，所有编辑操作都作用在图层蒙版上。

3. 图像特效

图像特效一般指使用滤镜工具对图像像素的位置、数量、颜色值等信息进行改变，从而使图像瞬间产生各种各样的神奇效果。

例 4 - 2 - 9

▲图 4 - 2 - 49　样张

利用矩形工具、吸管工具、文字工具、快速选择工具、油漆桶工具，参照样张制作"恩爱情侣"效果图，如图 4 - 2 - 49 所示。

（1）裁剪、复制图片。打开配套素材中的 L4 - 12 - 1. jpg，使用"裁剪工具"将素材图片周围的红色边框去除。打开 L4 - 12 - 2. jpg，使用"移动工具"将图片复制进 L4 - 12 - 1. jpg 中，并调整其大小和位置。

（2）设置斜面浮雕图层样式。新建图层 2，使用"矩形选框工具"选项栏中的"新选区"和"从选区减去"两个工具选项，建立如图 4 - 2 - 49 所示的类似相框的选区。将前景色设置为#d4cfef（浅紫色），使用"油漆桶工具"对图层 2 进行颜色填充。将图层 2 保持当前活动状态，执行"图层/图层样式/斜面和浮雕"命令，设置内斜面、深度 100%，大小 10 像素的斜面浮雕效果，如图 4 - 2 - 50 所示。

（3）复制玫瑰花并设置不透明度。打开图片 L4 - 12 - 3. jpg，使用"快速选择工具"选取图片中的心形玫瑰花，并将其复制到图片 L4 - 12 - 1. jpg 中，调整花朵的大小和位置，设置不透明度为 80%，连续执行三次该操作，将四朵心形玫瑰花按照样张位置放置。

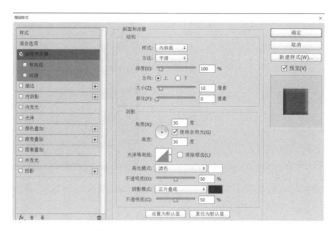

▲ 图 4-2-50　图层样式设置

（4）文字书写。使用"直排文字工具"输入文字"琴瑟在御　莫不静好"，将文字的字体设置为华文行楷，大小为 60 点，字体颜色为＃d4cfef（浅紫色）。执行"编辑/描边"命令，在文字外部增加宽度为 3 像素，颜色为＃fad506（黄色）的描边，如图 4-2-49 样张所示。最后，将文件保存为 LJG4-12-1.jpg。

例 4-2-10

利用文字蒙版工具、魔棒工具以及图层样式，制作图像合成效果图，如图 4-2-51 所示。

▲ 图 4-2-51　样张

（1）新建文档、设置图像大小、删除天空颜色。创建一个大小为 4 032×2 811 像素、分辨率为 72 像素/英寸、RGB 颜色模式、8 位、白色背景内容的新图像。打开配套素材中的 L4-13-1.jpg、L4-13-2.jpg、L4-13-3.jpg。将三张图片在锁定纵横比的模式下，设定宽度为 2 000 像素，如图 4-2-52 所示。双击图片 L4-13-1.jpg 图层面板，将背景图层变为"图层 0"。使用工具箱中的"魔棒工具"，选取图像中的天空部分，按〈Delete〉键删除，再按〈Ctrl〉＋〈D〉键取消选区。

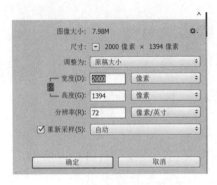

▲ 图 4-2-52 更改图像大小

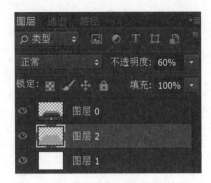

▲ 图 4-2-53 调整图像位置

（2）调整图层位置、羽化图片、拼合图层。在图层面板单击"创建新图层"按钮，将前景色设置为白色，在工具箱中选择"油漆桶工具"，将图层 1 填充为白色。在图层面板中将图层 1 向下拖曳，使之位于图层 0 的下方。按住〈Ctrl〉键，单击图层面板中建筑物图层的缩略图，得到建筑物选区。保持建筑物处于选中状态，在图层面板上单击"创建新图层"按钮，新建图层，并将该图层置于建筑物图层的下方。执行"选择/修改/羽化"命令，设置羽化半径为 5 像素，将前景色设置为♯e1d165（浅黄色），用"油漆桶工具"填充选区。使用"移动工具"将投影层（浅黄色图层）适当向上移动，将不透明度设置为 60%，然后拼合图像，如图 4-2-53 所示。

（3）设置斜面和浮雕图层样式。将图片 L4-13-1.jpg、L4-13-2.jpg、L4-13-3.jpg、L4-13-4.jpg 和 L4-13-5.jpg 全部拖进新图像，并按照样张布局，将图片全部添加斜面和浮雕效果，样式为浮雕效果，深度为 50%，大小为 158 像素，角度为 10，高度为 30，如图 4-2-54 所示。

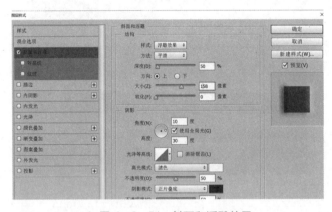

▲ 图 4-2-54 斜面和浮雕效果

（4）书写文字。新建图层，利用"横排文字蒙版工具"在图像左上角书写"故宫美景鉴赏图"，字体为华文新魏，字号为 280 点，填充色为♯db9656（橙色），选择"投影"图层样式，混合模式为正片叠底，不透明度为 80%，角度为 10，距离为 20，如图 4-2-51 样张所示。最后，将文件保存为 LJG4-13-1.jpg。

观看微课,打开配套素材中的图片 SJ4－2－1.jpg、SJ4－2－2.
jpg、SJ4－2－3.jpg,利用魔棒工具、磁性套索工具以及投影、羽化,制
作立体效果图,如图 4－2－55 所示。

微课视频

制作立体效果图

▲ 图 4－2－55 样张

例 4－2－11

利用快速选择工具、创建剪贴蒙版和匹配颜色,制作女孩临窗欣赏外滩美景图,如图 5－2－56
所示。

▲ 图 4－2－56 样张

▲ 图 4－2－57 匹配颜色

(1) 快速选择窗户玻璃,创建剪贴蒙版。打开配套素材中的 L4－14－2.jpg,使用"快速
选择工具"选中图片中的窗户玻璃,按〈Ctrl〉＋〈J〉键复制出图层 1,将图片 L4－14－1.jpg 拖
进图片 L4－14－2.jpg 中。选中新建的图层 2,执行"图层/创建剪贴蒙版"命令,将图片调整
至适当位置。

（2）匹配颜色。选择背景图层，执行"图像/调整/匹配颜色"命令，如图4-2-57所示，将明亮度设置为150，颜色强度设置为160，源为L4-14-2.jpg。

（3）书写文字。选择"竖排文字工具"，书写"寻一处幽静 觅一份清欢 享一份安然"，将字体设置为华文新魏，大小为30点，颜色为＃d4c6c6（浅褐色），如图4-2-56样张所示。最后，将文件保存为LJG4-14-1.jpg。

例 4－2－12

利用钢笔工具、涂抹工具，以及图层通道、色相/饱和度等样式，制作油彩图片和七彩文字效果，如图4-2-58所示。

▲ 图4-2-58　样张

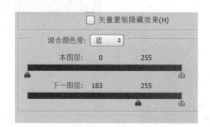

▲ 图4-2-59　混合颜色带设置

（1）调整图层位置，设置蓝色通道。打开配套素材中的L4-15-1.jpg、L4-15-2.jpg、L4-15-3.jpg，将图片L4-15-2.jpg拖进图片L4-15-1.jpg中，调整大小，使其完整覆盖天空部分。双击图层1，打开图层样式对话框，执行"混合选项/混合模式/颜色"命令，将混合颜色带设置为蓝色，将下一图层左侧的小滑块拖至183处，使蓝天、白云与武康大楼完美融合，单击"确定"，如图4-2-59所示。

（2）调整色相、饱和度。选中背景图层，执行"图像/调整"中的"色相/饱和度"命令，将饱和度设定为76，其他数值为0。

（3）勾出钢笔字文字路径。创建一个1500×300像素、分辨率为72像素/英寸、RGB颜色模式、8位、黑色背景的新图像。使用"自由钢笔工具"勾出"love SH"文字路径，再次点击"自由钢笔工具"停止勾路径的操作。使用"移动工具"将图片L4-15-3.jpg拖进新图像，调整大小。新建图层2，单击"涂抹工具"，设置35像素、硬边圆画笔、强度90%；单击"切换画笔面板"，设置角度30、圆度100，勾选"对所有图层取样"，如图4-2-60所示。

▲ 图4-2-60　图层取样

（4）制作彩虹3D文字。保持图层2处于选中状态，单击"钢笔工具"，在"love SH"文字路径上右击,选择"描边路径",选择"涂抹"工具,勾选"模拟压力",点击"确定",将L4-15-3.jpg隐藏,然后合并3个图层。用"魔棒工具"选中黑色背景,然后反选出"love SH"文字,将其拖进图片L4-15-1.jpg中,如图4-2-58样张所示。最后,将文件保存为LJG4-15-1.jpg。

例 4-2-13

利用滤镜库中的艺术效果、纹理效果,以及快速选择工具、图层混合模式,制作水墨画效果图,如图4-2-61所示。

(1) 将天空色换成白色,并复制、去色。打开配套素材中的L4-16-1.jpg,使用"快速选择工具",将天空颜色去除,并填充为白色。用〈Ctrl〉+〈J〉快捷键复制出图层1,用〈Shift〉+〈Ctrl〉+〈U〉快捷键给图层1去色。右击图层1,选择"转换为智能对象"。

▲ 图4-2-61 样张

(2) 设置干画笔滤镜效果。保持图层1处于选中状态,执行"滤镜/滤镜库/艺术效果/干画笔"选项命令,设置画笔大小为4、画笔细节为10、纹理为2,单击"确定",如图4-2-62所示。

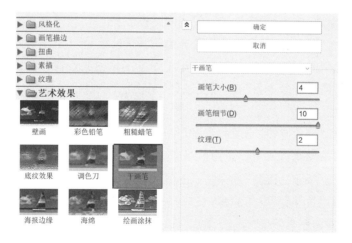

▲ 图4-2-62 干画笔设置

(3) 设置绘画涂抹滤镜效果。保持图层1处于选中状态,执行"滤镜/滤镜库/艺术效果/绘画涂抹"选项命令,设置画笔大小为5、锐化程度为0,单击"确定"。

(4) 设置纹理化滤镜效果。执行"滤镜/滤镜库/纹理/纹理化"选项命令,设置纹理为画布、缩放为88%、凸现为10。

(5) 变换图片,设置混合模式。将图片L4-16-2.jpg拖进图片L4-16-1.jpg中,按〈Ctrl〉+〈T〉快捷键,对图层2进行自由变换,适当调整其大小和位置,并将图层2的图层混合模式设为颜色加深,如图4-2-61样张所示。最后,将文件保存为LJG4-16-1.jpg。

（1）大一暑假期间，小杨在一家影楼实习，负责修图。他认为，一张好看的照片能给人留下美好的回忆，甚至会带来不一样的机遇。影楼处理的照片主要有大学生证件照和婚纱照。如果你是小杨，你将如何运用所学的 PS 知识帮大学生处理证件照？为了使婚纱照的画面更具美感，更能突出人物的优点，让新人满意，你将运用哪些滤镜效果来处理婚纱照？找一张婚纱照原图，尝试对其进行美化。

（2）使用图像处理软件，选择一张照片，要求对人像进行美颜处理，包括去除皮肤瑕疵（如痘痘、黑眼圈）、美白肤色、调整面部轮廓（如瘦脸、大眼）等，同时要保持照片的自然感。

PS 图像处理中的其他技术

阴影/高光：利用"阴影/高光"选项命令，可以调整图像中过暗或过亮的区域，或者调整照片中过度曝光或曝光不足的对比度，在逆光或强光下保持图像的颜色均衡。操作步骤：执行"图像/调整"中的"阴影/高光"菜单命令，打开"阴影/高光"对话框，设置相应参数，单击"确定"按钮，关闭对话框。

渐变映射："渐变映射"选项命令首先会把图像转换为灰度，然后用设置的渐变色来映射图像中的各级灰度，从而制作出特殊的图像效果。操作步骤：选择"图像/调整/渐变映射"菜单命令，打开"渐变映射"对话框，设置相应参数，单击"确定"按钮，关闭对话框。

照片滤镜："照片滤镜"选项命令是利用冷色调与暖色调对图像颜色实施调整，从而模仿照相机的滤镜效果。用户可以通过选择不同颜色的滤镜来调整图像的颜色。此外，该命令还允许用户选择预设的颜色对图像进行颜色调整。操作步骤：选择"图像/调整/照片滤镜"菜单命令，在打开的"照片滤镜"对话框中，选择要使用的滤镜或颜色，并调整其浓度，单击"确定"按钮，关闭对话框，即可调整图像效果。

4.3

声音、动画与视频

当看到手机里面或精彩或搞笑的新媒体作品时,我们常常会欲罢不能,并好奇这些视频是如何创作出来的。QuestMobile(国内的移动互联网商业智能服务平台)报告显示,截至 2023 年 9 月,抖音、快手、小红书、哔哩哔哩、微博等五大新媒体平台的活跃用户规模已达到 10.88 亿。在这一庞大的用户群体中,既有新媒体作品的消费者、传播者,也有新媒体作品的创作者。在基于大模型的人工智能新技术的加持下,更多的用户创作出了丰富多彩的新媒体作品。你是不是也跃跃欲试,想创作自己的个性作品?下面就让我们来学习新媒体的相关知识以及工具软件的使用方法。

✤ 4.3.1 数字化声音

1. 音频采样、量化与编码

声音是物体振动产生的机械波,原始形式是连续的模拟量。由于计算机处理的都是离散数字信号,因而需要将采集到的模拟声波信号数字化。最常见的模/数转换方式就是脉冲编码调制(Pulse Code Modulation,PCM),它主要包括三个过程:采样、量化、编码。

(1) 采样

采样是指将模拟信号按照采样率依次提取相应时间点上的数值,从而在时间维度上实现信号抽样离散的过程。采样率越高,采样后得到的离散样值就越能复现原来的模拟量,但同时也会导致数据量庞大。按照奈奎斯特-香农(Nyquist-Shannon)采样定律,若希望采样后得到的离散信号不失真地完全恢复原始模拟信号,其采样率至少要达到模拟信号中最高频率的两倍。由于人耳可以听到的声波频率范围是 20 赫兹(Hz)—20 千赫(kHz),考虑到各种失真因素要留有一定余量,因此,44.1 kHz 的音频采样率就是一种常见的、接近无损的声音采样频率。

（2）量化

一般来说，经采样得到的离散样值，还需要采用"四舍五入"的方法将样值分级"取整"，这一过程称为量化。量化精度是每个采样值被数字化时的精度，通常用比特数（bit）来衡量，如 16 位、24 位等。量化精度越高，声音的动态范围和细节表现就越好。

（3）编码

将量化的采样信号变换成二进制码的过程称为编码。经过 PCM 编码过程得到的数字化声音信号就是 PCM 音频数据。在 PCM 编码的过程中，主要用 3 个参数来表现 PCM 音频数据：采样频率、量化精度以及声道数。其中，声道数就是声音录制时的音源数量或回放时相应的扬声器数量，不同的声道数配置可提供不同的听觉体验，从单声道到多声道，声道的增加使得音频效果更加立体和丰富，为听众带来更加逼真的听觉享受。

2. 音频信号压缩

对于转换后的数字化声音信号，可以采用公式"采样频率×量化精度×声道数×声音持续时间（秒）/8"来计算储存声音信号所需的空间，单位为字节。比如，使用采样率 44.1 kHz，量化精度 16 bit，双声道，录制一段 1 分钟的音乐，其所需空间大小为：

$$44.1\,\mathrm{kHz} \times 1\,000 \times 16\,\mathrm{bit} \times 2 \times 60/8/1\,024/1\,024 = 10.09\,\mathrm{M}$$

可见，数字化后的声音信号需要较多的存储空间，因此有必要采用压缩算法，尽可能减少占用的空间，以提高计算机的效率。声音、影像等数字媒体的数据压缩方法主要包括无损压缩和有损压缩两大类。

无损压缩包括游程编码、霍夫曼编码、算术编码等，它们主要是利用数据冗余进行压缩。比如，对于连续重复的数据，只需记录重复的次数和数据值，以减少数据量，如可将 00001111 记为 4 个 0 和 4 个 1 等。这类压缩方法的特点是压缩后的数据可以完全恢复，但压缩比相对较低，一般为 2∶1 到 5∶1。

有损压缩主要分为变换编码和预测编码两种。其中，变换编码又分为离散余弦变换（Discrete Cosine Transform，DCT）和离散小波变换（Discrete Wavelet Transform，DWT）。DCT 常用于图像和音频压缩，它将数据从时域转换到频域，然后对高频部分进行更大幅度的压缩；DWT 在图像处理中能更好地保留边缘和细节信息。预测编码利用图像或音频相邻数据之间的相关性进行预测，只编码预测值与实际值的差值。由于人耳对某些频率范围的声音不敏感，在音频压缩过程中，利用心理声学模型识别并去除这些不敏感的频率成分，可实现较大的压缩比，同时保持较高的音频质量。这一技术在音频存储、传输和数字音频处理等领域具有重要意义。

在选择压缩方法时，应根据数据的特点、应用需求和对质量损失的容忍度来综合考虑。在录制音乐专辑时，需要选择高采样率和量化精度，并使用无损编码格式，如 FLAC、WAV 、APE 等，以保留最佳音质。而在网络音乐播放中，为了降低带宽压力，可能需要采用有损压缩的格式，如 WMA、MP3，并根据网络状况调整编码参数。在音乐文件格式中，最常见的是 MP3，它利用 MPEG Audio Layer 3 技术,将音乐以 1∶10 甚至 1∶12 的压缩比进行压缩,从而大幅度地降低了音频的数据量,同时保持相对较好的音质,特别适用于移动设备的存储和使用。

3. 音频常用处理软件

Adobe Audition 是 Adobe 公司出品的一款专业音频编辑软件,适用于 Windows 和 Mac 系统。它具备强大的音频处理功能,包括多轨录音和混音、音频修复、降噪、特效添加、精确剪辑、声音合成、频谱分析等。用户可以利用软件丰富的预设和效果来对音频进行美化和修饰,功能非常强大。其他常用的计算机音频处理软件有 Audacity、WavePad、风云音频处理大师等;手机端软件有剪映、快影、喜马拉雅云剪辑、全民 K 歌等。这些声音处理软件各具特色,可以根据自己的需求和技能水平选择合适的软件。

4. AI 在语音处理中的应用

在语音处理方面,最有代表性的技术是语音合成和语音识别。近年来,AI 技术在语音处理领域得到广泛应用,使得语音合成和语音识别的质量有了显著提高。

(1) 语音合成

语音合成,又称文语转换(Text-to-Speech,TTS),涉及声学、语言学、数字信号处理、计算机科学等多个学科技术。语音合成与传统的声音回放设备(如录音机)有着本质的区别,其目标是将任意文本转换为具有高自然度的语音,从而真正实现让机器"像人一样开口说话"。

实际上,文语转换系统可以被视为一个人工智能系统。为了让机器拥有自然、富有情感且高表现力的声音,不仅需要依赖各种规则,包括语义学规则、词汇规则、语音学规则,还必须让机器具备对文字内容的深入理解能力,而这正是自然语言处理领域中的难题。

从合成技术的发展历史来看,表现力、音质、复杂度和自然度一直是该技术领域追求的目标。早期的合成技术主要采用参数合成方法和波形拼接合成方法,这些方法存在很多不足,合成的语音很难体现出情感特征,如在韵律表现上不够灵活、声调变化上相对死板等。而如今,基于深度学习的语音合成技术已经成为主流,它能够生成更加接近自然人的语音。

(2) 语音识别

语音识别,也称自动语音识别(Automatic Speech Recognition,ASR),是通过语音信号处理和模式识别,让机器自动识别和理解人类口述的语言或文字的技术,需要在分析语音信号的频率、声调、语速、语调等特征的基础上,进一步进行声学建模、语言模型构建,以及语音与自然语言之间的对齐、解码等技术处理,最终输出具有理解性的文本结果。

近年来,AI 技术的迅猛发展极大地促进了语音识别技术的快速发展。2012 年,谷歌在其语音识别平台上引入深度神经网络,这是语音识别技术发展的一个重要转折点。通过使用大量现有音频文件数据对系统进行训练,机器能够自动学习到语音信号的深层次特征。相比传统的统计模型,谷歌的语音识别平台具有更强的表达能力和泛化能力,大大提高了语音识别的准确率。随后研究人员还提出了各种改进的神经网络架构,这些架构在语音信号的特征提取和序列建模方面具有独特的优势,进一步提高了语音识别的性能。

AI 技术还促进了语音识别与其他模态信息的融合，如唇语识别、手势识别等。多模态信息的融合可以为语音识别提供更多的上下文信息，提高识别的准确率和可靠性。例如，在嘈杂的环境中，结合唇语信息就可以辅助语音识别，更好地理解说话者的意图。

总的来说，语音合成与识别技术已经越来越成熟，应用场景也越来越广泛。

✤ 4.3.2 动画与视频

1. 计算机动画原理

在元宵节期间，人们时常能观赏到传统的走马灯工艺。在灯内点燃蜡烛后，其散发的热量促使气流上升，进而带动轮轴缓缓转动。轮轴上附着的精美剪纸，在烛光的映照下，其影子会投射在屏幕上，形成生动的动态影像。这一奇妙现象正是巧妙运用了人眼的视觉暂留原理。所谓视觉暂留是指当人所看到的影像消失后，眼睛仍能在 0.1—0.4 秒的时间内继续保留该图像。动画便是基于这一原理制作的，即通过计算机生成动画的关键帧和中间过渡帧，然后以每秒一定的帧数（如 24 帧/秒）依次播放这些画面。当相邻画面之间的变化足够平滑和连贯时，人眼就会感知到连续的动作。影视作品播放的原理也是一样的。

2. 计算机视频技术

计算机视频技术主要包括视频压缩编码技术、视频编辑技术、视频分析技术和虚拟现实技术等。

（1）视频压缩编码技术

视频文件包含了大量的图像信息和音频信息，因此这类文件的大小往往达到数百兆字节，甚至数十千兆字节。视频压缩的目的就是通过降低视频文件的体积来提高传输速度和存储效率。常见的视频压缩编码算法包括 MPEG（Moving Picture Experts Group，运动图像专家组）、H.264 等。MPEG 通过减少运动图像中的冗余信息来达到高压缩比的目的，是一种有损压缩方法，可以实现高质量视频的传输和播放。H.264 是一种更加先进的视频压缩算法，能够提供更高的压缩比和更好的视频质量，因此在移动视频传输和互联网视频等方面得到了广泛应用。

问题研讨

H.264 作为一种先进的视频编码技术，具有高效、高质量、强容错性和广泛适应性等特点，已成为当前视频传输和存储领域的主流标准之一。请上网查询相关信息，分析 H.264 是如何解决视频冗余压缩问题的。

（2）视频编辑技术

利用视频编辑软件可以进行剪辑、加字幕、特效处理等操作，从而使视频更具观赏性和艺术效果。比较专业的视频编辑软件有 Adobe Premiere Pro、Final Cut Pro、DaVinci Resolve 等。比较适合初学者和家庭用户使用的视频编辑软件有会声会影、轻剪、剪映、快影等,这类软件界面简洁,操作相对容易,且有丰富的模板,被广泛应用于微视频、家庭影视剪辑等领域。

(3) 视频分析技术

视频分析技术是通过计算机算法对视频进行智能分析的技术,包括内容识别、目标检测、行为分析等,在安防监控、智能交通等领域有广泛应用。

(4) 虚拟现实技术

虚拟现实技术是一种集成了计算机图形技术、感知技术和交互技术的综合性技术,能够在计算机中生成一个虚拟的三维环境,用户可与之进行交互。通过实现在虚拟现实环境中的视频播放、实时渲染和图像合成等,为用户带来身临其境的沉浸式体验。

3. 视频文件常用格式

视频文件常用的格式包括 MP4、AVI、MKV、MOV、FLV、3GP 等。这些格式各有特点,适用于不同的使用场景。

① MP4:是一种广泛使用的视频文件格式,支持多种编解码器,如 H. 264、H. 265 等,具有良好的兼容性和较高的压缩比,因此被广泛应用于各种设备和平台,如智能手机、平板电脑、台式电脑以及在线视频平台等。

② AVI:英文全称为 Audio Video Interleaved,即音频视频交错格式,是微软公司于 1992 年 11 月推出的一种多媒体容器格式。AVI 格式支持多种不同的编解码器,允许将音频和视频数据交错存储,以便同步播放。它具有较好的兼容性,但文件体积相对较大,不太适合在网络上进行高效传输。

③ MKV:支持多种不同的编解码器,并且具有良好的灵活性和可扩展性,可以包含各种不同类型的音频、视频和字幕流,同时还支持章节、菜单等功能,常用于高清视频的存储和播放。

④ MOV:即 QuickTime 影片格式,是 Apple 公司开发的一种音频、视频文件格式。MOV 格式可以支持高质量的视频和音频编码,并且也支持一些高级的功能,如透明度、Alpha 通道等。

⑤ FLV:全称为 Flash Video,该格式的文件体积小、加载速度快,非常适合在网络上播放,在早期的网络视频平台中得到了广泛应用。

⑥ 3GP:一种 3G 流媒体的视频编码格式,是手机中常见的视频格式。3GP 格式的文件相对较小,适合在移动设备上进行存储和传输,并且能够在较低的带宽条件下实现视频的流畅播放。

4. AI 在视频制作中的应用

AI 技术在动画视频制作的前期策划和创意阶段、拍摄阶段、后期制作阶段等全过程均发挥了重要作用。

概念设计和灵感激发:利用 AI 技术,可以生成各种风格的角色概念草图、场景氛围图等，从而帮助创作者将灵感快速可视化，拓展思路。

智能拍摄辅助：AI可以自动识别场景、主体、光线等，优化拍摄参数设置，具有自动跟焦、自动构图等功能，从而帮助创作者捕捉更好的画面。此外，AI还可以生成逼真的特效，如火焰、水流、烟雾等自然元素。

视频剪辑与合成：AI可以进行视频降噪、色彩校正、锐化等操作，以提高视频质量。AI不仅能够深入分析视频内容，智能识别精彩镜头，还能对视频中出现的人物、物品等元素进行标注与分类。AI能够从多个视频源中高效提取关键元素（如人物、场景、特效等），随后利用智能算法迅速进行视频剪辑与合成工作。此外，AI还能自动为视频添加过渡效果、音乐和文字，从而提升视频制作的效率与质量。

总之，AI技术的应用必将对动画、视频行业带来革命性的变革。2024年3月6日，完全由AI制作的开创性长篇电影 *Our T2 Remake* 在美国洛杉矶放映。它由50位AI领域艺术家借助多种AI技术分段创作完成，它的出现展示了AI在影视制作领域的可能性和应用潜力。

❖ 4.3.3 视频的编辑

剪映是一款功能全面的视频编辑软件，支持在手机移动端（iOS、Android）、Pad端、Mac电脑以及Windows电脑上使用。剪映分为普通版和专业版，普通版更适合手机等移动端用户使用，而专业版则提供了更为强大的功能和素材库，主要面向电脑端用户使用。剪映不仅支持基本的剪辑功能，如剪切、裁剪、分割、删除等，还提供了丰富的动画效果，让视频作品更具吸引力和表现力。此外，剪映还提供了音频处理、文本与贴纸、滤镜与特效、多视频轨/音频轨编辑等功能。剪映利用AI技术为创作赋能，可实现如智能踩点、语音识别等功能，从而极大地提高了用户的创作效率。剪映凭借其简单易用、功能全面、素材丰富、高质量输出、智能功能等优点，在视频剪辑软件市场中获得了广泛的认可。

例 4 - 3 - 1

利用剪映的智能写文案功能生成"上海的早晨"方案，并自动生成视频。

（1）打开剪映专业版，进入欢迎界面，单击"图文成片"按钮，如图4-3-1所示。

（2）单击左上角的"自由编辑文案"按钮（如图4-3-2所示），再单击左下角的"智能写文案"按钮，选择"自定义输入"，输入文字"上海的早晨"，单击右侧的箭头即可生成文字（如图4-3-3所示）。AI会自动

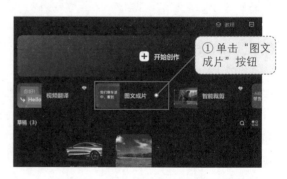

▲ 图4-3-1 剪映专业版欢迎界面

生成3个文案，选择其中较为满意的一个文案，单击"确认"按钮（如图4-3-4所示）。如果对生成的文案都不满意，可单击"重新生成"。此外，还可以自行尝试美食教程、营销广告、旅行攻略等其他智能写文案功能，并生成视频。

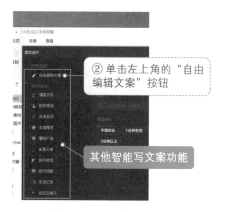

▲ 图 4-3-2 自由编辑文案

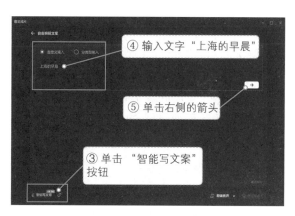

▲ 图 4-3-3 智能写文案

▲ 图 4-3-4 自动生成文案

▲ 图 4-3-5 智能匹配素材生成视频

（3）单击右下角的"声音选择"按钮，选择合适的声音，单击"生成视频"按钮[①]，选择"智能匹配素材"（如图 4-3-5 所示），剪映会自动生成视频，同时进入视频编辑界面。

（4）单击右上角的"关闭"按钮，回到欢迎界面，生成的视频会自动保存在剪辑草稿区[②]。使用鼠标指向该草稿，然后单击右键，在弹出的快捷菜单中选择"重命名"命令，将草稿命名为 LJG4-17-1，如图 4-3-6 所示。

▲ 图 4-3-6 欢迎界面草稿区域

---

① 说明：剪映的部分素材和功能需要开通会员方可使用，选择时需要注意，以免影响文件导出。

② 说明：登录剪映后，用户的所有创作数据，包括视频项目、草稿、素材等，均可保存在云端。此后，无论是在手机、平板还是电脑上使用剪映，只需登录相同的账号，即可继续访问并编辑项目。

剪映的编辑界面分"素材"面板、"播放器"面板、"时间线"面板和"功能"面板4个区域，如图4-3-7所示。"素材"面板主要是放置本地素材及剪映自带的线上素材。"播放器"面板可以预览导入的本地素材及库中的素材。"时间线"面板可以对素材进行基础的编辑操作。例如：将素材拖曳到时间线上，可以增加或替换素材；拖动素材两边的白色裁剪框可以对其进行裁剪；选中并拖动素材，可以调整其位置和轨道；选中素材，可以对其进行放大、缩小、移动和旋转等操作。"功能"面板可以设置各项参数，比如对视频进行精细化的编辑和调整，添加滤镜、转场、动画、字幕等效果。

▲ 图4-3-7 视频编辑界面

例4-3-2

▲ 图4-3-8 "功能"面板中的画面设置

通过调整"功能"面板、"素材"面板中的参数，对例4-3-1中的LJG4-17-1.mp4视频草稿进行编辑，导出制作完成的视频文件。

（1）打开剪映专业版，单击LJG4-17-1.mp4草稿，进入编辑界面。单击"素材"面板中的"导入"按钮可以导入本地素材，也可以直接使用素材库中的素材。在选定新素材后，可以将其添加到"时间线"上，替换原来不满意的片段。

（2）选中时间线上的素材，调整"功能"面板中的各项参数（如图4-3-8所示），可对画面与音频进行精细化的处理。

（3）切换至"功能"面板中的"动画"选项卡，为选中的素材添加动画、变速等效果（如图4-3-9所示）。

（4）单击"素材"面板上方的"贴纸"，添加贴纸、特效、转场等效果（如图4-3-10所示）；单击"滤镜"，打开滤镜库，为视频

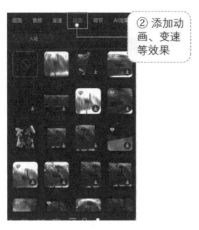

▲ 图 4 - 3 - 9 "功能"面板动画设置

▲ 图 4 - 3 - 10 "贴纸"设置

画面选择一个合适的滤镜(如图 4 - 3 - 11 所示);单击"调节",在"功能"面板中调整视频的色彩参数,可以将调节的参数保存为"预设",方便下次使用。

(5) 在编辑完成后,单击右上角的"导出"按钮(如图 4 - 3 - 12 所示),可在弹出的"导出"对话框中选择合适的视频分辨率、帧率等参数,确定保存位置,然后单击右下角的"导出"按钮开始渲染视频。渲染完成后,可以将视频发布到社交媒体平台。

▲ 图 4 - 3 - 11 "滤镜"设置

▲ 图 4 - 3 - 12 导出视频设置

例 4 - 3 - 3

在剪映中导入素材,利用识别歌词功能识别《荷塘月色》的歌词并自动添加字幕。

(1) 打开剪映专业版,单击"开始创作"按钮,进入项目编辑界面。单击"导入"按钮,导入配套素材中的 L4 - 19 - 1. mp3 和 L4 - 19 - 2. mp4(如图 4 - 3 - 13 所示),将音乐和视频拖曳至时间线上。

(2) 切换至素材面板中的"文本"选项卡,单击左侧的"识别歌词"按钮(如图 4 - 3 - 14 所示),系统自动开始识别歌词(需连接互联网);在识别成功后,时间线上会自动生成文字轨道,在预览面板中可以看到添加的歌词;仔细检查 AI 生成的歌词,如有错误,可手动修改。单击右上角的"导出"按钮导出影片,注意导出的格式和路径。

▲ 图4-3-13 导入素材　　　　　　　　　▲ 图4-3-14 识别歌词

例4-3-4

　　导入素材，利用剪映的朗诵、识别字幕功能，将文本转换为声音，为素材添加配音和字幕。

　　(1) 进入剪映专业版的项目编辑界面，单击"导入"按钮，导入配套素材中的 L4-20-1. mp4，并将其拖曳至时间线上；单击"素材"面板中的"文本"按钮，将"默认文本"添加至时间线上。将文字修改为 L4-20-2. txt 文本内容，设置文字的字号为 7 左右（如图4-3-15 所示）。

▲ 图4-3-15 文本添加与设置

　　(2) 切换至"功能"面板的"朗读"选项卡，选择合适的角色声音，单击右下角的"开始朗读"按钮（如图4-3-16所示）。此时，时间线上生成新的语音轨道，可以在"播放"面板试听该语音（如图4-3-17所示）。

　　(3) 切换至"素材"面板的"字幕"选项卡，选择"识别字幕"，单击右下角的"开始识别"按钮。待识别成功后，时间线上会自动添加文字轨道（如图4-3-18所示）；仔细检查 AI 生成的文本，如有错误，可进行修改。单击"导出"按钮，导出制作好的影片，注意导出的格式和路径。

▲ 图 4- 3- 16 设置朗读

▲ 图 4- 3- 17 生成语音轨道

▲ 图 4- 3- 18 识别、添加字幕

　　剪映可通过关键帧制作简单的动画。关键帧是指角色或物体在运动变化过程中的关键动作所处的那一画面。关键帧与关键帧之间的动画，可以由软件自动添加，称为过渡帧。关键帧图标在"功能"面板"画面"选项卡中"位置"的右侧（菱形图标）。当将鼠标置于关键帧图标的上方时，会提示"添加关键帧"操作。视频的每一帧都可以添加关键帧节点。

如果想要删除关键帧节点,可在关键帧标识处,再次单击对应的菱形关键帧图标,即可删除此处的关键帧。

例 4-3-5

导入素材,利用剪映的抠像功能去除画面背景,制作雏鸟振翅的关键帧动画,并添加"渐显"的文字动画效果。

(1) 进入剪映专业版的项目编辑界面,单击"导入"按钮,导入配套素材中的 L4-21-1. mp4 和 L4-21-2. gif。将两个素材文件分别拖曳至时间线上,选择鸟所在的轨道,拖动白色裁剪框,并将其时长拉伸至与背景轨道完全相同(如图 4-3-19 所示)。

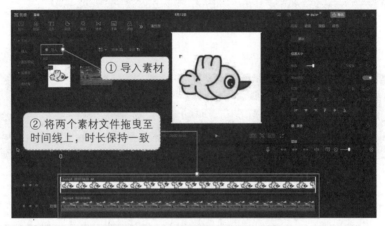

▲ 图 4-3-19　素材添加与时间线对齐

(2) 选中时间线上的鸟,选择"功能"面板"画面"中的"抠像"选项卡;选择"色度抠图",使用取色器选择背景中的白色,背景即可去除;适当缩小图片,将其放至画面的左下角(如图 4-3-20 所示)。

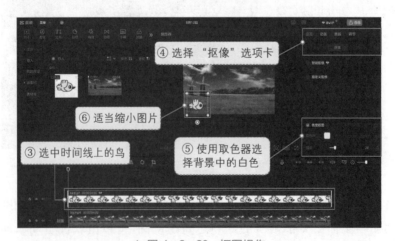

▲ 图 4-3-20　抠图操作

（3）将指针移至时间线的最左端，选中鸟，单击"位置"右侧的菱形关键帧图标，添加关键帧。此时，时间线的第 1 帧上会显示起始关键帧标识。将时间线指针移至下一个位置，再移动鸟的位置，时间线上会自动打上一个关键帧标识；多次重复此操作，即可实现鸟自左向右飞行的动画效果（如图 4－3－21 所示）。

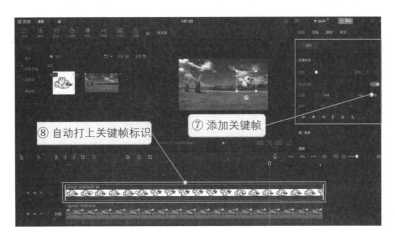

▲ 图 4－3－21 "关键帧"设置

（4）单击"文本"按钮，将"默认文本"添加至轨道上，并将其时长拉伸至与背景轨道完全相同。将文字修改为"雏鸟振翅"，根据需要设置文字的大小、颜色、预设样式等（如图 4－3－22 所示）。

▲ 图 4－3－22 文字设置

（5）将时间线指针指向第 1 帧，选中文字，在"功能"面板中将不透明度设置为 0。单击右侧对应的关键帧图标，此时，轨道中会显示起始关键帧标识；将指针指向下一个位置，将文字的不透明度设置为 100，轨道上会自动添加一个结束帧标识（如图 4－3－23 所示），这样一个渐显的文字动画效果就制作完成了。单击"导出"按钮导出影片,注意导出的格式和路径。

▲ 图4-3-23 文字动画制作

例4-3-6

导入素材,利用剪映中的蒙版、关键帧等功能,制作卷轴动画效果。

(1)进入剪映专业版的项目编辑界面,导入配套素材中的L4-22-1.jpg和L4-22-2.png,将背景和卷轴素材拖曳至时间线上。单击"播放器"面板右下角的"比例"按钮,选择"自定义",在弹出的"草稿设置"面板中将舞台尺寸设置为2 600×750(如图4-3-24所示)。

▲ 图4-3-24 设置舞台尺寸

(2)再次将卷轴素材拖曳至时间线上,将两个卷轴并列放至画面右侧(如图4-3-25所示)。

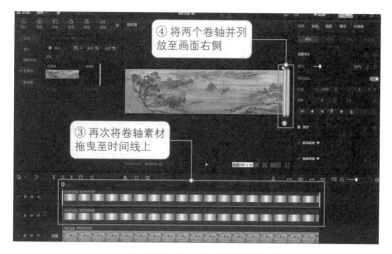

▲ 图 4 - 3 - 25　设置卷轴

（3）选中第 2 个卷轴，将时间线指针指向第 1 帧，单击关键帧图标添加关键帧，第 1 帧上会显示起始关键帧标识；将时间线指针指向最后 1 帧，将卷轴移至画面的最左侧，此时，时间线上会自动标记一个关键帧标识（如图 4 - 3 - 26 所示）。

▲ 图 4 - 3 - 26　设计卷轴关键帧

（4）将时间线指针指向第 1 帧，单击"文本"按钮，将"默认文本"添加至时间线上，并将其时长拉伸至与背景轨道完全相同。将素材 L4 - 22 - 3. txt 中的文字复制到"功能"面板的"文本"中，将对齐方式设置为竖排居中，调整文字的大小、颜色、字间距、行间距等参数（如图 4 - 3 - 27 所示）。

（5）选中背景轨道，选择"功能"面板，单击"画面"中"蒙版"选项卡，选择"矩形"按钮，调整预览窗口中的蒙版矩形大小，使其覆盖右侧的两个卷轴；单击右上角的菱形关键帧图标，

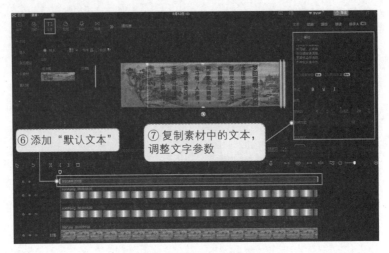

▲ 图4-3-27 文字设置

添加关键帧（如图4-3-28所示）；将时间线指针指向最后1帧，将蒙版矩形拉伸至整个背景界面。

▲ 图4-3-28 蒙版设置

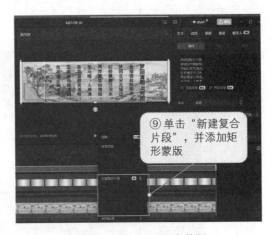

▲ 图4-3-29 文字蒙版

（6）选择文字轨道，右击鼠标，在快捷菜单中单击"新建复合片段"，然后为文字轨道加上与背景轨道相同的矩形蒙版，让文字与背景画面同步显示（如图4-3-29所示）。单击"导出"按钮导出影片，注意导出的格式和路径。

拓展阅读

剪映在线教程学习路径

（1）打开剪映专业版，单击欢迎页面右上角的"教程"按钮（如图4-3-30所示），进入"剪映创作课堂"进行在线学习，如图4-3-31所示。

▲ 图4-3-30 剪映欢迎界面　　　　▲ 图4-3-31 "剪映创作课堂"学习界面

　　(2) 单击欢迎页面中的"开始创作"按钮,进入剪映的视频编辑界面,单击"菜单/帮助/帮助中心",如图4-3-32所示;进入"新手入门百宝箱"进行在线学习,如图4-3-33所示。

▲ 图4-3-32 "帮助中心"菜单　　　▲ 图4-3-33 "新手入门百宝箱"学习界面

主题4　综合练习

4.4

综合练习

❖ 一、单选题

1. 在 WPS 文字（　　）区域中，可通过拖动滑块来调整文档窗口的显示比例。

    A. 标尺　　　　　　　B. 选中栏　　　　　　C. 状态栏　　　　　　D. 滚动条

2. 若要在 WPS 文字中快速选择整篇文档，可以使用（　　）快捷键。

    A. 〈Ctrl〉+〈N〉　　　　　　　　　　B. 〈Ctrl〉+〈S〉

    C. 〈Ctrl〉+〈A〉　　　　　　　　　　D. 〈Ctrl〉+〈P〉

3. 在 WPS 文字中，为段落添加底纹的方法是（　　）。

    A. 使用"字体"对话框　　　　　　　B. 使用"段落"对话框

    C. 使用"边框和底纹"对话框　　　　　D. 使用"绘图工具"

4. 在 WPS 文字中，插入分页符的快捷键是（　　）。

    A. 〈Ctrl〉+〈Enter〉　　　　　　　　B. 〈Shift〉+〈Enter〉

    C. 〈Alt〉+〈Enter〉　　　　　　　　D. 〈Ctrl〉+〈P〉

5. 在 WPS 文字中，要选定一行文本，下列操作正确的是（　　）。

    A. 双击该行文本中的任意位置　　　　B. 在该行左侧的选中栏单击

    C. 使用〈Ctrl〉+〈A〉组合键　　　　D. 使用〈Ctrl〉+〈W〉组合键

6. 在 WPS 文字或者 Word 中，若要在长篇文档中快速定位到特定标题，可以使用（　　）功能。

    A. 查找和替换　　　B. 导航窗格　　　C. 样式设置　　　D. 大纲视图

7. 在自动生成目录时，WPS 文字默认能提取（　　）级别的标题作为目录项。

    A. 1—2　　　　　　B. 1—3　　　　　　C. 1—4　　　　　　D. 1—5

8. 在文档中，每页末尾的注释称为（　　）。

    A. 尾注　　　　　　B. 脚注　　　　　　C. 注释　　　　　　D. 批注

9. 当需要对文档中的图片进行编号，且要确保编号随图片数量或位置的变化自动更新时，可以使用（　　）功能。

    A. 交叉引用　　　　B. 样式设置　　　　C. 题注　　　　　　D. 目录

10. 在使用邮件合并功能时，通常可以将包含不变内容的主文档与（　　）文件结合使用。

    A. 程序　　　　　　B. 数据源　　　　　C. 图片　　　　　　D. 演示

11. 思维导图主要用于（　　）。

A. 编程代码调试   B. 复杂数学计算

C. 辅助记忆与思维整理   D. 图像处理与编辑

12. 以下叙述正确的是（   ）。

A. 图形属于图像，是计算机绘制的画面

B. 纸质照片经扫描仪输入计算机后，可以得到由像素组成的图像

C. 纸质照片经摄像机输入计算机后，可转换成由像素组成的图形

D. 图像经数字压缩处理后可得到图形

13. 以下叙述错误的是（   ）。

A. 位图图像由数字阵列信息组成，阵列中的各项数字用来描述构成图像的各个像素点的位置和颜色等信息

B. 矢量图文件中所记录的指令，用于描述构成该图形的所有图元的位置、形状、大小和维数等信息

C. 矢量图不会因为放大而产生马赛克现象

D. 将位图图像放大显示时，其像素的数量会相应增加

14. 以下叙述正确的是（   ）。

A. 位图是用一组指令集合来描述图片内容的

B. 图像分辨率为 800×600，表示垂直方向有 800 个像素，水平方向有 600 个像素

C. 表示图像的色彩位数越少，同样大小的图像所占用的存储空间越小

D. 彩色图像的质量是由图像的分辨率决定的

15. 以下不属于扫描仪应用领域的是（   ）。

A. 扫描图像   B. 光学字符识别（OCR）

C. 生成任意物体的 3D 模型   D. 图像处理

16. 在下列文件格式中，不属于数字图像文件格式的是（   ）。

A. WAV   B. PCX   C. TIF   D. BMP

17. 以下不属于计算机图像识别技术的是（   ）。

A. 用数学模型将图像轮廓提取出来   B. 人工用文字对图像进行标注

C. 机器学习后自动分类   D. 用数据模型将图像颜色提取出来

18. 以下属于图像识别与检索关键技术的是（   ）。

A. 数据压缩   B. 特征提取   C. 文字标注   D. 色彩提取

19. 在 Photoshop 的套索工具组中，不包含（   ）。

A. 套索工具   B. 磁性套索工具

C. 矩形套索工具   D. 多边形套索工具

20. 脉冲编码调制（PCM）不包括（   ）过程。

A. 采样   B. 量化   C. 编码   D. 压缩

21. 按奈奎斯特-香农采样定律，至少要以模拟信号最高频率（   ）的采样率对模拟信号进行均匀采样，才能不失真地完全恢复原始模拟信号。

A. 1 倍   B. 2 倍   C. 3 倍   D. 4 倍

22. 使用采样率 44.1 kHz，量化精度 16 bit，双声道，录制 1 分钟的音乐，其所需的空间大小为（　　　）。

    A. 10.09 B   B. 10.09 KB   C. 10.09 MB   D. 10.09 GB

23. 在音乐文件格式中，最常见的格式为（　　　）。

    A. MP1   B. MP2   C. MP3   D. MP4

24. 为了保证流畅、逼真的视觉效果，影视作品一般采用（　　　）帧/秒的播放速度。

    A. 1   B. 6   C. 12   D. 24

❖ 二、是非题

（　　）1. WPS 文字中的状态栏位于文档的底部，可以通过右击状态栏来打开"自定义状态栏"菜单，自行定义状态栏的显示内容。

（　　）2. 在 WPS 文字中，撤销和恢复操作只能针对最近一次保存文档之前的操作。

（　　）3. 在插入项目符号和编号时，可以通过单击"项目符号"和"编号"按钮来打开对应的库，并自定义项目符号和编号。

（　　）4. WPS 文字的剪贴板功能允许用户复制多个对象到剪贴板，并通过剪贴板任务窗格进行管理和粘贴。

（　　）5. 在 WPS 文字中，新建文档只能通过"文件"菜单中的"新建"命令来实现，而无法通过快捷键来完成。

（　　）6. 在 Word 或 WPS 文字的导航窗格中，可以直接对文档的标题进行升级、降级或插入新标题等操作。

（　　）7. 自动生成的目录只能在文档的最开始位置插入。

（　　）8. 脚注和尾注在文档中的位置是可以自定义的，如可以将脚注放置在页面的顶部。

（　　）9. 交叉引用功能主要用于文档中不同位置内容的相互引用，并能在内容位置变化时自动更新。

（　　）10. 在进行邮件合并时，数据源文件只能是 Word 文档格式，而不能是 Excel 或 Access 数据库格式。

（　　）11. 位图在任何尺寸下打印都能保持清晰，不会出现像素化现象。

（　　）12. 矢量图文件通常比相同分辨率的位图文件小。

（　　）13. 思维导图的主要目的是展示信息的层级结构和关系，帮助人们更好地理解和记忆复杂信息。

（　　）14. 在制作思维导图时，中心主题应该位于图的中央，并且是所有分支和子主题的起点。

（　　）15. 由于人耳可以听到的声波频率范围是 20 Hz—20 kHz，因此 20 kHz 是一种最常见的音频采样率。

（　　）16. 数字媒体数据的无损压缩和有损压缩之间的最大区别在于压缩比。

（　　）17. WAV 属于无损编码格式。

( )**18.** 语音合成与传统的声音回放设备(如录音机)都采用了相同的技术。

( )**19.** MPEG 格式通过减少运动图像中的冗余信息来实现高压缩比,是一种有损压缩方法。

( )**20.** 关键帧与过渡帧动画都可以由软件自动添加。

❖ 三、实践题

1. 打开配套素材中的 ZH4－1－1.docx 文件,按要求进行编辑和排版,将结果保存为 ZHJG4－1－1.docx 文件,最后结果如图 4－4－1 所示。

奥运辉煌诠释新时代中国精神

2024 巴黎奥运会上,**中**国体育代表团获得 40 金 27 银 24 铜,创造境外参赛最佳战绩。**中**国体育健儿以祖国至上、为国争光的赤子情怀,顽强拼搏、自强不息的必胜信念,团结协作、并肩作战的宝贵品质,自信乐观、热情友好的阳光气质,在竞技上、道德上、风格上都拿到了金牌,为祖国和人民赢得了荣誉。

祖国至上、为国争光。爱国主义是**中**国人民同心同德、自强不息的精神纽带。将祖国放心中、将责任扛肩上,"祖国至上""为国争光"的爱国主义信念,流淌在每一位**中**国健儿的血液中。

顽强拼搏、自强不息。奋力拼搏,方能摘取人生桂冠;自强不息,才能迎来成功的荣耀。奥运赛场,每一场比赛都是攻坚克难的硬仗,一次次绝地反击、一个个极限逆转,都展现出**中**国健儿迎难而上、遇强更强、敢于挑战的品质,是**中**国代表团最亮眼的精神底色。

团结协作、并肩作战。团结协作、相互支撑、并肩作战是奥运赛场的主旋律,更是**中**国人民宝贵的精神品质。集体项目最能体现团队凝聚力和协作力。花样游泳,双人跳台,乒乓球男、女团体,羽毛球双打,10 米气步枪混合团体,双人划艇,艺术体操集体全能等,有的需要齐心协力、步调一致,有的需要互相避让、腾挪空间。

自信乐观、热情友好。青年兴则国家兴,青年强则国家强。强大的祖国培养了新一代年轻运动员。在赛场上,他们一次次突破自我,超越极限。在镜头前,他们个性率真、落落大方。在他们身上,世界看到了新时代**中**国的样子。

▲ 图 4－4－1 样张

（1）设置各段落首行缩进 2 字符、1.5 倍行距，将第一段分成等宽的两栏，并添加分隔线。将正文中所有的"中国"二字的字体替换为楷体、加粗、四号、标准色（红色）。

（2）插入"奥斯汀"型页眉，内容为"新时代中国精神"，字体为微软雅黑、倾斜、五号、标准色（紫色）。

（3）在文档的最后插入素材 ZH4-1-2.jpg 图片，设置大小为 25%，居中，图片效果为"巧克力黄，11pt 发光，着色 2"发光变体。

2. 打开配套素材中的 ZH4-2-1.docx 文件，按要求进行编辑和排版，将结果保存为 ZHJG4-2-1.docx 文件，最后效果如图 4-4-2 所示。

（1）为文档添加可自动更新的目录。

（2）为文档中"汉语言文学（非师范）"标题下的"就业去向"添加脚注，内容为"在近五年的调查中，44% 的毕业生在国内升学；10% 的同学选择出国出境深造"。

（3）在文档的最后添加尾注，内容为"摘自华东师范大学官网 https://zsb.ecnu.edu.cn/zyts2/list.htm"。

▲ 图 4-4-2 样张（目录部分）

▲ 图 4-4-3 样张

3. 利用套索工具、快速选择工具、画笔描边、喷色描边以及滤镜库，制作凤凰古城撕纸艺术效果图，如图 4-4-3 所示。

（1）为图片 ZH4-3-1.jpg 新建图层 1，并填充白色，图层不透明度为 40%；使用套索工具在上方绘制撕纸轮廓，给图层添加蒙版；在蒙版图层上按住〈Alt〉键进入蒙版，执行"滤镜/滤镜库/画笔描边/喷色描边"选项命令，设置描边长度 20、颜色半径 18、描边方向为水平，确定后将不透明度调回 100%。

（2）选中图层 1，单击"fx"按钮，添加投影效果，设置黑色正片叠底，不透明度 32%、角度 64、距离 13 像素、扩展 6%、大小 18 像素。

（3）新建图层2,同步骤(1)、(2)制作图片下半部分的撕纸投影效果。

（4）在图层面板上用〈Shift〉键选中所有图层,单击鼠标右键选择"合并图层",用"魔棒工具"选择白色背景后反选,将凤凰古城图片拖进图片ZH4-3-2.jpg中,保持图片比例不变,按〈Ctrl〉+〈T〉快捷键将其适当放大。

（5）在图片底部用华文新魏、48点、黑色,输入文字"凤凰古城";在图片顶部输入文字"等一城烟雨,只为你。渡一世情缘,只和你。"文字参数为:华文新魏、100点、黑色,最后,将文件保存为ZHJG4-3-1.jpg。

4. 利用快速蒙版工具、大油彩蜡笔工具、文字蒙版工具、渐变工具和图层样式制作南京路夜景效果图,如图4-4-4所示。

▲ 图4-4-4 样张

（1）打开图片ZH4-4-1.jpg,在图层面板双击背景图层,将其修改为图层0。单击图层面板下方的"创建新图层"按钮,新建图层1,设置前景色为白色,将图层1填充为白色,并移到最下方。

（2）选择"画笔工具",单击"'画笔预设'选取器"对话框右上角的齿轮,选择"湿介质画笔",在画笔工具选项栏中,将笔触设置为大油彩蜡笔(63),大小为300像素。

（3）保持图层0处于活动状态,单击工具箱下方的"以快速蒙版模式编辑"按钮,用画笔在图层0上涂抹。单击工具箱下方的"以标准模式编辑"。

（4）保持选区不变,将前景色设为♯62b7d7(淡蓝色),背景色设为♯ffffff(白色),用前景色到背景色径向渐变工具,从图片左上角向右下角拉出淡蓝色至白色的渐变效果,取消选择状态。

（5）新建图层2,用"横排文字蒙版工具"输入文字"十里南京路　一个新世界",设置为华文新魏、72点;执行"编辑/描边"命令,设置3像素、♯62b7d7(淡蓝色)、外部描边。设置斜面浮雕效果为:枕状浮雕、平滑、深度100％、大小7像素、软化0像素、角度30、高度30。最后,将文件保存为ZHJG4-4-1.jpg。

5. 利用镜头光晕滤镜、渲染滤镜、渐变叠加图层样式等功能，制作镜框效果图，如图 4-4-5 所示。

▲ 图 4-4-5 样张

（1）为图片 ZH4-5-1.jpg 新建图层 1，使用"矩形选框工具"在图层 1 上建立矩形区用以制作镜框，用♯cdf9f7（蓝绿色）对选区进行填充。

（2）执行"滤镜/渲染/图片框"选项命令。图案参数为：欢乐藤饰、藤饰颜色为绿色、边距 6、大小 8、排列方式 8；花参数为：圆形、橙色（R＝255，G＝128，B＝0）、大小 20。设置斜面和浮雕效果，参数为：内斜面、平滑、深度 50％、大小 10 像素、软化 0 像素、角度 10、高度 20。

（3）使用"直排文字工具"输入文字"向阳而生"，参数为：隶书、180 点。对"向阳而生"使用"渐变叠加"图层样式，参数为：不透明度 90％、色谱渐变、样式为角度、角度为 10 度。

（4）选中背景图层，执行"滤镜/渲染/镜头光晕"选项命令，参数为：亮度 100％、电影镜头。最后，将文件保存为 ZHJG4-5-1.jpg。

主题 5

信息的展示

主题概要

　　展示信息是个人信息素养的核心能力之一。本主题在"中华文化节"的案例情境下探讨演示文稿、网页、自媒体平台(微信公众号)和 Markdown 四种信息展示工具的操作技巧和应用策略,从而引导学生负责任地使用和分享信息,提升有效整合和展示信息的能力。

学习目标

1. 能选择适宜的信息展示工具。

2. 掌握演示文稿的制作理念与操作方法。

3. 能有效解决实际问题,按照需求设计和制作演示文稿。

4. 理解网页制作的基本概念及网站结构,学会规划和建设网站。

5. 理解 HTML 语言与网页之间的关系。

6. 熟练掌握网页的文本与图片编辑操作。

7. 熟练掌握网页中多媒体对象的处理、超链接的设置、表单对象的处理以及利用表格进行网页布局等操作。

8. 理解微信公众号的基本概念、类型与运营策略。

9. 掌握微信公众号的注册和设置流程。

10. 掌握 Markdown 的基本语法,能够编写结构化文档。

11. 能够利用 Markdown 提高协作效率,有效解决实际问题。

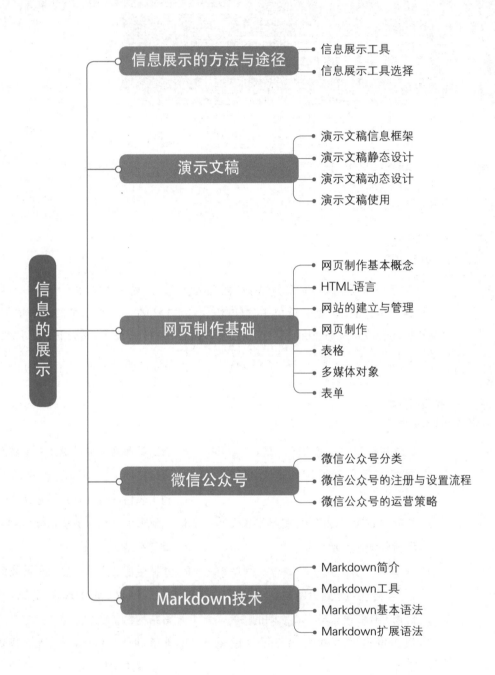

信息的展示

- 信息展示的方法与途径
  - 信息展示工具
  - 信息展示工具选择

- 演示文稿
  - 演示文稿信息框架
  - 演示文稿静态设计
  - 演示文稿动态设计
  - 演示文稿使用

- 网页制作基础
  - 网页制作基本概念
  - HTML语言
  - 网站的建立与管理
  - 网页制作
  - 表格
  - 多媒体对象
  - 表单

- 微信公众号
  - 微信公众号分类
  - 微信公众号的注册与设置流程
  - 微信公众号的运营策略

- Markdown技术
  - Markdown简介
  - Markdown工具
  - Markdown基本语法
  - Markdown扩展语法

5.1

信息展示的方法与途径

学校即将举办首届"中华文化节",作为学生社团联合会的一员,你被指派负责文化节的宣传工作。为确保活动能够吸引并服务广泛的学生群体,你会采用哪些工具和途径来完成这项任务呢?

❖ 5.1.1　信息展示工具

随着信息技术的迅猛发展,信息展示工具也日益呈现出多元化的趋势。目前,较为常用的信息展示工具主要包括演示文稿、网页、自媒体平台(微信公众号)和 Markdown。这四种各具特色的信息展示工具,拥有不同的优势及应用场景。

1. 演示文稿

演示文稿是以视觉为主的演讲辅助工具,最常见的制作软件是 WPS Presentation(金山演示)和 Microsoft PowerPoint(微软演示文稿)。演示文稿能够通过文本、表格、图片和动画等元素来增强信息传达的效果,具有较强的视觉冲击力和动态表现力,可以更加直观且逻辑清晰地表现演讲者的意图。演示文稿通常用于商业演示、教育讲座和项目汇报等场景。

2. 网页

网页是一种交互式信息展示工具,支持富文本信息自由布局。网页的交互形式丰富,可访问性强,能够充分满足用户的个性化使用需求。网页适用于展示复杂的信息结构,如可用于在线教育、电子商务等场景。

3. 自媒体平台(微信公众号)

自媒体平台是允许个人或组织创建、发布并分享自己创作的内容,与广大受众进行互动交流的网络媒介,如微信公众号、小红书等。这里以微信公众号为例,具体介绍自媒体平台的特点与功能。微信公众号是基于移动平台的信息发布工具。它能够通过图文、语音和视频等多种形式,为用户提供便捷的信息获取和交流渠道,通过订阅服务、留言、点赞、转发、直播等方式实现与用户的互动。鉴于移动设备的便携性和微信的社交属性，微信公众号被广泛应用于消息推送、分享推广、用户调研等场景。

4. Markdown

Markdown 是一种轻量级标记语言，其标记语法简单，易于编写和阅读。任何文本编辑器均可打开和编辑 Markdown 文档。如果使用专门的 Markdown 编辑器，则可以进一步提高编辑效率和文档质量。作为纯文本文件，Markdown 文档可以在不同的设备和操作系统之间传输，具有良好的移植性。同时，它还支持转换为多种其他格式，便于在不同平台和媒介上使用。Markdown 主要应用于技术文档编写、知识分享和在线协作等场景，尤其适用于需要频繁更新或多平台共享的内容处理。

❖ 5.1.2 信息展示工具选择

在选择信息展示工具时，需要综合考虑时空、受众和内容三个要素。多维考量对确保信息展示的整体效果和信息传达的有效性至关重要。

1. 时空

信息交流的双方是否处于同一时空，以及信息展示的时机与环境，都会影响信息展示工具的选择。例如，在学术会议的远程演讲场景中，为了有效弥补与听众之间的空间分离，演讲者可能需要采用录制视频、远程协作、开启弹幕等方式来增强信息传递的效果。此外，信息的时效性也是重要的考虑因素。例如，新闻和时政类的信息，除了要确保客观性和真实性外，还需迅速而广泛地传播。然而，也有一类信息需要在较长的时间跨度内逐渐积累和构建，才能得到广泛关注。例如，学术期刊中的信息，可能需要经过长期展示才能获得学术界的认可。

2. 受众

受众的满意度决定了他们对信息接受的持续度。受众的年龄、性别、教育背景、兴趣偏好、视觉偏好以及认知能力等多元特征均会影响其满意度。例如：年轻受众群体通常对社交媒体和移动应用表现出更高的接受度和使用频率；而年长受众则可能更适应传统媒体。教育水平较高的受众往往寻求专业、翔实的信息；而学龄前受众则需要更直观、简化的信息展示。主动型受众倾向于获得互动渠道，例如：可在线上教育平台为其提供讨论区和直播问答功能，确保他们能和教学对象进行充分的交流；而被动型受众则通常习惯单方面内化信息，例如：可以通过精心设计的故事叙述和引人入胜的视觉元素来为他们提供一个沉浸式的体验。

3. 内容

① 内容属性。信息展示的内容涵盖多样化的形式，在选择时需要进行充分的考量。信息的内容呈现方式主要包括文字、图像、声音、视频等。图文类信息适合呈现重点和细节，声音类信息适合表达情感、语气和节奏，视频类信息则更多的是展示动态变化的过程。

② 内容结构。内容展示的结构分为线性与非线性两种。线性结构适用于展示逻辑和时

序,如论证报告或者历史叙述。非线性结构的各信息点相对独立,因此常用于数据库查询和网络资源浏览,能够提供个性化的访问路径,允许用户自由探索。两种结构混合使用时,实际上是在考量内容深度与广度之间的平衡。具体而言,内容被分解为各个模块,模块内的深入挖掘展示内容的深度,而模块间的有机组合则展示内容的广度。

③ 内容生成。在信息展示的内容中,一些是在人们的讨论和交流互动中生成的;而另一些则可能是独立生成的,如预先录制的视频或预先编写的文本,这些内容更侧重于传递固定的信息。

例 5-1-1

为"中华文化节"活动中的特定情境选择合适的展示工具,将序号与理由填入表 5-1-1 中。
序号:①演示文稿;②网页;③微信公众号;④Markdown。

▼ 表 5-1-1 合适的信息展示方式

情境描述	序号	理由
活动预热		
"古韵今风"线上展览		
系列赛事进程		
实时更新的活动信息		

结合上述四类工具的特点,以及选择时需考虑的各项因素,可以按照以下思路选择合适的工具。

第一,由于预热活动是在会议室召开的,因此可以考虑运用演示文稿来辅助介绍活动的目的与组织方式等。演示文稿是典型的线性传播方式,其良好的时序性展示结构,能更有效地服务演讲者的讲述节奏和逻辑,更好地引导会场的流程与氛围。

第二,"古韵今风"线上展览的目标是长期展示大学的文化传承与创新成果。它既是学生的学习平台,又是校园文化传播和交流的宣展窗口。网页能集成文本、图像、音频和视频等多种媒介形式,可以全面立体、资源互联地展示信息,且易于访问、互动性强,是实现这一展示目的的理想工具。

第三,系列赛事进程对信息传播的即时性要求较高,因此,选择与便携移动设备高度适配的微信公众号作为信息发布工具更为合适。此外,微信公众号的社交网络特性能够促进信息的分享和传播,例如,可以在公众号上进行赛事活动直播,从而使无法到场的学生也能观看,这有助于维持活动的参与度。

第四,由于本次活动为首次举办,应当起到开创性和示范性作用,因此,需要撰写大量规范文档以确保活动顺利进行。与此同时,为保持活动的时效性和透明度,活动信息或新闻需要频繁更新。这些工作均需要多人高效协作才能得以完成,为此,可以选择 Markdown 作为该任务的工具。Markdown 文件语法简洁、易于上手、便于修订,且能够在不同环境下调用,非技术人员也能对其进行编辑,这有助于节省信息整合和发布的时间,提高工作效率。

此外,多模态传播理论指出,信息传递是一个多感官、多渠道的过程,因此,在信息展示时,可以考虑各工具之间的功能互补,从而充分发挥每种工具的优势。多样化的信息呈现能够显著提升信息传递的有效性和覆盖面。

实践探究

人工智能的发展正重塑信息展示领域,对演示文稿、网页、微信公众号和Markdown 工具均有影响。例如,AI 可以简化演示文稿的设计布局操作;能够便捷地分析用户行为,优化网页内容和结构;可以在微信公众号内实现个性化推送和智能回复,提升响应和互动质量;可以在 Markdown 中实现智能化编辑和检查。请利用AI 工具,完成以下任务。

(1) 在保障信息安全和用户隐私的前提下,利用 AI 工具探究如何通过信息展示工具收集和利用用户数据,以为用户提供个性化的内容和服务。

(2) 在演示文稿与网页中,都可以添加导航条,请比较两者的功能定位。

(3) 查看官方媒体发布的上海书展、中国香港首届"中华文化节"等活动的有关信息,探讨其展示的方式与方法,交流可供借鉴之处。

(4) 安装信息展示相关软件,为后续学习做好准备。

(5) 以"国际大学生人工智能创新挑战赛"为背景,为特定情境选择合适的信息展示方式。

序号(可多选):①演示文稿;②网页;③微信公众号;④Markdown。

▼ 表5-1-2 合适的信息展示方式

情境描述	序号	理由
工作人员招新与培训		
学者及行业专家讲座		
工作坊活动		
AI 资讯与行业洞见		
赛事介绍、参赛指南、学术分享、AI资源链接等信息汇总		
历届赛事作品展		
赛事结果实时报道		
多语种工作手册		
参赛作品技术规范说明		

5.2

演示文稿

问题导入

　　学生社团联合会计划在大一迎新会上推广首届"中华文化节",演讲主题初定为"中国传统文化校园寻"。学生社团联合会的未央负责演示文稿的制作,请你为她提供一些制作建议。

✦ 5.2.1　演示文稿信息框架

1. 演示文稿信息展示定位

　　在工作与学习的众多场景中,如课题答辩、工作汇报、立项报告、培训演讲、岗位竞聘、公司宣发、同行对比等,都需要设计与制作演示文稿作品。此外,如海报、名片、手机 H5 页面等内容的展示,也可以考虑利用演示文稿来作为呈现工具。因此,演示文稿已成为信息展示的重要工具。

　　在设计与制作演示文稿时,需要进行以下工作:一是目标群体分析,即从观众的角度去设计文稿的逻辑,根据不同类型观众的关注点去梳理信息的内容框架。二是文稿结构设计,即将逻辑思路整理成文稿框架,将大纲与幻灯片标题进行对应,精炼观点以确保标题正确、简洁。三是文稿美化制作,即在服务于逻辑的前提下,构思合适的形式以表达页面主题,提升信息的可视化效果,帮助观众直观、快速地接收信息。

　　此外,在设计演示文稿的信息框架时,还需要弄清"两个关系"。一是演示文稿与演讲者的关系。演讲者是信息传递的主导者,他们通过自身的表现、表达与观众建立联系。演示文稿是演讲者的辅助工具,能够帮助演讲者更有效地引导观众抓住演讲的要点,确保关键信息能够被清晰地表达和展示,便于观众接收和理解信息,从而认可演讲者的立论或是增强共情的力度。二是幻灯片与演示文稿的关系。演示文稿是多张幻灯片的集合。在制作幻灯片时,需要对每一页幻灯片进行清晰的定位,如这页是目录页或过渡页等;呈现的信息须围绕定位展开,并确保幻灯片内的信息组织和呈现层次分明,易读且有吸引力;确保信息的呈现与内容的整体逻辑架构高度切合,从而有效支持演讲者的论点和论据。只有对每一页幻灯片进行细致的考量和精心的设计，才能确保最终的演示文稿达到理想的信息展示效果。

2. AI 创建演示文稿大纲和初稿

大纲编写是演示文稿制作的第一步，决定了演讲的结构和逻辑。大纲编写的方式有很多种，如可以尝试借助大模型形成文字，然后以 Markdown 格式、Word 文档等形式导入演示文稿软件；也可以在演示文稿软件中与内嵌的 AI 工具助手互动，从而形成大纲内容。

例 5 - 2 - 1

利用 WPS 演示（WPS Presentation）软件中的 AI 工具助手，生成演示文稿大纲。

（1）在输入框中输入演示文稿的大纲需求，请 AI 响应并生成大纲，如图 5 - 2 - 1 所示。

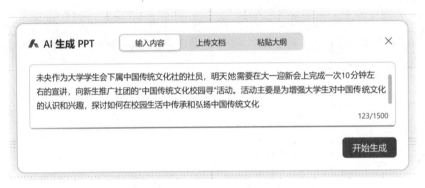

▲ 图 5 - 2 - 1 利用 WPS 演示生成大纲

（2）对 AI 生成的大纲进行修改，包括添加、删除内容，以及改变层级等，如图 5 - 2 - 2 所示。

▲ 图 5 - 2 - 2 对 AI 生成的大纲进行修改

（3）根据内容选择匹配度相对较高的模板，生成幻灯片，如图5-2-3所示。

▲ 图5-2-3 利用WPS演示模板创建幻灯片

除了WPS演示外，还有诸如Gamma（AI驱动的在线PPT制作工具）、讯飞智文、iSlides（有AI功能的插件）、Microsoft PowerPoint（微软幻灯片）、天工、AiPPT（爱设计出品的PPT制作工具，与Kimi智能助手合作）等应用，也提供了AI辅助的演示文稿制作工具，如图5-2-4所示。

▲ 图5-2-4 其他提供AI功能的演示文稿插件及在线平台

在选择系统默认的模板后，AI便可生成演示文稿。这时需要运用演示文稿编辑软件，对文稿进行精细化的修改，以使其更加贴合使用场景。以WPS演示为例，演示文稿软件的工作界面由菜单栏、功能区和编辑区组成。单击"视图"选项卡或者工作界面底部的不同视图按钮，可实现演示文稿在多种视图间的切换。在操作中，需要根据实际情况灵活切换不同视图，以便更为高效地完成制作工作。以下为演示文稿各类视图的效果及功能。

① 普通视图：这是最常用的编辑视图模式，也是演示文稿软件启动时的默认视图。左侧为浏览窗格，右侧为编辑窗格。通过拖动窗格分界线，可以调整编辑区域的大小。后续文中若没有特殊说明，则都是在普通视图下进行的操作。

② 大纲视图：编辑窗格与普通视图相似，但浏览窗格以大纲的形式呈现标题文本，主要

用于编辑幻灯片中的文字内容。

③ 幻灯片浏览视图：以缩略图形式展示幻灯片，便于从整体上浏览和组织多张幻灯片，如可进行移动、复制和删除幻灯片等操作，但不支持编辑幻灯片的内容，如图5-2-5所示。

④ 备注页视图：在页面上方显示幻灯片内容的缩略图，下方提供备注内容的占位符。备注可以理解为演讲者的提词器或笔记。在播放时，可以将其设置为放映幻灯片时仅演讲者自己可见。

⑤ 阅读视图：将演示文稿以窗口大小进行阅读和预览。

⑥ 幻灯片放映视图：全屏播放幻灯片的全部效果。

幻灯片浏览视图下查看由AI辅助生成的幻灯片全貌

▲ 图5-2-5 WPS演示浏览视图

3. AI分析素材并生成幻灯片

当需要在幻灯片中增加数据分析的内容时，可以尝试利用AI功能识别原幻灯片中的表格或图表素材，然后执行"表格AI生成单页"命令，AI会智能分析提供的素材，自动生成包含数据分析内容的新幻灯片。在此基础上，可以进一步借助AI工具对新幻灯片中的数据分析文本进行润色与改写，如图5-2-6、图5-2-7所示。

▲ 图5-2-6 AI分析表格与图表素材，并生成新幻灯片

选中文字，使用 AI润色（任选一种方式），将由 AI生成的文字替换原文

▲ 图5-2-7 对生成的新幻灯片内容进行智能分析与优化

例5-2-2

打开配套素材中由 AI 辅助生成的文稿 L5-3-1.pptx,利用 AI 润色其中的文字,设置隐藏幻灯片,并基于数据生成新的幻灯片。

（1）分别选中第四、五、六张幻灯片,分析其中的文字,利用 AI 对文字进行润色。

（2）在普通视图的左侧窗格中单击第四、五、六张幻灯片,依次使用"隐藏幻灯片"命令。然后,将这三张幻灯片移至窗格底部(即所有幻灯片的后面),这样既能确保随时调用这些幻灯片,又能在播放时避免它们被观众看到。

（3）打开配套素材中的 L5-3-2.xlsx,尝试基于文档中的表格与图表素材,使用 AI 功能生成新的数据分析幻灯片页面。

实践探究

尝试设计一个大学生创业路演演示文稿,主题与体育相关。与 AI 讨论受众需求,并利用 AI 辅助生成演示文稿大纲。然后,借助 AI 润色路演口号,作为演示文稿的封面标题。

拓展阅读

幻灯片的新增与管理

1. 新增幻灯片

点击"开始"选项卡中的"新建幻灯片"下拉菜单,其中有多种增加幻灯片的方法。

（1）从文字大纲导入:将文稿快速转换为多张无美化的幻灯片。

(2) 重用幻灯片：打开其他演示文稿，重用幻灯片窗格会列出该演示文稿中的所有幻灯片，选择列表中的幻灯片即可将其插入当前的演示文稿中。此方法适合多文档中幻灯片的调用。

2. 管理幻灯片

可以使用演示文稿中的"节"功能来组织管理幻灯片。通过对幻灯片进行标记并将其分为多个节，可以使演示文稿的结构层次更为清晰。操作方法为：在左侧窗格的幻灯片之间右击鼠标，选择"新增节"选项。

✤ 5.2.2 演示文稿静态设计

1. 幻灯片设计

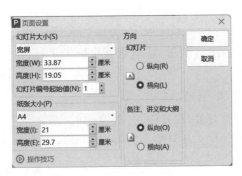

▲ 图 5-2-8 幻灯片尺寸设置

① 幻灯片尺寸设置。单击"设计"选项卡中的"幻灯片大小"命令，在"页面设置"对话框中输入参数，设置幻灯片大小，如图 5-2-8 所示。需要注意的是，在制作演示文稿初期便需根据播放设备的需求设置合理的尺寸，按照该尺寸准备素材并对其进行美化，避免不必要的返工。

② 文字设置。在设计幻灯片时，一张幻灯片中展示的信息不宜过多，列出标题和提纲文字即可，以便于观众提取关键信息。文字的设置要从字号、字体和样式等方面综合考量。

● 字号：标题字号须大于正文字号，且宜使用大字号，以吸引观众的注意力。正文字号应当确保坐在后排的观众能够看清。此外，字号变换可以产生对比感。

● 字体：选择的字体应便于观众阅读，文字颜色要与背景色形成对比，以突出文字显示。例如，学术报告类幻灯片的正文和标题文字建议采用微软雅黑、黑体等无衬线类字体。用户可以下载各种字体以丰富字库，但要注意该字体的版权问题。如果使用了自行下载的字体，则需要在保存文档时勾选"将字体嵌入文件"选项，以确保演示文稿在其他终端上能够正常显示，如图 5-2-9 所示。

● 样式：文字应按照层级清晰划分，并设

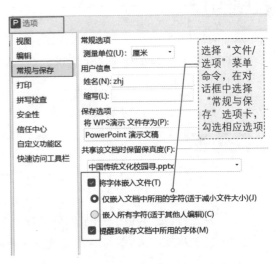

▲ 图 5-2-9 保存文稿时的字体选项

置适度的段落行距以增强可读性；同时，虽然文字可用作装饰元素，但需确保其风格与文稿主题紧密契合。

例5-2-3

设置"中国传统文化校园寻"演示文稿中的字体与样式。

（1）再次打开L5-3-1.pptx，为第二张幻灯片文字设置任意特殊字体，然后点击"文件/选项/常规与保存"，勾选"将字体嵌入文件"命令，以防出现文档在其他电脑打开时字体效果丢失的情况，如图5-2-9所示。

（2）单击第二张幻灯片中的文字，并进行适当的简化润色，然后选择快捷菜单中"一键速排"的第一种效果，调整部分文字的颜色，如图5-2-10所示。

▲ 图5-2-10 一键速排的设置方法及其效果

③ 图片和图标设计。图片应确保高清且紧密关联主题，同时能传达文字意境，感染观众情绪。WPS演示内嵌联机搜索功能，支持从互联网上获得图片（注意版权问题）。此外，复合形状、形状填充、文字云等方式也能增加信息呈现的丰富度。

例5-2-4

在"中国传统文化校园寻"演示文稿中增加图片与图标。

（1）打开L5-3-1.pptx文件，在"活动概览"幻灯片后新建幻灯片，增加"校园摄影展"的内容。单击"插入"选项卡中的"形状"，插入"矩形"作为幻灯片背景。单击"插入"选项卡中的"图片"，将L5-5-1.png、L5-5-2.png、L5-5-3.png三张荷花素材插入幻灯片。选中三张图片，单击"图片工具"动态选项卡中的"图片拼接/3张"，拼合图片。

微课视频

演示文稿图片与图标创意使用

（2）任意单击某张图片，单击"图片工具"动态选项卡中的"边框/图片边框"，在右侧窗格里选择合适的边框。

（3）单击"插入"选项卡中的"智能图形"，任意选择一种免费的类型。选中可以录入文字的形状，单击"绘图工具"动态选项卡中的"编辑形状/更改形状"，调整形状外观。输入"寻找大师的荷花"等文字。单击"插入"选项卡中的"图片"，插入L5-5-4.png，将图片移至幻灯片的左上角；复制这张图片并旋转方向，移至幻灯片的右下角，最终效果可参考图5-2-11。（注：此步骤也可以自行设计）

（4）新建幻灯片，增加"文化行走"内容。单击"插入"选项卡中的"形状/圆角矩形"，插入相应图形。单击"插入"选项卡中的"艺术字"，任意选择一种艺术字体，输入"文化行走"。按住〈Ctrl〉键，选中新增的图形和艺术字，单击"绘图工具"动态选项卡中的"合并形状/结合"，得到复合图形。

（5）在幻灯片中插入配套素材中的图片L5-5-5.png，选中图片，单击"图片工具"动态选项卡中的"下移/置于底层"，将该图片移至复合图形的下方。按住〈Ctrl〉键，先选中图片，再选中复合图形（注意点选顺序），然后单击"绘图工具"动态选项卡中的"合并形状/相交"，将图片嵌入复合图形中。

（6）单击"插入"选项卡中的"图标"命令，在"人像手势"或"动植物"类别中选择免费的图标并插入文档中，以丰富画面（也可以直接插入配套素材中的L5-5-6.png、L5-5-7.png、L5-5-8.png），如图5-2-12所示。

▲ 图5-2-11 校园摄影展　　　　　　　　▲ 图5-2-12 文化行走

④ 善用智能图形（SmartArt）。智能图形能把信息之间的抽象关系，如循环、层级、递进等，用风格统一、清晰直观的可视化方式呈现出来。SmartArt图形中的文字或图片替换过程非常简便，且替换后无须手动调整样式，因为SmartArt会自动保持一致的格式和布局。

⑤ 元素的布局与定位。在演示文稿中，对于层级相同的元素，通常应保持风格统一、细节一致，位置和大小符合其信息层级。如图5-2-13所示，幻灯片中的三张图片与三段文字等高、对齐且间隔均匀，呈现出紧密的并列关系，构图比例和谐，视觉效果上实现了对称与平衡，使整体看起来工整有序。如图5-2-14所示，图形之间有对比、分组、对齐等位置关系，能体现出对应内容关联的亲疏性以及内容的重要程度。

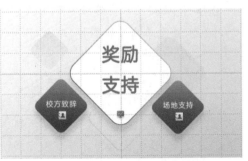

▲ 图5-2-13 信息层级呈现（1）　　　　　▲ 图5-2-14 信息层级呈现（2）

若需对元素进行精确定位,可以通过"视图"中的命令(如参考线、网格线)来实现。若需对齐图片,则可以借助于"图片工具"动态选项卡中的"对齐"命令。该命令提供了多种对齐方式,如左对齐、水平居中、右对齐等。

此外,Metro 风格表格、创意裁剪、蒙版、文字云、线条与虚化背景等也是常用的设计元素。善用这些元素可以装饰和丰富幻灯片效果,如图 5-2-15 至图 5-2-19 所示。

▲ 图 5-2-15 Merto 风格表格   ▲ 图 5-2-16 创意裁剪

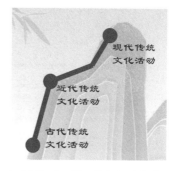

▲ 图 5-2-17 蒙版   ▲ 图 5-2-18 文字云   ▲ 图 5-2-19 线条与虚化背景

2. 演示文稿设计

(1) 演示文稿的类型

演示文稿可以辅助演讲者提升演讲和展示的说服力。演示文稿从功能上可以分为演讲型和阅读型两种。演讲型演示文稿常用于发布会、演说和工作会议等场合,主要作用是辅助演讲者进行演讲,侧重于对信息的展示,如手机厂商借助演示文稿在产品发布会上展示新品。阅读型多用于毕业答辩、培训、报告等场合,侧重于信息与逻辑的高密度呈现,如咨询公司利用演示文稿呈现行业分析报告。

(2) 演示文稿的设计

演示文稿的布局设计,按照图文关系可以分为全图流、文字流和图文流,如图 5-2-20 所示。

(a) 全图流　　　　　　　　　(b) 文字流　　　　　　　　　(c) 图文流

▲ 图 5 - 2 - 20　演示文稿布局设计常用风格

利用"设计"选项卡中的主题命令，可以全局统一演示文稿的版式、颜色、字体、效果及背景。

此外，还可以运用 AI 智能美化、对象美化等工具来实现单图排版、多图排版、纯文字排版和图文混排等多种排版效果，同时 AI 也可以智能推荐适配的图片。

例 5 - 2 - 5

美化"中国传统文化校园寻"中的幻灯片。

(1) 打开 L5 - 3 - 1. pptx 演示文稿，选择"'第一届'的重要性"幻灯片，单击侧面工具箱中的"美化"命令（如果没有该工具箱，可通过勾选"视图"选项卡中的"任务窗格"打开工具箱），更改布局效果，如图 5 - 2 - 21 所示。然后，借助 AI 工具增补一些文字内容。

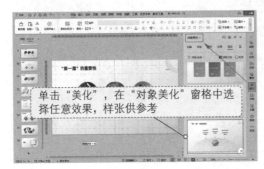
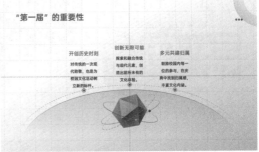

▲ 图 5 - 2 - 21　美化前后效果对比

(2) 选择"互动与联系方式"幻灯片，单击窗口下方的"智能美化"命令，更改页面布局效果，并适当调整文字内容，如图 5 - 2 - 22 所示。（注：软件中"智能美化"的内容可能会有变化，此步骤可自由选择效果）

▲ 图 5 - 2 - 22　智能美化命令调整前后

（3）单击"设计"选项卡中的"更多主题"，如图 5‐2‐23 所示。任意选择其中一种主题试用，查看效果后撤销本步操作，以体验主题替换的操作方法。

在选择主题后，可调整配色方案，统一字体，以实现更多的整体设计效果

▲ 图 5‐2‐23　设计选项卡

（3）演示文稿的母版

本质上，AI 的智能美化或主题功能主要是基于版式进行调整的。版式指的是在页面中通过预设的占位符来规划并限定后续添加素材的位置与格式。版式与演示文稿母版密切相关。

① 母版的作用。母版是特殊的幻灯片，一个演示文稿可以包含多个母版，每个母版可以拥有多个不同的版式，每张幻灯片都是基于版式创建的。普通页面的布局受版式的影响，而版式的排版则受母版的影响，母版、版式、页面之间呈现出一种依次递减的限制关系。

使用母版可以减少重复性工作，提高工作效率。幻灯片母版最基本的作用是批量添加幻灯片元素、页码和占位符。占位符可以实现元素的快速替换，如在替换占位符中的原有图片后，图片的大小、样式都与之前完全相同，无须再次设置。在制作幻灯片时，对于需要重复使用相同样式的内容，建议尽量少用直接插入的方式，而利用占位符来提高制作效率。演示文稿中不同的"节"，可以使用不同的母版与主题，节与节之间相对独立。

② 母版的类型。演示文稿中的母版主要有三种：幻灯片母版、讲义母版和备注母版。单击"视图"选项卡中的"幻灯片母版"，可打开母版视图，编辑母版的标题区、对象区、日期区、页脚区和数字区。这些区域都是占位符，通过对母版上的这些占位符进行格式设置，能够控制所有基于该母版创建的幻灯片中的标题、文本编号等格式，如图 5‐2‐24 所示。

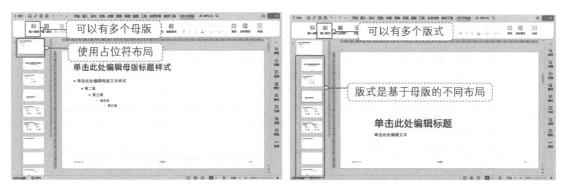

▲ 图 5‐2‐24　不同版式的幻灯片母版

③ 母版与版式的插入方式。单击"视图"选项卡中的"幻灯片母版"，进入幻灯片母版视图。单击"幻灯片母版"动态选项卡中的"插入母版"按钮，即可完成母版的插入。选中版式的插入位置，单击"幻灯片母版"动态选项卡中的"插入版式"按钮，即可在指定位置插入新版式。

④ 母版的设置方法。

● 字体的设置：进入幻灯片母版视图，单击"开始"选项卡"字体"组中的各个按钮来实现字体格式设置。

● 占位符的插入与设置：在"幻灯片母版"动态选项卡中，单击"插入占位符"下拉箭头，选择需要的占位符类型，即可在幻灯片窗格中的适当位置绘制占位符。拖动占位符边界上的控制点至适当大小，即可调整占位符的大小；拖动占位符边界至适当位置，即可移动占位符的位置。

例 5-2-6

设置"中国传统文化校园寻"演示文稿母版。

微课视频

演示文稿母版
使用与编辑

（1）打开配套素材中的 L5-7-1.dpt，单击"视图"选项卡中的"幻灯片母版"命令，在左侧窗格内复制第一个母版"office 主题 母版：由幻灯片 1—6 使用"。

（2）打开 L5-3-1.pptx 演示文稿，单击"视图"选项卡中的"幻灯片母版"命令，在左侧窗格内粘贴前面复制的母版。查看左侧窗格可以发现，目前有三种母版，然后删除原有的两种母版，点击"幻灯片母版"动态选项卡中的"关闭"命令。

（3）在普通视图下的左侧窗格中，右击第一张幻灯片，在快捷菜单中选择"版式/标题幻灯片"。右击"活动概览"幻灯片，在快捷菜单中选择"版式/节标题"。

（4）重新进入"活动概览"幻灯片的母版视图。单击"插入"选项卡中的"图标"命令，在"节日庆典"类别中选择一个图标并插入文档，然后复制该图标。

（5）切换到"仅标题"母版版式，粘贴该图标。右击图标，在快捷菜单中选择"设置对象格式"，在右侧窗格内设置"图片/透明度 75％"，复制图标，调整其大小和位置。切换到"末尾幻灯片"母版版式，继续粘贴图标，调整图标透明度及其大小和位置。单击"幻灯片母版"动态选项卡中"关闭"命令。在幻灯片浏览视图中查看设置后的效果，如图 5-2-25 所示。

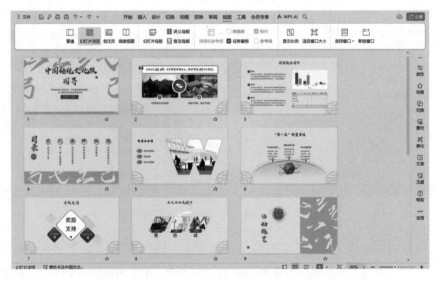

▲ 图 5-2-25 静态设计部分效果

（6）在普通视图下，选中"欢迎与介绍"幻灯片，右击鼠标，在快捷菜单中选择"版式/空白"命令，查看变化。

（1）宣讲时间是日落时分，场地为 150 人的大礼堂，投影幕布尺寸为 110 寸宽屏。基于以上情况，通过与 AI 交流来确定合适的演示文稿尺寸、基础色和字体等参数。

（2）打开配套素材中的 SJ5-1-1.txt 文档。基于"中国传统文化校园寻"演示文稿制作任务，并结合活动提示文档中的提示词（从中挑选一个活动即可），新建一页幻灯片，使其与原有文稿统一协调，且体现活动特色。然后，借助 AI 工具，对同学所设计的页面进行相互评析。

拓展阅读

页面配色

演示文稿中的主题提供了整套的设计方案，但当主题颜色不符合要求时，可以使用"设计"选项卡中的"配色方案"对主题颜色进行调整。在进行页面配色时，需要注意以下问题：一是优先选择易于识别的配色方案，以确保幻灯片上的内容能够清晰无误地被观众所看到。二是根据演示文稿的主题选择合适的基调色。例如，学术类、科技类文稿常以蓝色系为主色，教育、装修行业常使用绿色。当幻灯片中有多种颜色时，可以选择同一色系或者同一饱和度的颜色，以增加配色方案的整体感与和谐感。

AI 模板中的图片

在利用 AI 生成文稿时，模板中的配图来源各异。有些配图是通过文生图得到的，这类配图可以通过调整提示词来进行修改；而另一些配图则是图库里自带的，修改时依赖人工调整。

✤ 5.2.3　演示文稿动态设计

1. 调用并同步素材

在演示文稿中导入表格或图表等素材时，可以使用联动功能，以实现与源文件的同步更新。

例 5-2-7

▲ 图 5-2-26 素材同步

调整 L5-3-2.xlsx 文档中的数据，查看其对 L5-3-1.pptx 中相应数据的影响。

（1）（此步骤无须操作，L5-3-1.pptx 素材中已完成表格的粘贴，此处列出步骤仅供参考）打开配套素材中的 L5-3-2.xlsx，复制其中的数据透视表。选中 L5-3-1.pptx 中的幻灯片"前期数据调研"，单击"开始"选项卡中的"粘贴/选择性粘贴"，选择"粘贴链接"选项，如图 5-2-26 所示。

（2）修改 L5-3-2.xlsx 中的数据，更新数据透视表并保存文档。在幻灯片"前期数据调研"中查看数据表更新后的联动效果。

2. 音视频

演示文稿支持插入音频和视频，以强化幻灯片声情并茂的效果。此外，演示文稿具有屏幕录制功能，支持局部或者全屏录制，能够录制麦克风或者系统声音，如图 5-2-27 所示。录制完成后的文件可插入幻灯片，也支持另存为独立的视频文件。

▲ 图 5-2-27 屏幕录制

例如，在"中华文化节"预热活动中，若要演示报名的操作过程给大家看，便可以使用屏幕录制命令，将操作过程提前插入幻灯片中。

例 5-2-8

将"中国传统文化校园寻"中的图片替换为视频，并对其进行编辑。

（1）打开 L5-3-1.pptx 演示文稿，删除第二张幻灯片左侧的图片，单击"插入"选项卡中的"视频/嵌入视频"命令，选择配套素材中的 L5-9-1.mp4（无须压缩），调整视频框的大小，然后单击"图片工具"选项卡中的"下移/置于底层"命令，设置叠放顺序，完成将图片替换为视频的操作。

（2）选中这个视频，单击"视频工具"动态选项卡，勾选"循环播放，直到停止"，单击"开始"下拉框中的"自动"命令，设置视频的播放参数。单击"图形工具"动态选项卡中的"裁剪"，选择"心形"，裁剪视频外观。

3. 动画

演示文稿中的动画分为进入、强调、退出和动作路径四种类型。同一对象可以添加多个类型的动画,但在操作中应注意单击添加效果,而不是替换原有动画。

① 动画刷:用于复制动画效果。操作方法为:选中需要复制动画的对象,单击"动画"选项卡中的"动画刷",然后再单击新对象,即可复制动画效果(若要多次复制,可以双击"动画刷"按钮)。

② 动画窗格:查看幻灯片中各个对象的动画效果。操作方法为:单击"动画"选项卡中的"动画窗格"。窗口右边会出现"动画窗格"面板,这里能够显示各个对象的动画时间表,并允许用户控制动画的起始时间、播放时长以及延迟时间等参数。

③ 动画触发效果:指经过某种动作才会触发相应的动画效果。一个触发器可以同时触发多个动画,一个对象的不同动画也可以由不同触发器触发。

幻灯片的动画效果不可滥用。是否应用动画效果,主要取决于它是否有助于增强信息展现效果或烘托观众情绪。在运用动画效果时,应确保幻灯片上的文本、形状、声音、图像、图表以及其他对象所应用的动画均能服务于演讲者的展示和演讲目的。在某些场合下,演讲者若需要跳过动画播放,可以单击"放映"选项卡中的"放映设置",勾选"放映不加动画"选项即可,如图 5-2-28 所示。此外,若想要添加更为丰富和复杂的动画效果,可单击"动画"选项卡中的"智能动画"命令(或利用其他动画插件)来实现更多样化的效果。

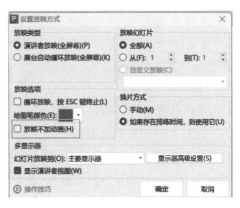

▲ 图 5-2-28 放映不加动画

为"中国传统文化校园寻"演示文稿添加动画效果。

▲ 图 5-2-29 动画伴随声音

(1) 打开 L5-3-1.pptx 演示文稿,选择幻灯片"欢迎与介绍",选中字母"W",单击"动画"选项卡,选择"进入"动画类型中的"字幕式",在"动画窗格"双击列表中的动画对象,在对话框中设置参数:将"开始"方式设置为"与上一动画同时",速度设置为"5 秒",声音设置为"鼓掌",如图 5-2-29 所示。选中幻灯片上的二维码图片,单击"动画"选项卡,选择动画列表中的"智能推荐/查看更多/轰然下落"动画(也可试用其他智能推荐的动画效果),将"开始"方式设置为"在上一动画之后",查看动画窗格中多个动画的播放顺序。

演示文稿动画设置

(2) 切换到"校园摄影展"幻灯片,选中之前做好的图片,单击"动画"选项卡,选择动画列表中的"智能推荐/查看更多/缩入"。打开"动画窗格",双击列表中的动画对象,在对话框中设置参数,加入触发效果,如图 5-2-30 所示。

▲ 图 5 - 2 - 30　"校园摄影展"动画

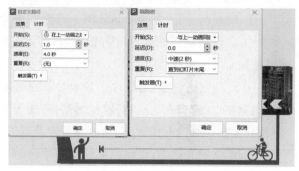

▲ 图 5 - 2 - 31　"文化行走"动画

（3）切换到幻灯片"文化行走"，选中骑车人图形，单击"动画"选项卡，选择"路径"动画中的"直线"类型，使骑车人移至招手人前方。点击招手人图形，增加"强调"动画类型中的"跷跷板"，设置参数如图 5 - 2 - 31 所示。

4. 切换

幻灯片的切换效果是指当一张幻灯片切换至另一张幻灯片时所呈现的画面变化过程，包括切换效果、切换速度、伴随声音和切换方式等功能设置。切换方式包括鼠标控制、时间控制等方式。运用鼠标控制换片，比较适合演讲者需要自己控制节奏的场合。

演示文稿软件版本不同，其切换效果和动画效果也会有一定差异。因此，在制作演示文稿时，建议优先采用那些被广泛支持且兼容性好的幻灯片切换效果和动画效果。若因特殊需求必须使用某特定切换效果，可考虑将该效果预先制作成视频文件，再插入幻灯片中以实现展示效果。

例 5 - 2 - 10

为幻灯片"中国传统文化校园寻"添加切换动画效果。

（1）打开 L5 - 3 - 1. pptx，选择第二张幻灯片。单击"切换"选项卡，选择列表组中的"淡出"效果，勾选"单击鼠标时换片"，单击"应用到全部"按钮。

（2）选择第一张幻灯片。单击"切换"选项卡，选择列表组中的"推出"效果，效果选项为向下，速度为 3 秒。在设置完成后，进入阅读视图查看完整的切换效果。

5. 超链接与动作

演示文稿通过应用超链接和动作效果，可以实现幻灯片之间、幻灯片到外部文件或程序、幻灯片到网络的跳转。在制作观众自行浏览的演示文稿时，超链接和动作按钮能更好地平衡观众的自主选择与引导观众按一定顺序浏览这两种需求。

① 超链接。选择要插入超链接的文本或对象，单击"插入"选项卡中的"超链接"，可以实现四类链接：原有文件或网页、本文档中的位置、电子邮件地址、链接附件。

② 动作按钮。选择要添加动作按钮的幻灯片，单击"插入"选项卡中的"形状/动作按

钮",选择按钮形状,并在幻灯片上拖动鼠标绘制动作按钮,然后在弹出的"动作设置"对话框中,通过"鼠标单击"选项卡或"鼠标移过"选项卡的设置,即可完成特定动作效果的设定。动作按钮可以作为触发动画的触发器使用。此外,还可以自定义动作按钮,即为任意绘制的形状添加动作设置,使其变成动作按钮。

例 5‒2‒11

为幻灯片"中国传统文化校园寻"添加超链接和动作。

(1) 打开 L5‒3‒1.pptx,选择第二张幻灯片右侧的图片。单击"插入"选项卡中的"超链接/文件或网页",选择配套素材中的 L5‒12‒1.pptx,单击对话框中的"屏幕提示"按钮,设置提示词为"传统文化与校园文化融合路径"。

(2) 选择"欢迎与介绍"幻灯片中的二维码图片。单击"插入"选项卡中的"超链接/文件或网页",输入网址"https://www.wjx.cn/vm/PYmggWv.aspx"。

(3) 进入"谢谢"幻灯片的母版,设置矩形框图形动作。单击"插入"选项卡中的"动作",添加鼠标单击时返回第一张幻灯片的动作效果。

> **实践探究**
>
> 结合演示文稿的动画、切换和动作等知识,与 AI 交流探讨动态创意设计,如书法笔触、扇子开合、舞狮跳跃、灯笼点亮、莲花盛开、竹简翻动等效果的实现方法,并尝试操作。

❖ 5.2.4 **演示文稿使用**

在正式播放演示文稿时,需依据不同场合及展示的具体需求,设置多样化的放映效果,具体可通过"放映"选项卡进行以下设置。

① 隐藏幻灯片:可以在不影响原文件的基础上,将不需要展示的幻灯片隐藏起来。这样相对删除幻灯片或者保存多个文件版本的操作方式来说更为简便。

② 自定义放映:自定义放映功能允许用户灵活选择文稿中的特定幻灯片,并根据个人需求自定义播放顺序,从而形成全新的放映流程与逻辑结构。

③ 排练计时:在进行演讲练习时,可以记录每张幻灯片的演示时间,帮助演讲者精准分配各张幻灯片所占时间,把控演讲速度。

演示文稿放映的场景主要有演讲、展示两类,有时也需要通过文件形式在移动端传播,为此,可以通过以下设置达到理想的效果。

① 配合演讲:"放映"选项卡中的"演讲者视图"能够显示当前幻灯片和下一张幻灯片的预览页面,同时还可呈现演讲者的备注内容与计时器。

② 配合展台:在"切换"选项卡中设置自动换片的时间,再联合"放映"选项卡中的"放映

设置/展台自动循环播放"命令,可实现自动播放功能,以适配展台的放映需求。此外,还可以通过导出视频的方式进行循环播放。

③ 配合移动端:通过将演示文稿导出为 PDF、单张图片或者长图的形式进行分享,可以降低对接收设备的软件环境要求。此方式便于将演示文稿分享到社交媒体平台,也便于在公共场所的数字屏幕上展示文稿。

问 题 研 讨

(1) 如何设置打印选项,以确保打印出来的材料包含备注页内容? 在宣讲时若担心忘词,应该如何处理?

(2) 在展示前若发现翻页笔没带,该怎么处理? 若想在文稿中更新显示演讲当天的日期与时间,该如何操作?

拓展阅读

演示文稿的协同编辑功能

WPS 演示支持多种分享与共享的协同工作方法。

云端使用:支持云服务,可在云端存储和编辑文档,实现跨设备的协作应用。

协作使用:支持多人实时编辑,并可查看每个参与协作者的操作记录,这有助于跟踪文档的编辑历史。在协作共享的状态下,WPS 演示的功能区会提供一些特殊功能,如支持插入投票、答题、问卷等交互模块,如图 5-2-32 所示。

▲ 图 5-2-32 协同共享状态下的交互模块

问 题 研 讨

(1) 尝试用 AI 了解演示文稿常用的信息分析模型,如 SWOT、波士顿矩阵分析、波特五力分析、SCP 分析等,分析各模型适合的演示文稿可视化呈现方式。

（2）与 AI 交流，了解更多的工具集网站以及演示文稿制作软件。

实践探究

大学有服务社区的使命，请以此为主题制作演示文稿，具体要求如表 5-2-1
所示。

▼ 表 5-2-1　合适的信息展示方式

考查点	考查要求	自评
主题明确	紧扣命题要求	
内容结构	包含高质量的多种元素形式	
动画效果	富有创意	
信息图表	包括图表、时间线、数据等	
互动环节	观众参与情况	
叙述流畅	流畅自然，逻辑清晰	
创意表达	具有独特的视角或表现形式	
演讲技巧	能够清晰、自信地表达文稿	

5.3

网页制作基础

❖ 5.3.1　网页制作基本概念

在学习制作网页之前，首先应了解一些网页与网站的基本知识，知道常用的网页制作工具，熟悉网站开发的工作流程。下面将介绍与网页制作相关的常用术语、网站建设的流程和网页的基本元素。

1. 常用术语

（1）网站

网站由具有共同主题、性质相关的一组文档构成，是网页的有机结合体，即网页的集合。一台计算机中可以存放多个网站，每个网站都具有一个特定的地址，浏览者可依据地址找到所要浏览的网站。

（2）网页

网页是使用 HTML 语言编写的文本文件。网页里可以包含文字、表格、图像、链接、声音和视频等元素。每个网页都是磁盘上的一个文件，可以单独浏览。网页文件的扩展名通常为 .htm、.html、.shtml 和 .xml 等。

（3）主页

主页也称为首页，它是一个单独的网页，是浏览者浏览一个网站的起点。浏览者可以通过主页链接到网站的其他网页。

(4) HTML

网页用超文本标记语言 HTML 表示。HTML 是一种规范和标准,通过标记符(Tag)标记网页的各个组成部分。在网页中嵌入标记符,可以指导浏览器如何显示网页中的各种元素。浏览器会按照顺序读取和解析网页文件(HTML 文件)。此外,用记事本软件打开网页文件,也可看到 HTML 代码。

(5) CSS

CSS 是 Cascading Style Sheets(层叠样式表单)的缩写,它是一种用来表现 HTML 或 XML 等样式的语言。简单地说,样式就是规则,告诉浏览器如何展示特定的内容。利用 CSS 可以设置网页中每个对象的显示方式,如字体、颜色、对齐方式等。

(6) 网页编辑器

网页编辑器是指设计和编辑网页的应用软件,通常分为文本编辑器和所见即所得编辑器两大类。

文本编辑器可用于直接输入 HTML 标记语言来制作网页。制作人员可以利用任何一种文字处理软件来编辑文档(如 Windows 中的"记事本")。这种编辑方式对制作人员的要求比较高,需要熟练掌握 HTML 语言才能完成网页的制作。

所见即所得编辑器的出现使得制作网页的门槛降低很多,同时,也使网页制作的效率得以提高。用户通过拖曳鼠标即可制作网页。该类编辑器可以根据用户的设置内容自动生成相应的 HTML 代码,且能够实时显示当前的制作结果,让用户能够直观地看到最终成果,如 Dreamweaver 等。

2. 网站建设的流程

网站建设一般遵循以下流程,如图 5-3-1 所示。

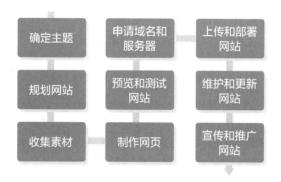

▲ 图 5-3-1 网站建设的流程

3. 网页的基本元素

网页是一个纯文本文件。通过 HTML、CSS 等脚本语言可对网页的页面元素进行标识,然后由浏览器解析并展示网页内容。网页的基本元素有文本、图像、超链接、表格、表单、多媒体对象等。

（1）文本

网页的主体是文本。在制作网页时，可以根据需要设置文本的字体、字号、颜色以及所需要的其他格式。

（2）图像

图像可以用作标题、网站标志（logo）、网页背景、链接按钮、导航栏、网页主图等。网页中使用较多的图像文件格式是 JPEG 和 GIF。

（3）超链接

超链接是从一个网页指向另一个目的端的地址。该链接既可以指向本地网站的另一个网页或文件，也可以指向其他网站的网页或文件。

（4）表格

网页中的表格可用于网页页面布局，从而使网页中的文字、图像等信息在指定的位置进行展示。

（5）表单

表单通常用于收集信息或实现一些交互式的效果。表单的主要功能是接收浏览器端的输入信息，然后将这些信息发送到服务器端进行后台处理。

（6）多媒体对象

网页中除了文本，还包含动画、声音、视频等多媒体元素，以及悬停按钮、Java 控制、ActiveX 控件等，从而使网页具有更丰富的信息传递效果。

例 5-3-1

规划"中华传统文化"学生社团网站。

利用文心一言（文心大模型 3.5）生成网站规划文案。如向 AI 提问：作为高校学生社团"中华传统文化"社的一员，拟为社团建立一个宣传网站，应该如何规划该网站？AI 将给出一份详细的规划方案，如图 5-3-2 所示，详见配

微课视频

规划"中华传统文化"学生社团网站

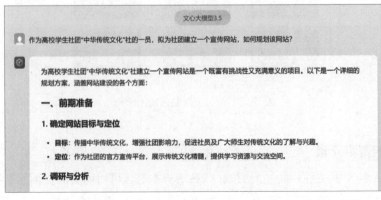

▲ 图 5-3-2　网站规划方案截图（部分）

套素材中的 L5 - 13 - 1. txt。

此外,还需要了解该网站的建设愿景,即:"中华传统文化"社团宣传网站的建设,将是社团传承与弘扬中华优秀传统文化的重要举措。我们相信,通过全体社员的共同努力,这个网站将成为连接过去与未来的桥梁,让更多人感受到传统文化的魅力与力量,共同书写中华传统文化的新篇章!

✤ 5.3.2 HTML 语言

1. HTML 的基本概念

HTML 是超文本标记语言,它是构建 Web 网页最基本的开发语言之一,支持在各种操作平台上使用。HTML 网页是通过 HTML 语言编写的,这种语言具备不区分大小写的特性,且不需要进行编译,直接由浏览器解析并执行。

HTML 文件是一个纯文本文件。一般而言,HTML 标记被一对尖括号"〈 〉"括起来,书写格式为:〈标记〉显示内容〈/标记〉。标记内一般包含元素、属性及属性值等,如图 5 - 3 - 3 所示。

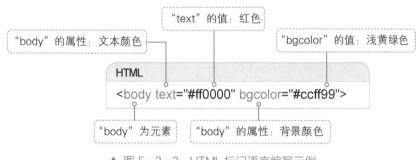

▲ 图 5 - 3 - 3 HTML 标记语言编写示例

元素和属性之间以空格分隔,属性与属性值之间用等号相连,属性值一般用双引号括起来。标记可以不带属性,也可以有多个属性,如有多个属性则用空格分隔。大部分标记是成对出现的,如〈head〉〈/head〉;也有部分标记是单独使用的,如〈meta〉等;还有些标记既可单独使用,也可成对使用,如〈p〉或〈p〉〈/p〉。所有的 HTML 标记均必须置于〈html〉和〈/html〉之间。所有的字母和符号均须在英文半角模式下输入。

HTML 网页文件可采用文本编辑器来编辑,如 Windows 自带的记事本等,保存时的扩展名为.htm 或.html;也可以用专用的网页开发工具,如 Dreamweaver 等进行编写。

2. HTML 网页的基本结构

每一个 HTML 网页文件均以〈html〉开始,以〈/html〉结束。〈html〉和〈/html〉是成对出现的,所有的文本和命令都必须在它们之间。网页文件一般由文件头(HEAD)和文件体(BODY)两部分组成。

〈head〉是网页的文件头标记，通常紧跟在〈html〉标记之后，〈head〉与〈/head〉之间的文本是网页的序言，一般不在浏览器中显示。〈title〉和〈/title〉之间的内容是网页的标题，浏览时将显示在浏览器的标题栏上。一个好的标题应当能让浏览者从中判断出这个网页的大致内容。

〈body〉是网页的文件体标记，是网页的主要组成部分。〈body〉和〈/body〉之间的内容是网页显示的主体内容。利用〈body〉标记中的一些属性还可以对整个网页文件进行基本的设置，如"bgcolor"属性用于指定文档的背景颜色，"text"属性用于指定文档中文本的颜色等。

例 5 - 3 - 2

新建标题为"中华传统文化"的网页，网页的内容为"中华传统文化"文本。

在网页中显示"中华传统文化"文本

（1）新建一个记事本文件，将其命名为"网页.html"。

（2）在该文件中输入如图 5 - 3 - 4 所示的代码。

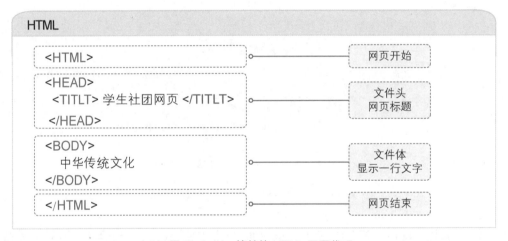

▲ 图 5 - 3 - 4　简单的 HTML 网页代码

（3）保存并关闭该文件，然后使用浏览器查看效果，如图 5 - 3 - 5 所示。

▲ 图 5 - 3 - 5　网页显示效果

✤ 5.3.3 网站的建立与管理

1. 网站的文件夹管理

一个网站不仅包含网页文件,还包含图像、文本、动画、音视频等文件。因此,需要通过建立网站站点来对网站内的网页文件与相关的文件(包括图像、文本等)进行统一管理。一个网站中可能包含很多不同类型的文件,为了便于管理和更新,在新建站点之前,我们需要先规划一下网站结构。

一般来说,一个站点就是一个大的文件夹,称为站点根文件夹。在站点根文件夹下,应构建一个合理的文件结构来存放所有与该网站相关的文件。通常,对站点文件的规划有如下两种方法。

① 按照文件的类型进行规划:将所有的网页素材(包含图像、文本等)、插件、模板等分别存放在各自的文件夹下,以便使用和查找。例如:将文本素材存放在名为"TXT"的文件夹中,将图像素材存放在"images"文件夹中,将音视频文件存放在"media"文件夹中,等等。

② 按照网页主题进行规划:将网站文件存放于其所属栏目的文件夹中。网站会有很多个栏目,如综合性网站会有新闻、体育、娱乐、财经等栏目,那么,可在站点根文件夹下建立相应栏目的文件夹,将文件分门别类地存放,便于日后更高效地管理。

2. 站点的创建与管理

下面将基于 Dreamweaver 软件,介绍站点的创建与管理方法。

(1) Dreamweaver 简介

Dreamweaver 是 Adobe 公司开发的网页设计软件。该软件提供了可视化的网页开发环境,具有"所见即所得"的功能,是网页设计领域中使用者较多、应用较广且功能较强大的一款应用软件。Dreamweaver[①] 的工作窗口主要由菜单栏、文档工具栏、文档窗口、浮动面板等组成,如图 5-3-6 所示。软件的整体布局显得紧凑、合理、高效,这为设计和制作网页提供了便利。

(2) 站点创建

在 Dreamweaver 中,可通过"站点/新建站点"菜单命令创建网站。在弹出的"站点设置对象"窗口中可设置"站点名称"和"本地站点文件夹",单击"保存"按钮即可创建一个新的站点。

(3) 站点管理

在 Dreamweaver 中,可对已经建立的站点进行管理。例如:可对指定站点进行编辑、删除、复制、导出等操作,也可在多个站点间进行切换。

---

① 注:本教材使用 Dreamweaver CC 2018 版本进行介绍,截图均使用"浅色(Light)"主题。

▲ 图5-3-6　Dreamweaver 工作窗口

例 5-3-3

　　根据"中华传统文化"学生社团网站的规划，利用 Dreamweaver 创建网站站点，要求站点中包含 images、TXT 两个文件夹以及 index. html 网页文件。

　　（1）在 C 盘上新建一个文件夹，将其命名为"学生社团网站"。

　　（2）在 Dreamweaver 中执行"站点/新建站点"菜单命令。在弹出的"站点设置对象"窗口中设置参数，如图5-3-7所示。

微课视频

创建学生社团
网站站点

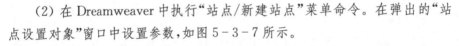

您可以在此处为 Dreamweaver 站点选择本地文件夹和名称。

站点名称：　"中华传统文化"学生社团网站

本地站点文件夹：　C:\学生社团网站\

▲ 图5-3-7　站点设置

　　（3）在 Dreamweaver 的"文件"面板中，选择新建的站点，在该站点中新建两个文件夹，分别命名为 images、TXT。然后，再次选择新建的站点，在该站点中新建一个网页文件，命名为 index. html，如图5-3-8所示。此时，电脑硬盘中也会建立相应的文件夹和文件。

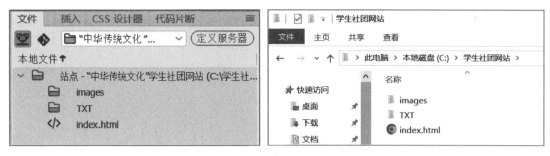

▲ 图 5-3-8　站点结构

✤ 5.3.4　网页制作

1. 网页的创建和保存

（1）网页的创建

在 Dreamweaver 中，创建网页文件的方法有两种：①在网站站点中新建扩展名为 .html 的文件，即可创建一个网页文件。②执行"文件/新建"菜单命令，在弹出的"新建文档"对话框中选择新建文档类型为"HTML"，单击"创建"按钮，即可完成网页的创建。

（2）网页的保存

保存网页文件的方法有两种：①执行"文件/保存"菜单命令，如该文件是第一次保存，会弹出"另存为"对话框，设置路径、文件名和保存类型等，单击"保存"按钮，即可完成网页的保存。一般默认的保存路径是当前站点所指向的文件夹，即站点文件夹，默认的扩展名为 .html。如该文件非第一次保存，则在执行菜单命令后，会直接保存网页内容，不再弹出对话框。②使用快捷键〈Ctrl〉＋〈S〉进行保存。

需要说明的是，如当前网页有内容被编辑但未被保存，其文件名的右上角会出现"＊"标记，待网页保存后，该标记会消失。

2. 网页的预览

在网页制作完成后，可以在浏览器中对其进行预览，设计者可根据预览效果对网页内容进行调整和再设计。浏览网页的方法为：执行"文件/实时预览/Internet Explorer"菜单命令，或按〈F12〉键启动浏览器，当前编辑的网页内容将在浏览器窗口中显示。一般来说，在文档窗口中看到的网页形式，与在浏览器中显示的网页形式基本相同，这也就是之前提到的"所见即所得"。

3. 网页属性的设置

在制作网页时，网页的基本属性可通过"页面属性"对话框来完成设置。在"页面属性"对话框中可设置指定页面的默认字体、大小、背景颜色、边距、链接样式等参数，这些个性化设置将直接应用于网页中相应对象的格式编排，从而确保整个网页在视觉效果和布局风格上保持一致性。页面属性分为外观(CSS)、外观(HTML)、链接(CSS)、标题(CSS)、标题/编码、跟踪图像六大类，如图 5-3-9 所示。当然，对于部分对象，用户也可以在此基础上进行自定义设置。

▲ 图 5-3-9 "页面属性"对话框

4. 文本的编辑

文本是网页中最常见，也是运用最广泛的对象。相较于其他网页对象来说，文本形成的网页效果较为简洁。此外，在网络传播时，文本的载入速度较快。在 Dreamweaver 中，文本的编辑与其他文字处理系统(如 Word、WPS 等)较为相似。同时，还可以通过"属性"面板来设置文本的字体、字号、颜色等。

在"属性"面板中有两个选项卡："HTML"选项卡和"CSS"选项卡。在"HTML"选项卡中，可设置文本的一些基本属性，如粗体、倾斜、超链接等，如图 5-3-10 所示。如果需要进一步设置当前对象的属性，如字体、大小等，则需要在"CSS"选项卡中进行设置，如图 5-3-11 所示。为了设置这些属性，需要先新建一个 CSS 样式，即在"目标规则"中选择"新内联样式"。

▲ 图 5-3-10 属性面板的"HTML"选项卡

▲ 图 5-3-11 属性面板的"CSS"选项卡

5. 超链接的使用

(1) 超链接的定义

超链接是网页中常见的对象,能够实现页面与页面之间的跳转,从而有机地将网站中的各个页面关联起来。超链接由两部分组成,即源和目标。超链接中有超链接的一端称为超链接源(响应鼠标单击操作的图像或文本等),跳转到的网页或文件等称为超链接目标。若要正确地创建超链接,就必须了解超链接源和超链接目标之间的路径。每一个文件(包括网页、图像、Flash 动画等)都有一个唯一的地址,称为 URL(统一资源定位器)。浏览器可以通过指定的路径来调用相应文件,并以预定的格式将它们显示出来。

(2) 超链接的类型

网页中的超链接按照链接路径的不同,可以分为绝对路径和相对路径两种。

① 绝对路径是指文件的完整路径,即文件在硬盘上或者网络上的真正位置。当使用绝对路径时,无论超链接源在何位置,都可以链接到目标文件。其优点在于,它与文件位置无关,只要目标文件的 URL 不变,都可以实现超链接。其缺点是目标路径可能会很长,不便于记忆,也不适合站点的迁移。

② 相对路径是指省略了超链接源文件与目标文件之间前端 URL 中相同的部分,而仅保留了它们后端不同的 URL 部分,这种方法体现了两个文件之间的相对位置关系。其优点在于,目标路径比较短,且在迁移网站的时候,站点内的超链接无须修改。

例如,有两个文件:"D:/myweb/wuming. html"和"D:/myweb/images/wm. png",现在要在"wuming. html"网页中插入"wm. png"图像,使用的绝对路径为"D:/myweb/images/wm. png",相对路径为"images/wm. png"。

(3) 超链接的创建方法

① 文本超链接:在浏览网页时,鼠标光标掠过某些文本时会变成手形,同时,文本可能会出现相应的改变,此时单击该文本便可打开超链接所指向的网页。创建文本超链接的方法为:在网页中选择相应的文本,在"属性"面板中设置"链接"属性即可。

② 图像热点超链接:在通常情况下,一幅图像只有一个超链接。如果希望一幅图像具有多个超链接,或者图像的特定区域具备超链接功能,则需使用图像热点超链接功能。创建图像热点超链接的方法为:使用图像的"属性"面板,可以以图形化的方式创建和编辑这些图像热点。

③ 电子邮件超链接:在网页中创建电子邮件超链接后,用户单击电子邮件超链接,就能自动打开系统默认的电子邮件处理程序,如 Outlook 等。同时,收件人的电子邮箱地址将会自动填入邮件处理程序,该地址为电子邮件超链接指定的邮箱地址。创建电子邮件超链接的方法为:将鼠标光标停留在需要创建超链接的位置,执行"插入/HTML/电子邮件链接"菜单命令,弹出"电子邮件链接"对话框,在该对话框中设置网页中显示的文本,以及发送邮件的电子邮箱地址,点击"确定"按钮即可完成设置。

6. 其他网页对象的使用

网页中除了文本、图像等对象，还有很多其他对象可以使用，如水平线、日期等，这些对象能够使网页更具表现力。"插入"菜单中罗列了所有能够在网页中使用的对象，用户可以根据需求插入相应的对象。

(1) 水平线

当网页中插入的内容较多时，可根据内容的类别，使用水平线进行分割，以便查看。水平线可以作为基准将网页划分为多个区域，使浏览者可以一目了然地区分网页中不同类别的信息。操作方法为：将鼠标光标停留在需要插入水平线的位置，执行"插入/HTML/水平线"菜单命令，即可插入一条水平线。选中水平线，在"属性"面板中可以设置水平线的宽度、高度及对齐方式等属性。

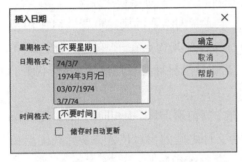

▲ 图 5-3-12　插入日期

(2) 日期

Dreamweaver 支持插入当前日期对象，同时用户还可选择在每次保存文档时都自动更新日期。操作方法为：将鼠标光标停留在需插入日期的位置，执行"插入/HTML/日期"菜单命令，在弹出的"插入日期"对话框中，可设置星期、日期和时间等格式，如图 5-3-12 所示。如果需要在每次保存网页时更新日期，则可勾选"存储时自动更新"选项。

(3) 不换行空格

在默认情况下，Dreamweaver 不允许用户输入连续空格。若确实需要输入连续空格，可执行"插入/HTML/不换行空格"菜单命令，每执行一次，插入一个空格；也可通过〈Ctrl〉＋〈Shift〉＋〈Space〉快捷键执行该命令。

(4) 换行符

在 Dreamweaver 文档窗口中，按〈Enter〉键换行，即可产生一个段落，但这两段之间的段间距会比较大。当只需要换行，而不需要单独成段时，可采用插入"换行符"来实现，此时行间距会比较小。操作方法为：将光标定位在需要换行的位置，执行"插入/HTML/字符/换行符"菜单命令；也可使用〈Shift〉＋〈Enter〉快捷键执行该命令。

(5) 特殊符号

除了一般文本以外，有时还需要在网页中插入特殊符号，如注册商标符号®、版权符号©、英镑符号£等。操作方法为：将鼠标光标停留在需插入特殊符号的位置，执行"插入/HTML/字符"菜单命令，选择需要插入的字符即可，可如图 5-3-13 所示。

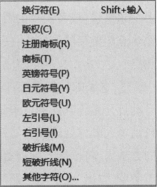

▲ 图 5-3-13　特殊字符

例 5 - 3 - 4

按要求创建"联系我们"网页,如图 5 - 3 - 14 所示。

微课视频

创建"联系我们"
网页

联系我们

QQ群:12345678

邮箱:abc@abc.com

地址:学生活动中心111室

版权所有© "中华传统文化"学生社团   2024年8月20日 星期二 15:30

▲ 图 5 - 3 - 14   "联系我们"网页的预览效果

(1) 在"中华传统文化"学生社团网站的站点中新建一个网页文件,命名为"联系我们.html"。

(2) 打开该网页,设置网页的标题为"联系信息"。

(3) 在"页面属性"中设置网页的文本颜色为#0099CC(蓝色),链接颜色为#998877(褐色),已访问链接颜色为#993366(紫色)。

(4) 将配套素材中的 L5 - 16 - 1. txt 复制到网站站点下的 TXT 文件夹中,并将其中的文字粘贴到网页中。

(5) 选中文字"联系我们",在"属性"面板中,将其格式设置为"标题 1",粗体、宋体、#D97D97(粉色)、居中对齐。

(6) 在第一行下方插入水平线,颜色为#D97D97(粉色),宽度为 800 像素,高度为 3 像素。操作方法为:选择水平线,单击"属性"面板最右侧的"快速标签编辑器"图标按钮,在弹出的"编辑标签"对话框中输入设置颜色的代码。默认情况下,会出现代码〈hr〉,将鼠标光标定位在字母 r 的后面,输入空格和字母 c,软件会出现代码列表供用户选择,如图 5 - 3 - 15 所示。在代码列表中选择"color","编辑标签"文本框中会出现"〈hr color=""〉"代码,在双引号的中间输入颜色代码即可,代码如图 5 - 3 - 16 所示。

编辑标签:<hr color="#D97D97" width="800" size="3">

▲ 图 5 - 3 - 15   代码选择列表   ▲ 图 5 - 3 - 16   设置水平线颜色的代码

需要注意的是,Dreamweaver 文档窗口不会显示水平线的颜色设置效果,用户需要保存文档后在浏览器中才能看到设置的彩色水平线;或者切换到 Dreamweaver 的"实时视图",查看所设置的颜色效果。

（7）将网页正文的文本均设置为居中对齐。

（8）设置文本"abc@abc.com"为邮件链接，链接地址为"abc@abc.com"。在"属性"面板中，打开"页面属性/链接（CSS）"对话框，将链接颜色设置为＃998877（褐色），已访问链接颜色设置为＃993366（紫色）。

（9）在最后一行的文本"版权所有"后插入一个版权符号，并将颜色设置为＃CC0000（红色）。

（10）在最后一行文本末插入8个不换行空格，然后再插入日期，要求星期格式为"星期＊"，日期格式为"＊＊＊＊年＊月＊日"，时间格式为"＊＊：＊＊"，储存时自动更新。

✤ 5.3.5 表格

表格是常用的网页布局工具，它在网页中不仅可以用来排列数据，还可以对网页中的图像、文本等对象进行定位，使网页条理清晰、整齐有序。

1. 表格简介

表格由若干行与列组成，用户可以在单元格内插入各种对象，如文本、数字、超链接、图像等，也可以在单元格内嵌套表格。

表格横向为行，纵向为列，行、列交叉组成的区域称为单元格。表格的边缘称为边框，单元格中的内容和边框之间的距离称为边距，单元格和单元格之间的距离称为间距，如图5-3-17所示。

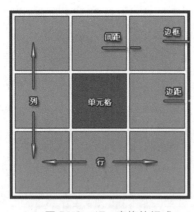

▲ 图5-3-17 表格的组成

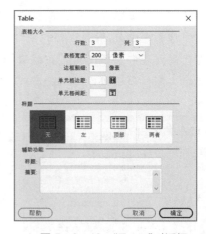

▲ 图5-3-18 "Table"对话框

2. 表格的创建

在创建表格时，可将鼠标光标停留在需要插入表格的位置上，执行"插入/Table"菜单命令，在弹出的"Table"对话框中设置表格属性，点击"确定"按钮即可完成表格的创建，如图5-3-18所示。

3. 表格的编辑

选中表格,在"属性"面板中会显示与表格有关的属性,如行和列的数量、表格的宽度、边框的粗细、单元格的边距和间距等,如图 5-3-19 所示。

▲ 图 5-3-19 表格的"属性"面板

选中单元格或将鼠标光标停留在单元格内,"属性"面板中会显示与单元格有关的属性,如宽度、高度、对齐方式、颜色等,如图 5-3-20 所示。

▲ 图 5-3-20 单元格的"属性"面板

4. 表格的结构调整

将鼠标光标移动到表格的边线上方,当鼠标光标变成双箭头时,按住鼠标左键拖曳,即可改变表格或单元格的大小。在调整表格大小的同时,该表格中的单元格大小也将产生相应的改变。

如需要插入一行或一列,则可先选中相应的行或列,执行"编辑/表格/插入行(或插入列)"菜单命令,即可插入新的行或列。如需要删除一行或一列,则可先选中相应的行或列,执行"编辑/表格/删除行(或删除列)"菜单命令,即可删除选定的行或列。

选中连续的单元格区域,执行"编辑/表格/合并单元格"菜单命令,或者单击"属性"面板中的"合并单元格"图标按钮,即可将选定的多个单元格合并成一个单元格。将鼠标光标停留在要拆分的单元格上,执行"编辑/表格/拆分单元格"菜单命令,或者单击"属性"面板中的"拆分单元格"图标按钮,弹出"拆分单元格"对话框,设置相应的参数,单击"确定"按钮,即可将选定的单元格拆分成若干个单元格。

例 5-3-5

按要求创建学生社团主页中的表格布局,如图 5-3-21 所示。

(1) 打开"中华传统文化"学生社团网站站点中的 index. html 网页文件。

创建学生社团
主页

▲ 图 5‑3‑21　index.html 网页的预览效果①

（2）插入一个 4 行 3 列的表格，表格宽度为 800 像素，边框、间距和边距均为 0 像素，表格居中对齐。

（3）合并第一行的所有单元格，再将第二行的每个单元格均拆分成两列。

✤ 5.3.6　多媒体对象

多媒体对象范围比较广，包括图像、动画、音频、视频等，这些对象能有效提升网页的表现力与吸引力。

1. 图像的使用

Dreamweaver 支持在网页中插入 GIF、JPG 和 PNG 等格式的图像。在 Dreamweaver 中插入图像后，软件会自动在网页中生成该图像文件的引用代码。需要注意的是，网页本身并不包含图像，而是包含了指向图像文件路径和名称的引用。因此，当网页制作完成并准备上传时，一定要将网页及其引用的所有图像文件一并上传。插入图像的操作方法为：将鼠标光标停留在需插入图像的位置上，执行"插入/Image"菜单命令，在弹出的"选择图像源文件"对话框中选择相应的图像，单击"确定"按钮即可完成图像的插入。若要编辑图像对象，可以选中该图像，在"属性"面板中设置图像的宽度、高度、超链接、对齐方式和热点区域等参数。

2. 鼠标经过图像的使用

鼠标经过图像是指当鼠标光标停留在该图像区域的时候，显示的图像会变成指定的另外一幅图像；当鼠标光标离开该图像区域时，显示的图像会恢复为原来的图像。操作方法为：将鼠标光标停留在需要插入该图像的位置，执行"插入/HTML/鼠标经过图像"菜单命令，在弹出的"插入鼠标经过图像"对话框中设置相应的属性，单击"确定"按钮，即可插入一个鼠标经过图像。

3. 视频的使用

Dreamweaver 支持插入的视频格式有 MP4、M4V、WEBM、3GP 等。操作方法为：将鼠标光标停留在需要插入视频的位置上，执行"插入/HTML/HTML5 Video"菜单命令，网页中会出现一个视频的占位符，选中该占位符，可在"属性"面板中关联视频文件并设置其属性。

---

① 注：在 Dreamweaver 中实际预览时，虚线部分不显示。

例 5-3-6

按要求编辑学生社团主页,如图 5-3-22 所示。

编辑学生社团
主页

▲ 图 5-3-22 学生社团主页的预览效果

(1) 打开"中华传统文化"学生社团网站站点中的 index. html 网页文件,设置网页标题为:"中华传统文化"学生社团主页。

(2) 将配套素材中的 L5-18-1. png、L5-18-2. png、L5-18-3. jpg 和 L5-18-4. mp4 文件复制到网站站点下的 images 文件夹中。①

(3) 在表格第一行的单元格中插入 L5-18-3. jpg 图像文件,设置图像宽度为 800 像素。

(4) 在表格第二行的单元格中分别输入文本:社团信息、传统文化展示、学习资源、信息服务、社交交流、联系我们,文字居中对齐,行高为 50 像素,背景颜色为♯E9E9E9(灰色),将文本"联系我们"的超链接设置为之前制作完成的"联系我们. html"网页文件。

(5) 在第三行第一列的单元格中插入鼠标经过图像,原始图像为 L5-18-1. png,鼠标经过图像为 L5-18-2. png,设置图像宽度为 200 像素。

(6) 在第三行第三列的单元格中插入 L5-18-4. mp4 视频文件,设置视频宽度为 200 像素,单元格对齐方式为水平右对齐。

✦ 5.3.7 表单

当需在网页中实现与用户交互的功能时,表单是必不可少的,如用户注册、在线申请、调

---

① 注:图像素材可由"文心一言"的 AI 功能生成,视频素材可由剪映的 AI 功能生成。

查问卷等都需要用到表单功能。通过表单，用户可以将信息从客户端递交到服务器端，再由服务器端的脚本或者应用程序来进行相应的处理，从而实现站点的交互功能。操作方法为：将鼠标光标停留在需要插入表单的位置上，执行"插入/表单/表单"菜单命令，即可生成一个表单区域，即红色虚线框区域，之后创建的所有表单对象都必须放置在该红色虚线框内。

在 Dreamweaver 中，表单对象有文本框、密码框、隐藏域、文本区域、复选框、单选按钮等。根据所需输入的信息类型，可以选择相应的表单对象进行配置。执行"插入/表单"菜单命令，可选择插入相应的表单对象。具体说明如下：

① 文本/文本区域：可接收文本类型的信息。在默认情况下，文本是单行形式，文本区域是多行形式。

② 单选按钮：允许用户从多个选项中选择一个的按钮。每个单选按钮都有自己的名称，Dreamweaver 会根据这些名称将它们分组。当单选按钮的名称相同时，即被视为同一组。在同一组单选按钮中，最多只能有一个按钮呈现"已勾选"状态，而不同组（即名称不同的单选按钮）之间的选择互不影响。

③ 复选框：允许用户同时选择多个选项的按钮。

④ 选择：为用户提供选择的下拉列表。用户可在列表内选择所需要的选项。

⑤ 文件：可为用户提供上传文件的功能，包括一个文本域和一个"浏览"按钮。用户可以在文本域输入所要上传的文件的路径和文件名，也可以通过"浏览"按钮定位和选择所需的文件。

⑥ 按钮：可将表单信息提交到服务器端，或者重置该表单。常用的表单按钮有"提交"按钮和"重置"按钮。"提交"按钮可将表单内的信息递交到服务器端，"重置"按钮可将表单内的已填写信息恢复至初始状态。

例 5-3-7

按要求创建"调查问卷"表单，如图 5-3-23 所示。

创建"调查问卷"表单

▲ 图 5-3-23 "调查问卷"网页的预览效果

（1）打开"中华传统文化"学生社团网站站点中的 index. html 网页文件。

（2）设置第三行第二列单元格的对齐方式为水平居中对齐，并在其中插入一个表单。

（3）在表单的第一行输入文本"调查问卷"。

（4）在表单的第二行插入"学院"选择列表，选中该列表，点击属性面板中的"列表值…"按钮，弹出"列表值"对话框，在该对话框中依次设置选项为"管理学院""商学院""信息学院"和"外语学院"。在属性面板中的"Selected"列表框中选中"信息学院"选项。

（5）在表单的第三行插入"性别"单选按钮组，选项分别为"男性"和"女性"，使用换行符布局，选中"女性"选项前的单选按钮，在属性面板中勾选"Checked"选项。删除第一个选项"男性"后面的换行符，使两个选项能在同一行中显示。

（6）在表单的第四行插入"参加社团的原因"文本区域，选中文本区域，在属性面板中，设置 Rows 的值为 3，Cols 的值为 20。

（7）在表单的第五行插入提交按钮和重置按钮。

5.4

微信公众号

问题导入

　　学生社团联合会正在积极筹备建设"中华文化节"微信公众号。公众号计划实时更新活动信息，并深入介绍中华文化，旨在成为学校文化节的线上展示窗口。下面就让我们一起来创建并运营公众号，使它成为连接传统与现代的桥梁，让"中华文化节"在校园内外绽放异彩。

✤ 5.4.1　微信公众号分类

　　微信用户通常会关注一些微信公众号。这些公众号的用途非常广泛，提供了多种服务，如注册某个品牌的会员、预订餐厅座位，以及查看各类资料等。微信公众号分为订阅号、服务号、企业微信三种。

▲ 图 5-4-1　订阅号

　　① 订阅号主要用于传递信息资讯，支持每日向订阅者群发一条消息，广泛适用于个人和组织。微信将所有订阅号发的信息归类到"订阅号"栏目中，如图 5-4-1 所示。

　　② 服务号主要用于服务交互，满足用户对服务查询的需求，每月可群发 4 条消息，如图 5-4-2 所示。服务号不适用于个人，而更适用于一些大型企业。服务号推送的消息，都是在好友列表里展现的，相当于接收到了微信好友的消息，相比订阅号来说更加直观，用户体验度也更好。

　　③ 企业微信主要服务于企业内部，如管理通讯录、实现数字化办公等，通常不被用作对外宣传推广的主要渠道，如图 5-4-3 所示。

　　总之，如果只是想推送信息，达到宣传的效果，可选择订阅号。如果想为客户提供更多的服务功能，如开通微信支付等，建议选择服务号。如果想用来管理企业员工或团队，则可选择申请企业微信。

▲ 图 5-4-2 服务号

▲ 图 5-4-3 企业微信

✦ 5.4.2 微信公众号的注册与设置流程

1. 注册并登录微信公众号

微信公众号的运营者可以是政府、媒体、企业、个人或其他组织等。注册微信公众号的方法是：在浏览器中输入网址"https://mp. weixin. qq. com"（如图 5-4-4 所示），单击"立即注册"按钮，按步骤依次填写相关信息，即可完成注册；此外，也可通过手机微信公众平台完成注册。

微信公众号注册与设置流程

▲ 图 5-4-4 微信公众号注册页面

▲ 图 5-4-5 微信公众号后台页面

在完成注册后，便可以登录后台编辑公众号内容。需要注意的是，在登录时，为了账户安全，系统会要求用户使用手机微信扫描系统生成的二维码进行验证，验证成功后才能正常登录。微信公众号的后台界面如图 5-4-5 所示，左侧的菜单栏提供多种管理功能，包括消息管理、用户管理、媒体素材管理，以及推广和数据统计分析等功能。

2. 设置微信公众号

公众号的设置主要包括头像设置、菜单设置以及自动回复和关键词回复设置等。①头像设置：专业的头像图片和响亮的名称能给用户留下深刻印象。②菜单设置：合理的菜单布局可以让用户更快地找到相关信息，提升好感度。微信公众平台提供了多种菜单模板供用户选择，并且用户还可以自定义菜单结构。如图5-4-6所示，该公众号将菜单分为关于我们、产品介绍、客户服务等模块，方便用户浏览和互动。③自动回复和关键词回复：自动回复可以设置问候的话语，如当用户发送"你好"时，公众号可以自动回复"您好，感谢关注，有任何问题请随时咨询我们"，如图5-4-7所示；关键词回复则可以设置一些常见问题的标准答案，如"产品价格"和"优惠活动"等。

▲ 图5-4-6 后台菜单设置

▲ 图5-4-7 后台自动回复设置

3. 内容发布与管理

明确公众号的定位是成功运营的第一步，如该公众号是为传递行业资讯、分享专业知识，还是提供休闲娱乐内容等。只有根据定位策划系列信息内容，保证信息的原创性和高质量，才能吸引和留住目标用户。在后台的图文消息编辑器中可以创作和发布文章，使文章的内容丰富、结构清晰、图文并茂,从而让用户在视觉及信息获取方面获得良好的体验。在发布信息前,需要准备好图文素材库,包括高质量的文章、图片、音频、视频等,这样在正式发布时可以快速选用合适的素材,保证信息的及时性和连贯性。此外,良好的排版设计(如运用恰当的标题、合理的段落分隔以及适时的加粗强调等手法,使文章内容层次分明、结构清晰),能够提升用户的阅读体验,进而有效地传达信息并吸引用户的注意力。通过这些步骤,可以确保公众号发布的信息内容丰富、结构合理,从而提升用户的黏性和满意度。

4. 使用微信公众号排版软件

微信公众号的图文排版是提升阅读体验和视觉吸引力的关键环节。虽然微信公众平台自带基础的编辑工具,但为了实现更加精美和个性化的排版效果,还可以选择使用第三方图文排版软件或在线工具对文章进行排版。下面将介绍一些常用的微信公众号图文排版工具。

微信公众号排版
软件

① 秀米(Xiumi):提供丰富的模板、样式和素材库,支持文字、图片、视频等多种元素的自由组合;界面直观,操作简便,适合初学者快速上手。

② 135编辑器:拥有大量的排版样式和动态模板;支持一键同步到微信公众号,简化发布流程。

③ i排版编辑器:除了提供多样化的排版元素和风格,兼具创意和个性化,它还拥有良好的兼容性,能确保文章在不同的设备上有一致的显示效果。

这些工具通常提供免费版本和付费高级功能,用户可以根据具体需求和预算进行选择。然而,无论选择哪一款工具,都需要掌握基本的设计原则,这样将有助于提升公众号信息的视觉传达质量和传播效果。

例 5 - 4 - 1

创建"校园中华文化节"的微信公众号,基于公众号规划校园中华文化节的推送内容,并对信息进行适当的排版和美化。通过公众号发布推文,旨在推广校园文化节,提升校园信息的流通效率。

(1)注册账号:访问微信公众平台官网,注册订阅号,完成实名认证。

(2)基本信息设置:设置公众号名称(如"校园中华文化节"),上传logo,编写简介,确保这些设置与中华文化节主题相符。

(3)自动回复设置:配置关注自动回复内容。例如:这里是"校园中华文化节",我们致力于分享中华文化的精髓,促进校园内的文化交流。

(4)内容规划:制定内容发布计划,围绕中华文化节的主题,策划每日或每周的专题内容,如国学经典赏析、传统节日故事、书法与国画教学、民族音乐欣赏等。

(5)内容创作:团队成员分工合作,根据内容规划撰写文章,编辑视频或音频,并确保内容的质量和原创性。

(6)排版设计:使用微信公众号编辑器或者其他公众号图文排版工具,对内容进行排版,提升阅读体验。

（7）定时发布：为文章设定固定的发布时间，如每天上午9点推送"国学经典解析"，下午4点分享"书法与国画教学"视频。

✦ 5.4.3 微信公众号的运营策略

若想成功运营公众号，吸引更多的用户，应注意以下几点。

① 信息内容的规划。内容规划非常重要，最好能提前把一段时间内的推送信息都规划好，确保公众号的信息内容连贯有序。

② 信息内容表现形式差异化。除了传统的文字信息推送外，还可以增加语音推送、图片推送等多种形式，以丰富内容呈现方式，减少用户因长时间视觉阅读而产生的疲劳感。同时，也可以用视频或互动游戏的形式展现和组织信息，以激发用户的兴趣。此外，信息内容的规划还可以考虑采用分批推送的形式，以吸引用户持续关注。

③ 注重互动。需要积极调动用户的积极性，如鼓励用户留言、参与讨论，适度增加话题的争议性以吸引用户参与，或者直接发出问题征求用户的回答等，同时也要确保回复每一条评论。此外，不时策划一些活动也是与用户保持互动的有效手段。

④ 关注后台数据。关注用户的阅读数量以及订阅数量的变化趋势，特别是留意异常数据的出现，分析这些异常现象背后的原因，并据此及时做出调整与优化，是维持订阅号稳定并增强其吸引力的重要策略。公众号在刚起步时，可能只有少量的关注和阅读量，因此，应当尝试各种推广渠道，让用户数量自然增长。运营一个公众号的关键在于持之以恒的努力，同时必须深入考虑并满足用户需求，这样才能将公众号运营得更加出色。

问题研讨

（1）思考微信公众号存在的社会意义。

（2）请互相推荐与中华传统文化相关的微信公众号，并进行评论和交流。

（3）请互相访问各自创建的微信公众号，并进行评论和交流。

拓展阅读

利用AI助力高效撰写公众号文章

利用AI技术可以显著提高写作效率，并帮助我们创作出更吸引人的公众号推文。下面将具体介绍相关策略和工具。

（1）撰写草稿并生成内容和标题。在AI写作助手（如通义千问等）中输入主题或关键词，让AI快速生成初步的内容框架或段落，节省构思和起草的时间。AI可以分析热门文章和趋势，生成易引起用户关注的标题。例如，可以要求AI依据给定的信息内容,生成并呈现一系列富有创意的标题以供选择。

(2) 检查语法及内容优化与润色。可以利用 AI 工具检查文章中的语法错误,确保文章语言流畅、准确。例如,Grammarly(一款英文写作辅助工具)可以实时地为用户提供写作建议。AI 还可以帮助调整文章的语言风格,使之更符合目标读者群体的偏好。例如,可以要求 AI 将文章风格调整得更为正式或更加轻松幽默。

(3) 用户行为分析及个性化推荐。可以利用 AI 分析公众号的历史数据,包括文章阅读量、点赞数、分享次数等,识别用户的兴趣点,从而指导未来的选题方向。基于用户的行为数据,AI 可以推荐用户可能感兴趣的特定类型的文章,从而提升用户黏性和文章的阅读量。

(4) 关键词优化:可以利用 AI 找到与文章主题相关的高搜索量关键词,通过 SEO(Search Engine Optimization,搜索引擎优化),使信息更容易被搜索引擎收录,提高曝光度。

通过上述方法,AI 不仅能够加速写作过程,还能辅助创作高质量、有吸引力的公众号推文,从而提升用户的互动率和订阅量。

5.5

Markdown 技术

问题导入

　　校园中华文化节包括一系列精彩纷呈的活动，如传统音乐表演、书法工作坊、茶艺体验等。你目前的任务是使用 Markdown 编辑器撰写并设计一份内容丰富、结构清晰的活动公告。这份公告将在学校的"中华文化节"微信公众号上发布，旨在详细告知全校师生文化节的各项活动细节，并激发他们的参与热情。

✦ 5.5.1　Markdown 简介

1. 什么是 Markdown

　　Markdown 是一种轻量级的标记语言，由约翰·格鲁伯（John Gruber）和亚伦·斯瓦茨（Aaron Swartz）于 2004 年创建，旨在使写作和阅读文本更加简便。Markdown 具有简单易学的语法，适用于写作和发布各种类型的文档，如博客文章、公告、文档说明等。Markdown 的编辑平台有很多，使用 Markdown 编写的文本可以在任何支持 Markdown 语法的编辑器或平台上进行编辑和预览。

2. Markdown 的优势

　　目前有许多通过点击鼠标就能所见即所得的笔记编辑工具，那为什么还要使用 Markdown 来写文档呢？与我们熟悉的文字处理软件、演示文稿软件等呈现文本信息的方式相比，Markdown 有着自己独特的优势。

　　① Markdown 可以在许多场景下使用，如使用它来创建网站、笔记、电子书、演讲稿、邮件信息和各种技术文档。

　　② Markdown 很"轻便"，包含 Markdown 格式文本的文件可以被多种应用打开。如果用户不喜欢当前使用的 Markdown 渲染应用，可以使用其他渲染应用将其打开。相对而言，由 Microsoft Word 创建的 .doc 或 .docx 文档，则必须使用特定的软件才能打开，而且还可能出现乱码或格式错误的问题。

③ Markdown 是独立的平台，在任何一个可以运行的操作系统上都可以创建 Markdown 格式文本的文件。

④ Markdown 已经被广泛使用，如简书、GitChat（基于微信平台的知识分享产品）、GitHub（面向开源及私有软件项目的托管平台）、CSDN（中文 IT 技术交流平台）等都支持 Markdown 文档，其官方技术文档均使用 Markdown 来编写。用 Markdown 格式撰写的笔记层次结构清晰，可以一键转换为演示文稿或思维导图，而无须经过人工加工。

❖ 5.5.2 Markdown 工具

Markdown 工具主要分为两类：一类是平台形式，如知乎、简书等平台都支持使用 Markdown；另一类是软件形式，即专门的 Markdown 编辑器。下面介绍几款目前主流的 Markdown 编辑器。

① MarkText 是一款简洁高效的免费 Markdown 编辑器，专为初学者设计。它具备以下功能：实时预览，使用户在编写内容时能够即时查看渲染效果；丰富的快捷键，可提高用户的编辑效率；支持导出为 PDF、HTML、Word 等多种格式，以满足用户多样化的需求；兼容 Windows、macOS 和 Linux 等平台，便于用户随时随地编辑文档；界面简洁无干扰，使用户能专注于内容创作；内置多种预设模板，帮助用户快速搭建文档框架。

② Typora 是一款简洁、直观且功能强大的 Markdown 编辑器，采用所见即所得的编辑模式。Typora 支持高亮语法，为表格、公式、代码块和任务列表等常用 Markdown 元素提供快捷键和自定义样式功能。Typora 支持 Windows、macOS 和 Linux 等操作系统。

③ Visual Studio Code 是一款主流的跨平台代码编辑器，其优势在于拥有丰富的插件系统。用户可以根据需求安装各种 Markdown 插件，从而实现表格生成、图表绘制等扩展编辑功能。

④ MacDown 是一款专为 macOS 平台设计的 Markdown 编辑器。它提供直观的界面和实时预览功能，支持语法高亮、表格、数学公式和代码块等常用元素。

❖ 5.5.3 Markdown 基本语法

① 标题："#"符号表示标题。"#"的个数表示层级，从 1 级到 6 级，字体由大到小。"#"后面需要空一格再写标题名，标题应置于行首，放在表格内则无法解析。

▼ 表 5-5-1 Markdown 标题语法与预览效果

Markdown 标题语法	预览效果
# 1 级标题	1级标题
## 2 级标题	2级标题
### 3 级标题	3级标题

② 段落和换行：段落之间需使用一个空白行分隔，单独的换行不会产生新的段落。需要注意的是，不要使用〈Space〉键（空格）或〈Tab〉键（制表符）缩进段落。开始一个新的段落，只需在前一段的末尾添加一个空白行，然后开始写下一段的内容。若要创建换行，则可以在一行的末尾处添加两个或多个空格，然后按回车键。

▼ 表 5-5-2　Markdown 段落语法与预览效果

Markdown 段落语法	预览效果
Markdown 是一种轻量级标记语言。 排版语法简洁，使人们能够更多地关注内容本身来排版。	Markdown 是一种轻量级标记语言。 排版语法简洁，使人们能够更多地关注内容本身来排版。

③ 强调：Markdown 定义了两种文字强调效果，即粗体和斜体。使用"**"（两个星号）或"__"（两个下划线）包围文本，表示加粗。使用"*"（一个星号）或"_"（一个下划线）包围文本，表示斜体。若要同时用粗体和斜体突出显示文本，则可在单词或短语的前后各添加三个星号或下划线。

▼ 表 5-5-3　Markdown 强调语法与预览效果

Markdown 强调语法	预览效果
这是 **粗体 **示例	这是**粗体**示例
这是 __粗体 __示例	这是**粗体**示例
这是 *斜体 *示例	这是*斜体*示例
这是 _斜体 _示例	这是*斜体*示例
这是 ***粗斜体 ***示例	这是***粗斜体***示例
这是 ___粗斜体 ___示例	这是***粗斜体***示例

④ 引用：在段落前使用"〉"符号表示引用。如果引用的是多个段落，分割段落的空行也需要加引用符号。引用可以嵌套，每多加一个"〉"符号，便多一层嵌套。

▼ 表 5-5-4　Markdown 引用语法与预览效果

Markdown 引用语法	预览效果
〉这是一个简单的引用。	这是一个简单的引用。
〉这是一个 〉多行的引用， 〉它可以跨越多行。	这是一个 多行的引用， 它可以跨越多行。

（续表）

Markdown 引用语法	预览效果
〉主要的引用 〉〉嵌套的引用 〉 〉主要的引用继续	主要的引用 　嵌套的引用 主要的引用继续

⑤ 列表：Markdown 支持两种列表方式，即有序列表和无序列表。符号"＊""＋"或"－"可表示无序列表（后面跟一个空格），同一列表只能使用同一符号。数字加上西文圆点可表示有序列表。在录入有序列表时，数字不必按数学顺序排列（Markdown 会自动按递增顺序显示列表），但是列表应当从数字 1 起始。

▼ 表 5-5-5　Markdown 列表语法与预览效果

Markdown 列表语法	预览效果
1. 第一项 　＊子项 A 　＊子项 B 2. 第二项 　1. 子项 C 　2. 子项 D	1. 第一项 　○ 子项 A 　○ 子项 B 2. 第二项 　1. 子项 C 　2. 子项 D

⑥ 链接：Markdown 支持添加链接。用户可以使用"［显示文本］（URL）"来创建链接；还可以用尖括号把网址或邮件地址包裹起来，使其成为可点击的链接。

▼ 表 5-5-6　Markdown 链接语法与预览效果

Markdown 链接语法	预览效果
访问我的个人网站［我的主页］（https：//example.com）。	访问我的个人网站我的主页。
〈https：//markdown.com.cn〉 〈fake@example.com〉	https：//markdown.com.cn fake@example.com

⑦ 图片：用户可以使用"！［图片名称］（图片 URL）"来插入图片。图片链接须放在圆括号里，图片的 URL 可以是图片的有效链接网址，也可以是本地的绝对路径或相对路径。绝对路径是带有盘符的链接，如"F：\image\test.png"；相对路径是指.md 文件（即 Markdown 文件）所在的文件夹及其子文件夹，如.md 文件在"F：\"内，则"F：\image\"和"F：\test\"都是相对路径。需要注意的是，相对路径无法引用文件所在文件夹的上一层文件夹中的图片，只能引用该文件所在文件夹或其子文夹中的图片。此外，图片路径之后还可以增加一个图

片的标题文本，或直接将本地图片复制到此处，即可自动生成对应的图片路径。

▼ 表 5－5－7　Markdown 图片语法与预览效果

Markdown 图片语法	预览效果
！［图片］(http://url/A.png)	
！［　］(F:\image\A.png)	
！［　］(.\image\A.png)	

⑧ 分割线：在单独一行上使用三个或以上的星号"＊＊＊"、连字符"－－－"、下划线"＿＿＿"，并且该行不能包含除这些符号之外的任何内容，即可创建分割线。

▼ 表 5－5－8　Markdown 分割线语法与预览效果

Markdown 分割线语法	预览效果
＊＊＊或---或＿＿＿	＿＿＿＿＿＿＿＿＿＿＿＿＿＿＿

例 5－5－1

选择一款 Markdown 编辑器，或者是支持 Markdown 格式的在线工具。利用 Markdown 基本语法，以"校园中华文化节"为主题撰写一个 Markdown 文档，并将文件保存为 LJG5－21－1.md，参考效果如图 5－5－1 所示。

Markdown 基本语法实例

校园中华文化节 - 欢迎加入文化盛宴！

传统音乐之夜

日期： 2024年7月25日，星期四
地点： 校园大礼堂
时间： 下午6:00至晚上8:00

加入我们，聆听古筝、琵琶、笛子等传统乐器的美妙旋律，感受中国古典音乐的魅力。

如何参与？

所有活动均免费向全校师生开放，但名额有限，需提前报名。请扫描下方二维码或点击链接 在线报名 进行报名。

📷 联系我们

有任何疑问或需要更多信息，请随时联系我们：

- 电子邮件：culturefestival@university.edu

- 电话：+123-456-7890

▲ 图 5－5－1　样例效果

（1）使用"#"添加一级标题："校园中华文化节-欢迎加入文化盛宴！"

（2）使用"---"添加分割线。

（3）使用"##"添加二级标题"传统音乐之夜"。

（4）使用"** 或 __"为日期、地点和时间添加加粗的文本效果。

（5）使用"[]()"为"在线报名"添加超级链接，如"http://www.example.com"。

（6）使用""添加二维码图片，将空括号替换为实际的图片路径地址。

（7）使用"*"添加无序列表，列出电子邮件和电话号码。

（8）保存文件并将其扩展名更改为.md，以便于其他 Markdown 编辑器识别和预览。

✦ 5.5.4　Markdown 扩展语法

Markdown 基本语法可以满足用户在日常大多数情况下的文档编写需求。然而，若想增强文档的表现力和功能性，则需进一步学习 Markdown 扩展语法的使用方法。下面是一些常见的 Markdown 扩展语法及其用途。

▼ 表5-5-9　Markdown 分割线语法与预览效果

元素	Markdown 语法	说　明
表格（Table）	| 列 1 | 列 2 | | :--- | :---: | | 单元格 1 | 单元格 2 | | 单元格 3 | 单元格 4 |	使用三个或以上的减号"---"可创建每列的标题，使用"|"可分隔每列。在列定义栏的减号前加冒号，表示内容左对齐；在减号后加冒号，表示右对齐；前后都加冒号则表示居中对齐

高亮代码块
（Fenced Code Block）
	``python
	if True:
	print("True")
	else:
	print("False")
	``
		将文字用三个反引号"```"或波浪号"~~~"包裹，然后在代码块前面的反引号旁边指明所使用的语言，即可实现程序代码高亮显示效果

任务列表 （Task List）	- [x] 完成报告 - [ ] 编辑草稿	在任务列表项之前添加减号"-"和方括号"[ ]"，并在方括号前面加上空格。若要选择一个复选框，则可以在两个方括号之间添加"x"
脚注（Footnote）	文本中的引用.[^1] [^1]: 引用的内容.	在方括号内添加插入符号和标识符，如"[^1]"。标识符可以是数字或单词，但不能包含空格或制表符。标识符仅将脚注参考与脚注本身相关联。在输出时，脚注按顺序编号

上述介绍的四种 Markdown 扩展语法，大多数编辑器均提供支持。不过，不同的编辑器可能还会额外支持其他扩展语法。建议参考各自所用编辑器的官方文档或说明进行学习。

运用 Markdown 扩展语法，为在例 5-5-1 中编辑完成的文件添加如图 5-5-2 所示的内容。具体要求为：创建一个表格，用于展示文化节的相关活动安排，包括活动名称、详情链接。

Markdown 扩展
语法实践探究

- 在表格里添加一个任务列表，显示报名状态。
- 引用一句与中华文化相关的名言，提升活动的立意。
- 创建一个列表，用于显示中华文化节将展出的艺术形式。

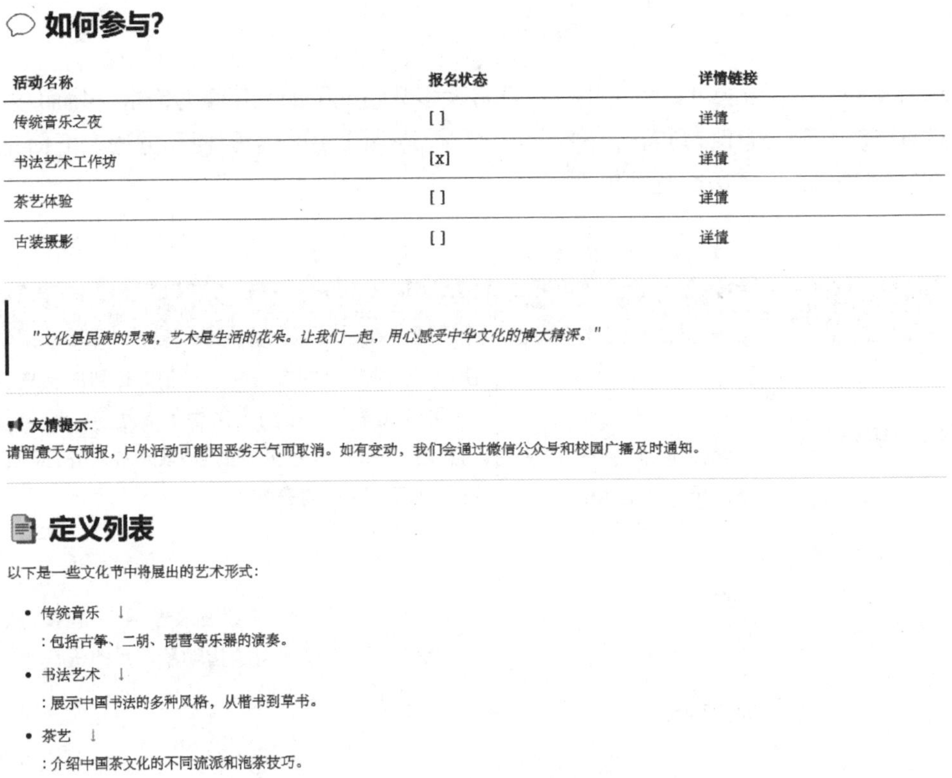

💬 如何参与?

活动名称	报名状态	详情链接
传统音乐之夜	[ ]	详情
书法艺术工作坊	[x]	详情
茶艺体验	[ ]	详情
古装摄影	[ ]	详情

> "文化是民族的灵魂，艺术是生活的花朵。让我们一起，用心感受中华文化的博大精深。"

📣 友情提示：
请留意天气预报，户外活动可能因恶劣天气而取消。如有变动，我们会通过微信公众号和校园广播及时通知。

📋 定义列表

以下是一些文化节中将展出的艺术形式：

- 传统音乐 ↓
  ：包括古筝、二胡、琵琶等乐器的演奏。
- 书法艺术 ↓
  ：展示中国书法的多种风格，从楷书到草书。
- 茶艺 ↓
  ：介绍中国茶文化的不同流派和泡茶技巧。

▲ 图 5-5-2 实践探究参考样例

Markdown 与 AI 的结合

Markdown 与 AI 技术相结合，能创造出更加智能、高效和便捷的文档处理方式。

① PDF 到 Markdown 的转换：腾讯云的 Marker 工具能够将 PDF 文档转换为 Markdown 格式，这比直接将 PDF 转换为文本更有优势，因为它可以更好地保留文档

的结构和样式。

② Markdown 生成演示文稿：使用特定的 AI 工具，可以将 Markdown 文档转换为演示文稿。它能自动处理 Markdown 中的格式和元素，生成具有合理布局和设计感的幻灯片。

③ 思维导图与 Markdown 的互转：AI 工具及其插件可以帮助用户将思维导图与 Markdown 文件进行互相转换，这样可简化信息组织和文档编写的过程。

④ Markdown 文档自动化生成：AI 模型可以基于给定的数据集或内容概述自动生成 Markdown 文档，这能有效提升报告撰写、笔记整理等使用场景的工作效率。

⑤ Markdown 与语音的转换：利用 AI 的语音合成技术，Markdown 文档可以被转换为音频，以便用户聆听。

⑥ 多语言翻译：借助 AI 翻译工具，Markdown 文档可以进行多语言转换，同时保持原有的 Markdown 结构，便于国与国之间的交流。

5.6

综合练习

❖ 一、单选题

1. 在制作演示文稿时,(　　)不是有效的信息展示方式。

　A. 使用图表和图形来呈现数据　　　　B. 用流程图来展示步骤或过程

　C. 将演讲内容详细地写在幻灯片上　　D. 使用时间轴来展示事件顺序

2. 在准备一个包含多章节的演示文稿时,(　　)是组织内容的最佳方式。

　A. 每个幻灯片只包含一个单词

　B. 所有章节的内容都放在同一张幻灯片上

　C. 为每个章节创建一个新的幻灯片或幻灯片组

　D. 随机排列章节,以增加演示的不可预测性

3. 为了确保信息传达的准确性,可在演讲前使用(　　)模拟演讲过程。

　A. "打印"功能　　　　　　　　　　B. "演讲者备注"功能

　C. "幻灯片放映"功能　　　　　　　　D. "审阅"功能

4. 在为大学生设计信息展示内容时,(　　)不是展示成功的关键因素。

　A. 明确展示的目的和目标受众　　　　B. 适当使用目标受众偏好的视觉元素

　C. 确保信息的准确性和可靠性　　　　D. 使用过多的装饰性元素

5. 为学术研究服务的网站或微信公众号,适合使用(　　)字体。

　A. 黑体　　　　　B. 胖鱼头字体　　　　C. 蝴蝶字体　　　　　D. 篆体

6. 当需要每一页幻灯片都展示同一个 logo 时,建议在(　　)状态下完成。

　A. 讲义母版　　　　B. 幻灯片母版　　　　C. 备注母版　　　　　D. 模板母版

7. 一个基于 HTML 超文本标记语言编写的网页无法用(　　)程序编辑。

　A. 写字板　　　　　　　　　　　　　B. 记事本

　C. Windows 命令提示符　　　　　　　D. Dreamweaver

8. 在 Dreamweaver 中,文档标题可以在(　　)对话框中修改。

　A. 首选参数　　　　B. 页面属性　　　　C. 编辑站点　　　　　D. 标签编辑器

9. 在 Dreamweaver 中,单元格合并必须是(　　)的单元格。

　A. 大小相同　　　　B. 相邻　　　　　　C. 颜色相同　　　　　D. 同一行

10. 在 Dreamweaver 的表单中,允许用户从一组选项中选择多个选项的表单对象是

(　　)。

A. 单选按钮　　　　B. 复选框　　　　C. 文本　　　　D. 单选按钮组

11. 在 Dreamweaver 中,不可作为图像文件插入的格式是(　　)。

A. MP4　　　　B. PNG　　　　C. JPG　　　　D. BMP

12. 微信公众号的自定义菜单最多可以创建(　　)个一级菜单。

A. 2个　　　　B. 3个　　　　C. 4个　　　　D. 5个

13. 在 Markdown 中,插入一张图片的语法是(　　)。

A. ![ ](图片 URL)　　　　　　　　B. ![图片名称](图片 URL)

C. [替代文字](图片 URL)　　　　D. (图片 URL)

14. 在使用微信公众号发布信息时,每条图文信息最多可包含(　　)篇文章。

A. 5篇　　　　B. 8篇　　　　C. 10篇　　　　D. 无限制

15. 对于微信公众号的"草稿箱"功能,以下描述正确的是(　　)。

A. 只能保存未发布的图文消息

B. 可以无限期保存草稿,直到正式发布为止

C. 草稿箱中的内容不会占用每月的群发次数

D. 草稿箱中的内容一旦保存便无法修改

✦ 二、是非题

(　　) **1.** 在演示文稿中,可以一次性将所有幻灯片的背景颜色统一更改为相同颜色。

(　　) **2.** 在演示文稿中,可以一次性将所有幻灯片的切换效果设置为随机效果。

(　　) **3.** 在演示文稿中插入视频时,必须确保视频文件已经上传至服务器,因为演示文稿不支持直接插入本地视频文件。

(　　) **4.** 网页文件的扩展名为.html。

(　　) **5.** 网页文件体开始的标记是"〈/BODY〉"。

(　　) **6.** 网页的最终效果可在记事本中预览。

(　　) **7.** 注册微信公众号的第一步是登录微信公众平台官网。

(　　) **8.** Markdown 不是一种编程语言。

(　　) **9.** 在 Markdown 中创建二级标题时,应使用"♯"开头。

(　　)**10.** 在 Markdown 中创建无序列表时,可使用符号"一""﹡"或"＋",并在后面跟一个空格。

✦ 三、实践题

1. 打开实践题素材,按以下要求制作演示文稿。

(1)打开主页 ZH5－1－1.pptx 文件,设置第一页幻灯片的汇报时间为自动更新,格式为****年**月**日。在除第一页的幻灯片中插入页码。

(2)在每一页幻灯片的右上角插入任意效果的艺术字,文字为"节气",竖排。

（3）设置第一页幻灯片的主标题动画效果为"飞入"，自右下部，逐字飞入。所有幻灯片的切换效果为"擦除"，向左，其他参数默认。

2. 打开实践题素材，按以下要求制作或编辑网页。

（1）打开主页文件 index. html，设置网页标题为"人工智能"，网页背景图像为 bj. jpg，超链接颜色为♯3300FF（蓝紫色）。设置表格属性为：居中对齐，宽度 80%，边距和边框均为 0，间距 10；合并第 1 行的所有单元格，设置该单元格背景颜色为♯6289AF（蓝灰色）。文字格式为：华文新魏，36px，颜色为♯F5410A（红色），并设置单元格对齐方式为水平居中。

（2）在第 2 行第 1 列插入鼠标经过图像，原始图像为 ai. jpg，鼠标经过图像为 robot. jpg，调整图像大小为 250×200px（宽×高）。在第 2 行第 2 列的第 1 段段首插入 8 个不换行空格，将文字"人工智能"超链接到"ai. ecnupress. com. cn"，设置为在新窗口中打开。

（3）将第 4 行中的文字分为 4 段，设置项目列表。在表单相应位置插入单选按钮组"是"与"否"，"是"按钮为默认选项。在"你的留言："右边添加 3 行 40 列的文本区域，并在下方添加"提交"和"重置"按钮。在表格下方插入水平线，宽度为 90%，高度为 5 像素，带阴影，并在下方插入文字"版权所有"、版权符号及文字"与我联系"，居中对齐，并将"与我联系"链接到"Contact@ ecnupress. com. cn"邮箱，最终结果如图 5-6-1 所示。

▲ 图 5-6-1 网页样张

3. 使用 Markdown 编写文档。

要求编写一段自我介绍，包含标题、列表和链接；创建一个表格，展示课程安排；编写一段引用，分享你最喜欢的一句至理名言。

主题 6 计算思维与问题求解

主题概要

      计算思维是智能时代学生所需要具备的核心素养,也是大学生适应人工智能社会的关键能力。计算思维是运用计算机科学的基础概念进行问题求解、系统设计以及人类行为理解等涵盖计算机科学之广度的一系列思维活动,因此,为了将问题转化为计算机能够处理的形式,人们需要理解和适应计算机;为了能让计算机求解实际问题,需要学习算法、程序设计,提升计算思维能力。

      本主题以计算思维为导向,结合算法和算法策略,通过学习引导大模型生成代码的方法,初步体验程序设计的基础思想及代码管理的基本方法。

学习目标

1. 理解计算思维的本质。
2. 掌握用计算思维求解学习和日常生活中的实际问题的方法。
3. 理解常用的算法策略和算法。
4. 掌握利用大模型生成代码的方法。
5. 学会阅读和理解程序代码。
6. 理解程序代码管理的基本方法。

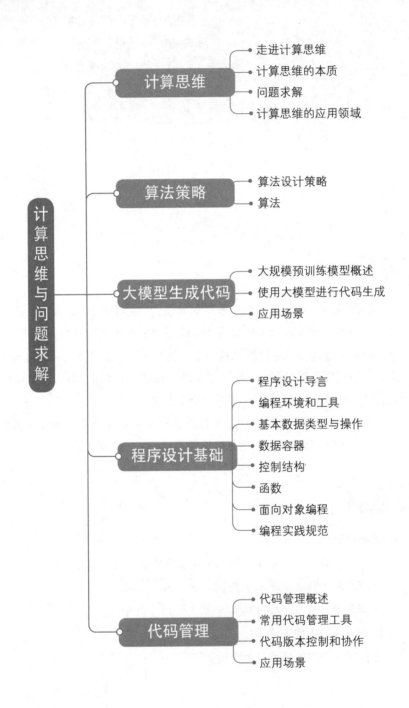

计算思维
- 走进计算思维
- 计算思维的本质
- 问题求解
- 计算思维的应用领域

算法策略
- 算法设计策略
- 算法

大模型生成代码
- 大规模预训练模型概述
- 使用大模型进行代码生成
- 应用场景

程序设计基础
- 程序设计导言
- 编程环境和工具
- 基本数据类型与操作
- 数据容器
- 控制结构
- 函数
- 面向对象编程
- 编程实践规范

代码管理
- 代码管理概述
- 常用代码管理工具
- 代码版本控制和协作
- 应用场景

计算思维与问题求解

6.1

计算思维

问题导入

　　计算思维是智能时代大学生需要具备的核心素养,它所强调的逻辑思考、算法设计、问题解决和创新能力,是大学生适应人工智能社会的关键能力。那么,在日常生活和学习中如何使用计算思维? 如何运用计算思维解决"计划旅行时间和费用"问题?

❖ 6.1.1 走进计算思维

　　计算思维(Computational Thinking,CT)是运用计算机科学的基础概念进行问题求解、系统设计,以及人类行为理解等涵盖计算机科学之广度的一系列思维活动。这一概念由美国卡内基梅隆(Carnegie Mellon)大学计算机科学专家周以真教授在 2006 年提出后,受到了广泛的关注,并逐渐形成了"计算思维"研讨之热潮。

1. 求解问题中的计算思维

　　利用计算手段求解问题的过程是:①把实际的应用问题转换为能用符号表达的数学问题;②建立模型;③设计算法和编程实现;④在实际的计算机中运行并求解。前两步是计算思维中的抽象,后两步是计算思维中的自动化。比如,方程求解:$ax^2+bx+C=0$,定理证明:勾股定理。

2. 设计系统中的计算思维

　　任何自然系统和社会系统都可视为一个动态演化系统,演化伴随着物质、能量和信息的交换,这种变换可以映射为符号变换,使之能用计算机实现离散的符号处理。当动态演化系统抽象为离散符号系统后,就可以采用形式化的规范来描述,通过建立模型、设计算法和开发软件来揭示演化的规律,实时控制系统的演化并自动执行。比如,"囚徒困境"就是博弈论专家设计的典型设计系统中的计算思维示例。

3. 理解人类行为中的计算思维

计算思维是基于可计算的手段，以定量化的方式进行的思维过程。在人类的物理世界、精神世界和人工世界这三个世界中，计算思维是建设人工世界所需要的主要思维方式。

囚徒困境

利用计算手段来研究人类的行为，可视为社会计算，即通过各种信息技术手段，设计、实施和评估人与环境之间的交互。社会计算涉及人们的交互方式、社会群体的形态及其演化规律等问题。研究生命的起源与繁衍、理解人类的认知能力、了解人类与环境的交互以及国家的福利与安全等，都属于社会计算的范畴，这些都与计算思维密切相关。

✦ 6.1.2 计算思维的本质

计算思维的本质是抽象（Abstract）和自动化（Automation）。它反映了计算的根本问题，即什么能被有效地自动执行。

计算思维中的抽象超越了物理的时空观，可以完全用符号来表示。其中，数学抽象只是一类特例。与数学相比，计算思维中的抽象显得更为丰富，也更为复杂。数学抽象的特点是抛开现实事物的物理、化学和生物等特性，仅保留其量的关系和空间的形式，而计算思维中的抽象却不仅如此。堆栈是计算科学中常见的一种抽象数据类型，这种数据类型就不可能像数学中的整数那样进行简单的"加"运算。算法也是一种抽象，也不能将两个算法简单地放在一起构建一种并行算法。

抽象层次是计算思维中的一个重要概念，它使人们可以根据不同的层次，有选择地忽视某些细节，最终控制系统的复杂性。在分析问题时，计算思维不仅要求将注意力集中在感兴趣的抽象层次或其上下层，还应当了解各抽象层次之间的关系。

计算思维中的抽象最终是要能够机械地一步一步自动执行的。为了确保执行的机械化、自动化，就需要在抽象过程中进行精确、严格的符号标记和建模，同时也要求计算机系统或软件系统生产厂家能够向公众提供各种不同抽象层次之间的翻译工具。

通过学习以下计算思维的特征，可以帮助我们进一步认识计算思维。

1. 是概念化，不是程序化

计算机科学不等于计算机编程。计算思维要求人们能够像计算机科学家那样在抽象的多个层次上思维，强调概念和思想，而不只是计算机编程。

2. 是根本的技能，不是刻板的技能

根本的技能就是像读、写和算一样的基本技能，是每一个人为了在现代社会中发挥职能所必须掌握的，且要能灵活运用，举一反三。刻板的技能意味着机械地重复，缺乏创新性。计算思维是一种创新能力，是每个人应掌握的根本技能。

3. 是人的思维，不是计算机的思维

计算思维是人类求解问题的一条途径，是人的思维方式，不是计算机的思维方式。

计算机之所以能求解问题，是因为人将计算思维赋予了计算机，计算机按人设计的程序去执行。计算机枯燥且沉闷，人类聪颖且富有想象力，人类赋予了计算机激情，配置了计算机设备。人们能用自己的智慧去解决那些计算机时代之前不敢尝试的问题，达到"只有想不到，没有做不到"的境界。计算机赋予人类强大的计算能力，人类应该更好地利用这种力量去解决各种需要大量计算的问题。

4. 是思想，不是物品

计算思维不是软件、硬件等人造物品，而是在设计和制造软件、硬件过程中的思想，是用于求解问题、管理日常生活以及与他人进行交流和互动的思想。

5. 是数学和工程思维的互补与融合

计算机科学在本质上源自数学思维，因为像所有科学一样，其形式化基础是构建在数学之上的。计算机科学又从本质上源自工程思维，因为人们建造的是能够与实际世界互动的系统，基本计算设备的限制迫使计算机科学家必须计算性地思考，而不只是数学性地思考。然而，构建虚拟世界的自由又能够使人们的想法超越物理世界的各种系统。数学和工程思维的互补与融合在抽象、理论和设计三个学科形态上得到了很好的体现。

6. 是面向所有地方的所有人

计算思维已真正融入人类活动的整体，它作为一个解决问题的有效工具，需要在所有地方、所有学校的课堂教学中都得到应用。

✦ 6.1.3 问题求解

计算思维是一种具有逻辑性和抽象化的科学计算的解决问题的能力，它包含四个方面，分别是分析分解、归纳抽象、算法设计、模式识别。

1. 分析分解

分析分解是指将复杂问题拆解成一个个简单问题，将大项目拆分成若干个小项目，使其变得容易理解和解决。然后通过完成小项目、解决简单问题，最终完成大项目、解决复杂问题，使整体变得更加易懂和易于完成。

2. 归纳抽象

归纳抽象是提取事物的本质特征、去除非本质特征的过程。归纳抽象是指通过隐藏任何不必要的信息来使问题或系统更容易理解。归纳抽象过程是决定需要突出和保持的一般特征以及可以忽略的细节的过程，它是计算思维的基础。在进行归纳抽象时，要忽略不必要的空间或时间细节，以集中解决问题的关键。

3. 算法设计

算法设计是思维过程的重要环节,也可理解为流程建设。前文所述的通过分解,把复杂问题分解成一个个较小的问题,并归纳抽象出共同的规律,然后根据归纳抽象的规律,把这些小问题组合起来,解决整个复杂问题。这整个过程就是算法设计。算法设计的思维过程不仅适用于程序设计,而且适用于其他学科以及生活中的问题。

4. 模式识别

模式识别是找出不同问题之间的共性,并基于共性建立抽象模型的过程。通过算法设计在抽象模型中找出的解决方案,可以在符合模型的同类问题中重复使用。这意味着,当遇到新问题时,模式识别能够识别出这个新问题与某个已有的抽象模型是否匹配,从而利用已有的解决方案快速解决问题。

例 6-1-1

请运用计算思维解决"计划旅行时间和费用"问题。

通过计算思维的分析分解、归纳抽象、算法设计和模式识别四个方面来解决"计划旅行时间和费用"问题。

（1）分析分解。将"计划旅行时间和费用"问题分析分解为计算目的地距离、设计行程路线、估算交通和住宿费用等小问题。通过制定这些小问题的解决方案,可以更好地解决整个复杂问题。

（2）归纳抽象。将"计划旅行时间和费用"问题归纳抽象为搜索旅游景点问题、行程路线规划问题和费用计算问题。

（3）算法设计。设计相关的搜索算法;设计行程路线规划问题算法,如穷举法、最短临近法、深度强化学习算法等;设计费用计算方法。

（4）模式识别。将以上方法不断优化,举一反三,并将其应用于不同的旅游项目中。

最后将小问题的解决方案组合起来,从而解决了"计划旅行时间和费用"问题。

❖ 6.1.4 计算思维的应用领域

计算思维代表着一种普遍的认识和一类普适的技能,它应该像"读、写、算"一样成为每个人的基本技能,而不仅仅限于计算机科学家。因此,每一个人都应热衷于计算思维的学习和应用。计算思维这一领域提出的新思想、新方法,将会促进自然科学、工程技术和社会经济等领域产生革命性的研究成果。同时,计算思维也是创新人才的基本要求和专业素质。计算思维在不同学科研究领域有着广泛的影响和应用。

问 题 研 讨

（1）请利用互联网资源查询和说明自己所学专业是如何运用计算思维的。

（2）请应用计算思维解决"购买物品时比较价格"问题。

拓展阅读

计算思维与人工智能

计算思维是人工智能时代人才必备的重要素养,因此,人工智能教育需要着力培养计算思维。

计算思维强调问题解决的方法和步骤,对于学习编程和算法设计具有重要意义。计算思维中的数据抽象和算法思维有助于人们理解和应用人工智能中的数据分析和可视化技术。计算思维中的模块化、抽象化等思想,有助于人们设计和实现人工智能系统。

通过实际的人工智能项目,可以使人们更深入地理解和应用计算思维。人工智能的快速发展为我们提供了广阔的创新空间,有助于培养计算思维的创新性。人工智能教育涉及多个学科领域,有助于培养学生的跨学科思维和问题解决能力。

总之,计算思维与人工智能基础是应对当前数字化时代的必备技能。通过学习和掌握这些基础技能,可以帮助大学生更好地应对数字化时代的挑战和机遇,从而实现个人和社会的长远发展。

6.2

算法策略

问题导入

　　算法策略是解决问题的方法,而算法是实现这些策略的具体步骤。算法策略指导算法的设计,而算法则是算法策略的具体实现。在解决问题时,首先可以通过算法策略确定解决问题的方向和方法,然后根据这些策略设计出具体的算法来实现,从而解决问题。

　　在求解"计划旅行时间和费用"问题时,如何搜索"行程路线规划"问题的解决方法? 请设计可实现的算法。

✦ 6.2.1 算法设计策略

　　随着人工智能、大数据等技术的不断发展,算法策略在各个领域的应用越来越广泛。掌握算法策略将有助于人们更好地适应未来社会的发展需求,提高自己的竞争力。算法策略是指在问题空间中随机搜索所有可能的解决问题的方法,直至选择一种有效的方法解决问题。

1. 穷举策略

　　穷举策略的基本思想:列举出所有可能的情况,逐个判断哪些是符合问题要求的条件,从而得到问题的全部解答。

　　这种策略通过系统地检查问题所有可能的情况,确保不遗漏任何一种可能性,以此来找到符合特定条件的答案。穷举策略主要用于解决"是否存在"和"有多少可能性"等问题,其关键在于如何列举所有的情况,因为遗漏某些情况可能会导致得不到正确的解。穷举策略的应用范围广泛,包括但不限于数学、计算机科学、逻辑学等领域,通过这种策略可以有效解决一些复杂的问题。

2. 分治策略

　　分治策略的基本思想:将一个难以直接解决的大问题,分解成一些规模较小的子问题,这些子问题相互独立且与原问题相同,然后各个击破,分而治之。

分治策略常常与递归结合使用:通过反复应用分治策略,可以使子问题与原问题类型一致而规模不断缩小,最终使子问题缩小到很容易求解的状态,这种算法就是递归算法。

3. 动态规划策略

动态规划策略的基本思想:与分治策略类似,也是将待求解问题分解成若干个子问题,先求解子问题,然后根据这些子问题的解得到原问题的解。与分治策略不同的是,适合用动态规划策略求解的问题,经分解得到的子问题往往不是独立的。若用分治策略来解这类问题,则相同的子问题会被求解多次,以至于最后解决原问题需要耗费指数级时间。然而,不同子问题的数目常常只有多项式量级。如果能够保存已解决的子问题的答案,在需要时再找出已求得的答案,这样就可以避免大量的重复计算,从而得到多项式时间的算法。为了达到这个目的,可以用一个表格来记录所有已解决的子问题的答案。不管该子问题以后是否被用到,只要它被计算过,就将其结果填入表格中。

4. 贪心策略

贪心策略的基本思想:和动态规划策略一样,贪心策略也经常用于解决最优化问题。与动态规划策略不同的是,贪心策略在解决问题时,仅根据当前已有的信息做出选择,而且一旦做出了选择,不管将来有什么结果,这个选择都不会改变。

换而言之,贪心策略并不是从整体最优考虑,它所做出的选择只是在某种意义上的局部最优。这种局部最优选择并不能保证总能获得全局最优解,但通常能得到较好的近似最优解。

5. 回溯法

回溯法的基本思想:在确定了解空间的组织结构后,回溯法从开始节点(根节点)出发,以深度优先的方式搜索整个解空间。这个开始节点就成为一个活节点,同时也成为当前的扩展节点。从当前的扩展节点处,向纵深方向搜索并移至一个新节点,这个新节点就成为一个新的活节点,并成为当前的扩展节点。如果在当前扩展节点处不能再向纵深方向移动,则当前的扩展节点就成为死节点。换句话说,这个节点不再是一个活节点。此时,应往回移动(回溯)至最近的一个活节点处,并使这个活节点成为当前的扩展节点。回溯法即以这种工作方式递归地在解空间中搜索,直到找到所要求的解或解空间中已无活节点时为止。

❖ 6.2.2 算法

算法(Algorithm)是计算思维的核心要素之一。通过学习算法,能够用明确的、可执行的操作步骤描述问题求解方案,能够用顺序、分支和循环三种基本控制结构设计程序并解决问题,这些都是计算思维的重要表现。

算法是对特定问题求解步骤的一种描述,它是指令的有限序列,其中每一条指令表示一个或多个操作。

1. 穷举算法

穷举算法的步骤如下：

① 确定问题的范围：需要明确问题的范围，确定所有可能的解的范围。

② 列举所有可能的情况：根据问题的条件，列举出所有可能的情况。这可以通过顺序列举、组合列举或排列列举等方法实现。

③ 验证每个情况：对每个列举出来的情况进行验证，判断是否满足问题的所有条件。

④ 找出符合条件的解：在验证所有的情况后，找出满足问题条件的解。

例 6-2-1

行程路线规划问题。

（1）定义问题：明确行程路线规划的具体要求，如起点和终点、需要访问的地点、每个地点的访问顺序等。

（2）生成所有可能的路径：通过组合和排列所有地点，生成所有可能的路径组合。这可以通过编写程序或使用专门的算法来实现，如深度优先搜索（Depth First Search，DFS）或广度优先搜索（Breadth First Search，BFS）。

（3）计算路径成本：对于每条生成的路径，计算其总成本，这通常涉及距离、时间的计算。

（4）选择最优路径：比较所有路径的成本，选择成本最低（或满足其他优化目标）的路径作为最优路径。

（5）验证和优化：对选择的最优路径进行验证，确保它满足所有约束条件，并根据需要进一步优化。

拓展阅读

深度优先搜索和广度优先搜索

深度优先搜索（DFS）和广度优先搜索（BFS）是图论中常用的两种搜索算法。

深度优先搜索是一种先序遍历二叉树的思想。从图的一个顶点出发，递归地访问与该顶点相邻的顶点，直到无法再继续前进为止，然后回溯到前一个顶点，继续访问其他未被访问的邻接顶点，直到遍历完整个图。

广度优先搜索是一种逐层访问的思想。从图的一个顶点出发，先访问该顶点，然后依次访问与该顶点邻接且未被访问的顶点，直到遍历完整个图。

2. 分治算法

一般来说，分治算法在每一层递归上都有三个步骤。

① 分解：将原问题分解成一系列子问题。

② 求解：递归地求解各子问题。若子问题足够小，则直接求解。

③ 合并：将子问题的解合并成原问题的解。

例 6 - 2 - 2

归并排序算法是一种分治算法,它将一个大问题分解成两个或更多个相同或相似的子问题,直到最后子问题可以简单地直接求解,原问题则可通过将子问题的解合并来得到解决。

归并排序算法的基本步骤如下:

(1) 分解:将当前待排序的序列分解成两个子序列,直到子序列的长度为 1,即每个元素自成一个序列。

(2) 递归地进行排序并合并:对每个子序列进行排序,然后两两合并已排序的子序列,直到最终合并为一个完整的序列。

例如:有一个无序的数组[7,6,8,9,3,4,2,1],按照归并排序的步骤对其进行排序。

① 分解。将数组分解为更小的子数组,直到每个子数组只包含一个元素,即分解后得到:[7],[6],[8],[9],[3],[4],[2],[1]子数组。

② 递归地进行排序并合并。合并这些子数组,同时在合并的过程中对它们进行排序。这个过程可以通过递归实现,每次取两个子数组进行比较和合并,直到所有子数组合并为一个排序后的数组。具体步骤如下:

● 合并[7],[6]后得到[6,7];合并[8],[9]后得到[8,9];合并[3],[4]后得到[3,4];合并[2],[1]后得到[1,2]。

● 合并[6,7],[8,9]后得到[6,7,8,9];合并[3,4],[1,2]后得到[1,2,3,4]。

● 合并[6,7,8,9],[1,2,3,4]后得到最终归并排序后的数组[1,2,3,4,6,7,8,9]。

例 6 - 2 - 3

快速排序的基本思想是:通过一次排序将要排序的数据分割成独立的两个部分,其中一部分的所有数据比另外一部分的所有数据要小,然后再按此方法对这两部分数据分别进行快速排序。整个排序过程可以递归进行,以此使整个数据变成有序序列。

快速排序算法的基本步骤如下:

(1) 从数列中挑出一个元素,称为"基准"。

(2) 重新排序数列,所有比基准值小的元素排在基准前面,所有比基准值大的元素排在基准后面(相同的数可以排到任何一边)。在这个分区结束之后,该基准就处于数列的中间位置。这个称为分区操作。

(3) 递归地对小于基准值元素的子数列和大于基准值元素的子数列进行排序。

例如:有一个无序的数组[7,1,9,8,3,4,2,6],按照快速排序的步骤对其进行排序。

● 从[7,1,9,8,3,4,2,6]数组中选 6 为"基准",快速排序后得到[1,3,4,2],[6],[7,9,8]。

● 从[1,3,4,2]数组选 2 为"基准",快速排序后得到[1],[2],[3,4]。

● 从[3,4]数组选 4 为"基准",快速排序后得到[3],[4]。

● 从[7,9,8]数组选 8 为"基准",快速排序后得到[7],[8],[9]。

● 最终得到快速排序后的数组[1,2,3,4,6,7,8,9]。

3. 动态规划算法

动态规划算法通常用于求解具有某种最优性质的问题。在这类问题中，可能会有许多可行解，每个解都对应于一个值，希望能得到最优值（最大值或最小值）的那个解。当然，最优解可能会有多个，动态规划算法能找出其中的一个最优解。

设计一个动态规划算法，通常需要按照以下几个步骤进行。

① 找出最优解的性质，并刻画其结构特征。

② 递归地定义最优解的值。

③ 以从底往上的方式计算出最优值。

④ 根据计算最优值时得到的信息，构造一个最优解。

步骤①—③是动态规划算法的基本步骤。在只需求出最优值的情形下，步骤④可以省略。若需要求出问题的一个最优解，则必须执行步骤④。此时，在步骤③中计算最优值时，通常需记录更多的信息，以便在步骤④中根据所记录的信息快速构造出一个最优解。

例 6-2-4

爬楼梯问题：有一座高度是 10 级台阶的楼梯，从下往上走，每跨一步只能向上 1 级或者 2 级台阶。求出一共有多少种走法。

爬楼梯问题

要解决一个给定的问题，可以先解决其子问题，再合并子问题的解以得出原问题的解。通常许多子问题非常相似，为此动态规划法试图只解决每个子问题一次，从而减少计算量。一旦某个给定子问题的解已经算出，则将其记忆化存储，以便下次需要求解同一个子问题时可以直接查找。

（1）找出最优解的性质，并刻画其结构特征：通过分析题目可以得到 1 到 10 级台阶的所有走法是 1 到 8 级台阶的所有走法加上 1 到 9 级台阶的所有走法。

（2）递归地定义最优解的值：设置 a 保存倒数第二个子状态数据，b 保存倒数第一个子状态数据，temp 保存当前状态数据。

（3）以从底往上的方式计算出最优值。

伪代码如图 6-2-1 所示：

```
a←1
b←2
temp←a+b
i←3
for i in range(3,10,1)
    temp←a+b
    a←b
    b←temp
print（"1 到 10 级台阶的所有走法为："temp)
```

▲ 图 6-2-1　爬楼梯问题

4. 贪心算法

贪心算法的步骤如下：

① 将问题分解为多个子问题。

② 选择合适的贪心策略,得到每一个子问题的局部最优解。

③ 将子问题的局部最优解合并成原问题的最优解。

例 6-2-5

现在有 20、10、5、1 这 4 种数额的钱币,如果想要凑齐 36 元,最少需要几张钱币?

(1) 根据贪心算法,一开始肯定是看需要几张 20 元的钱币,这道例题需要 1 张,那还剩 $36-20=16$。

(2) 看完 20 元的再来看 10 元的,需要 1 张 10 元,现在还剩 $16-10=6$。

(3) 下面继续看 5 元和 1 元,分别各需要 1 张。

(4) 最后得到的答案是,如果想要凑齐 36 元,最少需要 4 张钱币。

这个例子,每次都是用最大面额的钱币去匹配,剩下的余额再用较小点的面额去匹配。这个就是贪心算法在对问题进行求解时的策略,即每次都是做出当前看来最好的选择。

例 6-2-6

现在有 10、9、1 这 3 种数额的钱币,如果想要凑齐 18 元,最少需要几张钱币。

这个例题继续使用贪心算法。

(1) 一开始就看需要几张 10 元,本例题需要 1 张,剩余金额是 8 元。

(2) 这时无法用 9 元的钱币,只能用 8 张 1 元的钱币。

(3) 最后的结果是用了 9 张钱币。

实际上通过肉眼就能看出,用 2 张 9 元的钱币就可以了。通过这个例题可以知道,利用贪心算法所得到的结果不一定是最优的结果。

5. 回溯算法

运用回溯法解题通常包含以下三个步骤。

① 针对所给问题,定义问题的解空间。

② 确定易于搜索的解空间结构。

③ 以深度优先的方式搜索解空间。

例 6-2-7

深度优先搜索算法:给定一个仅包含数字 2—9 的字符串,返回所有它能表示的字母组合。答案可以按任意顺序返回。

给定的数字到字母的映射如图 6-2-2 所示,流程如图 6-2-3 所示。

▲ 图6-2-2 数字到字母的映射

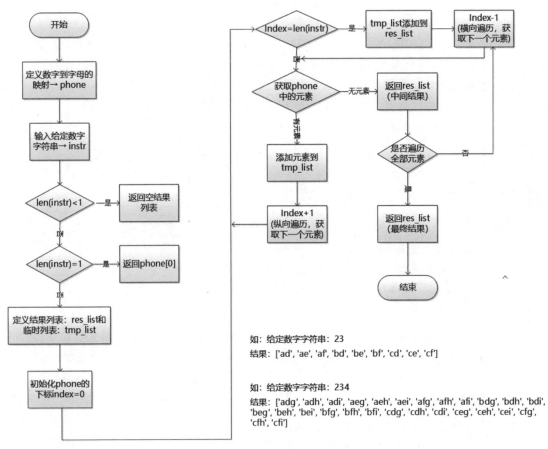

如：给定数字字符串：23
结果：['ad', 'ae', 'af', 'bd', 'be', 'bf', 'cd', 'ce', 'cf']

如：给定数字字符串：234
结果：['adg', 'adh', 'adi', 'aeg', 'aeh', 'aei', 'afg', 'afh', 'afi', 'bdg', 'bdh', 'bdi', 'beg', 'beh', 'bei', 'bfg', 'bfh', 'bfi', 'cdg', 'cdh', 'cdi', 'ceg', 'ceh', 'cei', 'cfg', 'cfh', 'cfi']

▲ 图6-2-3 深度优先搜索算法

实践探究

　　现在有 2、5、6、7 这 4 种数额的钱币，如果想要凑齐 11 元，最少需要几张钱币。请用动态规划算法完成。

算法与人工智能

人工智能需要利用算法来解决不同的问题。比如,算法可以应用于数据分类、图像识别、语音处理和自然语言处理等任务。此外,人工智能还需要通过算法来学习和适应新情境,这些算法可以通过分析不断积累的数据来改进自己的效果。

人工智能的核心是算法,如机器学习、深度学习和强化学习等。算法能够通过分析大量数据来自我进化和学习适应新的环境,从而实现自主决策及问题解决。然而,人工智能的发展并非仅依靠算法,它还离不开数据、计算能力和软件工程等方面的发展。总而言之,人工智能和算法是密不可分的两个概念,算法是人工智能的核心。通过合理运用算法,能够让人工智能更加高效、精准和智能。

6.3

大模型生成代码

微课视频

利用大模型生成
代码

问题导入

　　随着人工智能的发展，大规模预训练模型（如百度的文心一言、OpenAI 的 GPT‑4 等）在自然语言处理、计算机视觉等领域取得了显著成就。这些模型不仅在文本生成、翻译和视频生成等任务中表现优异，而且还能够用于代码生成。作为开发者的得力助手，我们应该如何有效地使用和引导这些大模型来生成代码呢？

✦ 6.3.1　大规模预训练模型概述

　　大规模预训练模型是一类在海量数据上进行预训练，然后在特定任务中进行微调的深度学习模型。常见的模型有文心一言、GPT 等。

1. 模型架构

　　Transformer 是一种基于注意力机制的深度学习架构，由瓦斯瓦尼（Vaswani）等人于 2017 年提出。它消除了传统 RNN（Recurrent Neural Network，循环神经网络）模型中的序列处理限制，使用自注意力机制来同时处理输入序列的所有位置，极大地提高了并行计算能力和处理长距离依赖关系的能力。Transformer 由编码器和解码器组成，是目前许多自然语言处理任务（如机器翻译、文本生成）的基础架构。

　　BERT（Bidirectional Encoder Representations from Transformers）：是由谷歌于 2018 年提出的基于 Transformer 的双向编码器表示模型。它通过在海量文本上进行双向训练，理解每个词在上下文中的意义，从而在各种下游任务（如问答、文本分类、命名实体识别）中表现出优异的性能。BERT 的创新在于其"预训练—微调"的两阶段训练方法，这显著提升了模型的通用性和准确性。

　　ERNIE（Enhanced Representation through Knowledge Integration）：是百度推出的增强型语言模型架构，它在 Transformer 的基础上引入了知识增强机制，通过整合外部知识（如知识图谱）来增强模型的理解能力。ERNIE 能够在预训练阶段融合更多的语义和知识信息，从而在中文自然语言处理任务中表现出色，尤其在涉及复杂推理和知识依赖的任务中具有明显优势。

2. 训练过程

模型的训练过程是通过对大量数据进行学习来调整模型内部参数的过程。首先,模型会从训练数据中接收输入,并通过一系列计算层生成输出。其次,将这些输出与实际标签进行比较,通过计算误差(损失函数)来评估模型的性能。最后,利用反向传播算法,这个误差会被反馈到模型的各层,逐步调整模型的参数(权重和偏置),以减少误差。这个过程不断重复,直到模型的误差降低到满意的程度,从而使模型能够在新的、未见过的数据上做出准确的预测。大模型的训练过程分为预训练和微调两个阶段。

(1) 预训练

在大规模无标签数据上进行训练,学习语言的基本结构和模式。例如,GPT - 4 在互联网文本上进行了广泛的预训练。

(2) 微调

在特定任务或领域的数据上进行微调,以适应具体的应用需求。例如,可以在编程数据集上对 GPT - 4 进行微调,使其能够生成代码。

✦ 6.3.2 使用大模型进行代码生成

大规模预训练模型在多个领域展现了强大的应用能力。它们能够完成自然语言处理任务,如文本生成、翻译、问答系统等;在计算机视觉领域,它们能够进行图像分类、目标检测和图像生成。此外,大模型还可以用于跨模态任务,如图像和文本的结合,进行描述性内容的生成和图文匹配。最为引人瞩目的是,大模型还在代码生成领域显示出巨大的潜力,它能够自动编写代码,辅助开发者高效地进行编程。

1. 大模型平台与开发环境

(1) 大模型平台

本节所使用的文心一言 3.5 版本是百度基于 ERNIE 模型架构研发的知识增强大语言模型,能够与人对话互动,回答问题,协助创作,高效便捷地帮助人们获取信息、知识和灵感。它能够理解多种编程语言,并根据自然语言描述生成相应的代码。

(2) 开发环境

在 Python 开发过程中,开发者通常倾向于使用集成开发环境(Integrated Development Environment, IDE),这是专为编程设计的一体化开发平台。IDE 通常集成代码编辑、调试、测试等功能,帮助开发者更高效地编写和管理代码。常见的 Python 集成开发环境有 PyCharm、IDLE 和 Spyder 等。

2. 实现方法

① 输入指令内容:用户输入想要实现的功能或逻辑的自然语言描述。

② 模型生成代码：大模型根据输入的描述生成相应的代码片段。

例如，在前文中需要对多个目的地的距离按照升序进行排序，便可让文心一言来生成对应的排序算法代码。用户可在文心一言平台输入以下指令内容：

请编写一个冒泡排序算法，确保排序后的数值按照升序排序。要求：

- 使用 Python 编程语言实现冒泡排序算法。
- 算法应包含对数组的初始化、冒泡排序逻辑以及最终数组的输出。
- 请确保代码简洁、易读，并包含必要的注释。

模型生成代码如图 6-3-1 所示。

```python
def bubble_sort(arr):
    """
    冒泡排序算法
    :param arr: 待排序的数组（列表）
    :return: None，原数组 arr 将被就地排序
    """
    n = len(arr)
    # 遍历所有数组元素
    for i in range(n):
        # 最后的 i 个元素已经排好序，所以不需要再次遍历
        for j in range(0, n-i-1):
            # 遍历数组从 0 到 n-i-1
            # 交换如果当前元素比下一个元素大
            if arr[j] > arr[j+1]:
                arr[j], arr[j+1] = arr[j+1], arr[j]
# 初始化数组
arr = [64, 34, 25, 12, 22, 11, 90]
# 执行冒泡排序
bubble_sort(arr)
# 输出排序后的数组
print("排序后的数组是:")
for element in arr:
    print(element, end=" ")
```

▲ 图 6-3-1　冒泡排序

③ 运行代码：在 PyCharm 中新建一个 bubble_sort.py 文件，再将文心一言生成的代码复制到该文件中，然后运行此文件。

④ 运行结果：排序后的数组是：11,12,22,25,34,64,90。

⑤ 代码验证和修改：开发者对生成的代码进行验证和修改，确保其符合实际需求和编码规范。

✦ 6.3.3　应用场景

大模型生成代码在多个领域均有广泛的应用前景，如在编程教学及实际生产应用中已被广泛使用。

1. 教育领域

在教育领域,大模型被用于智能辅导系统、自动评估工具和个性化学习平台。它们能够根据学生的学习情况和兴趣提供个性化的学习内容,并在作业或考试中提供自动评分和反馈。此外,智能辅导系统可以模拟教师角色,为学生提供实时帮助和答疑,促进自主学习和个性化教育的发展。这些技术不仅提升了学习效果,还大大减轻了教师的工作负担。

2. 对话系统

在智能客服和虚拟助理的应用场景中,大模型可以理解和处理用户的输入,并实时提供响应和建议。通过自然语言处理技术,这些系统能够模拟人类对话,为用户提供个性化的服务,解决问题或执行任务,如查询信息、预订服务等。

3. 医疗诊断

大模型在医疗领域的应用主要集中于医学影像分析和临床诊断支持。通过分析病人的医疗数据和影像,大模型能够辅助医生进行精准诊断,识别疾病的早期症状,提高诊断的准确性和效率,尤其在放射学、病理学等领域具有巨大潜力。

4. 金融科技

在金融领域,大模型被广泛用于风险评估、市场预测和金融监控等任务。通过分析大量的市场数据和金融新闻,大模型能够识别潜在的风险和机会,辅助金融机构做出更明智的决策,同时也能检测和预防金融欺诈行为。

5. 计算机视觉

大模型在计算机视觉领域的应用包括图像分类、目标检测和视频分析等。通过在海量图像和视频数据上进行预训练,大模型能够识别图像中的物体、场景和动作,并将其应用于安全监控、医疗影像分析和自动驾驶等领域。

问题研讨

利用大模型生成代码与传统编程方法相比,它有哪些优缺点?大模型在未来可以脱离开发者,直接与客户沟通并完成程序开发任务吗?

拓展阅读

微调技术

微调技术是指在预训练模型的基础上,通过在特定任务中的监督学习进一步优化模型的技术。大模型(如文心一言、GPT-4等)在大量通用数据上进行预训练,具备了强大的语言理解和生成能力。然而,这些模型在面对具体任务时,通常还需要进一步微调，以适应特定的需求。

微调可以分为四个步骤，分别是数据准备、选择预训练模型、配置训练参数和微调过程。

(1) 数据准备：准备用于微调的特定领域数据。例如，针对代码生成任务，可以收集和清理包含各种编程语言和代码片段的大规模数据集。

(2) 选择预训练模型：选择一个已经在大规模文本数据上经过预训练的模型，如 GPT - 4、Codex 或 T5。这些模型提供了良好的初始权重，有助于快速适应新任务。

(3) 配置训练参数：根据硬件资源和任务要求，配置适当的训练参数，如批量大小(batch size)、学习率(learning rate)和训练轮数(epochs)。在此过程中，可以使用学习率调度器和梯度累积技术来优化训练过程。

(4) 微调过程：利用预训练模型的权重来进行微调，针对特定的代码生成任务进行优化。在微调过程中，可以采用监督学习(如代码补全任务)与自监督学习(如语言建模任务)相结合的方法。

微调技术的核心在于充分利用预训练模型的通用能力，通过有针对性的数据和任务来进行优化，使模型在特定领域内表现更佳。

6.4

程序设计基础

问题导入

　　程序设计基础是计算机科学与技术专业领域的重要内容之一,也是学习其他高级编程知识和技能的基础。在前一小节,你已经学会了如何使用大模型生成代码,那么这些神奇的代码该如何解读呢?

❖ 6.4.1　程序设计导言

计算机编程语言

1. 程序设计的概念

　　程序设计是指通过编写代码来实现特定功能或解决特定问题的过程。它包括从需求分析、算法设计、编码实现到测试和维护的一系列步骤。程序设计的核心是运用计算思维将复杂的问题分解为更小的、可管理的子问题,通过逻辑和计算机指令将解决方案以代码形式表达出来。良好的程序设计注重代码的可读性、可维护性和效率,强调使用合适的数据结构和算法,以实现高效、可靠的软件系统。

2. 编程语言的演变

　　编程语言的演变反映了计算机科学和技术的进步,它从最早的机器语言和汇编语言开始,逐步发展到高级编程语言,如 Fortran、COBOL 等,随后出现了结构化编程语言(如 C 语言),进一步提高了代码的可读性和可维护性。随着面向对象编程思想的兴起,C++、Java 等语言应运而生,增强了代码的重用性和扩展性。进入 21 世纪,动态语言如 Python、JavaScript 等逐渐流行起来,因其具有简洁和灵活等特性而被广泛应用于各个领域。最近几年,函数式编程语言和并发编程语言(如 Haskell、Go 等)也逐渐受到关注,以适应现代计算环境的复杂需求。编程语言的演变体现了对更高的抽象层次、开发效率和程序性能的不断追求。

3. 编程语言的分类

　　编程语言可以分为编译型语言和解释型语言。编译型语言(如 C、C++、Go)在执行前需要通过编译器将源代码转换为机器码,然后由计算机直接运行这些机器码。它通常具有执行效率高、运行速度快的优点。解释型语言（如 Python、Ruby、JavaScript）则由解释器逐行读取源代码，并实时翻译成机器码执行，这种方式方便调试和开发，但通常执行速度较慢。此外，还有一些语言（如 Java）采用了混合模式，它们先将源代码编译成中间字节码，然后由虚拟机解释执行或通过即时编译（JIT）执行，这种方式兼顾了执行效率和开发灵活性。

❖ 6.4.2 编程环境和工具

1. 开发环境

选择合适的编程环境和工具是提高编程效率和代码质量的重要因素。常见的编程环境包括集成开发环境和文本编辑器。

（1）集成开发环境（IDE）

IDE 集成了代码编辑器、编译器、调试器等多种工具，提供了丰富的开发功能。常见的 IDE 包括 Visual Studio、PyCharm、Eclipse 等。（本节运行 Python 代码所使用的 PyCharm 是由 JetBrains 公司开发的一款强大的集成开发环境，可在其官网获取软件安装包）

（2）文本编辑器

文本编辑器如 Sublime Text、Atom 等，提供了简洁的代码编辑功能，适合轻量级开发任务。

2. 编译器与解释器

编译器用于将高级语言代码编译成机器代码，而解释器则逐行读取、解释并执行代码。不同的编程语言可能需要不同的编译器或解释器，如 GCC 编译器用于 C、C++，Python 解释器用于 Python。

❖ 6.4.3 基本数据类型与操作

在 Python 中，基本数据类型用于表示和处理不同种类的数据。它们包括数据类型（如整数、浮点数等）、字符串类型、布尔类型和特殊类型。数据类型用于执行各种数学运算；字符串类型用于处理和操作字符串数据；布尔类型用于表示和判断逻辑条件；特殊类型，如空值，表示缺失或无效的数据。数据操作是对这些数据进行各种处理和变换的工作，包括算术运算（如加减乘除）、字符串操作（如拼接、分割）、逻辑运算（如与、或、非）等。这些操作允许程序对数据进行计算、比较、转换和分析，从而实现特定的功能和任务。

1. 数据类型

① 整数（int）：表示没有小数部分的数字，如 1、2、-5。

② 浮点数（float）：表示带有小数部分的数字，如 3.14、-0.001。

③ 字符串（str）：表示字符型值，如'a'、'B'、'name'。

④ 布尔值(bool):表示逻辑值,只有 True 和 False 两个取值。

2. 变量与常量

变量用于存储数据的命名空间,可以改变其值。常量则是值固定不变的变量。Python 中使用等号(=)进行变量赋值。例如:

```
x = 5                # 整数变量
y = 3.14             # 浮点数变量
name = "LiHua"       # 字符串变量
PI = 3.141 59        # 浮点数常量(按照规定,常量使用大写字母命名)
is_student = True    # 布尔变量
```

3. 基本运算符

① 算术运算符:如+(加)、-(减)、*(乘)、/(除)、%(取余)。
② 关系运算符:如==(等于)、!=(不等于)、>(大于)、<(小于)。
③ 逻辑运算符:如 and(与)、or(或)、not(非)。
④ 位运算符:如 &(按位与)、|(按位或)、~(按位取反)。

4. 注释

注释是用来在代码中添加说明和描述的文本,分为行注释与块注释。它们呈现在源代码中,但不会被解释器执行或编译器处理。比如,"# 遍历所有数组元素"就是行注释内容。块注释则使用三个半角双引号包围注释内容,可以跨行注释。在执行程序时,注释并不会被执行。编写注释有助于开发者在后期维护程序。

❖ 6.4.4 数据容器

在 Python 编程中,数据容器是用于存储和管理数据的结构。常见的数据容器包括列表、元组、集合和字典。列表是一种可变的数据结构,允许存储不同类型的元素并进行修改。元组与列表类似,但其元素不可变。集合是一种无序且元素唯一的容器,常用于去重和集合运算。字典则是一种基于"键-值"对(key-value pairs)映射的数据结构,允许通过键快速访问对应的值。这些数据容器各有特点,适用于不同的编程场景,有助于高效地组织和处理数据。

1. 列表

列表(list)是 Python 中最常用的数据容器之一,用于存储多个元素。它们是有序的集合,每个元素都有一个索引,索引从 0 开始。列表是可变的(mutable),这意味着可以修改列表的内容,包括添加、删除和修改元素。列表可以包含不同类型的元素,如整数、字符串、浮点数,甚至可以嵌套其他列表。在 Python 中,可使用方括号[]来定义列表,并通过索引来访问和操作列表中的元素。例如:

arr = [64,34,25,12,22,11,90]

```
arr.append(4)        # 添加元素
arr.remove(11)       # 删除元素
print(arr[2])        # 访问元素，访问索引从 0 至"列表元素个数－1"
```

2. 元组

元组（tuple）也可用于存储多个元素。但与列表不同，元组是不可变的，一旦创建后，其元素不能被修改。这种不可变性使得元组适用于那些数据在创建后不需要改变的场景，如函数的返回值或作为字典的键。元组使用半角的圆括号()定义，元素之间用逗号分隔。由于元组的不可变性，因此通常在数据完整性和安全性至关重要的场景中使用。例如：

```
my_tuple = (1,2,'a','b')
print(my_tuple[1])       # 访问元素
```

3. 集合

集合（set）用于存储多个唯一的、不重复的元素。集合是无序的，这意味着集合中的元素没有特定的顺序。集合主要用于消除重复项，并提供高效的成员测试。集合支持常见的数学集合操作，如并集、交集和差集。由于集合是可变的，因此可以添加和删除元素。集合通过大括号{}或set()函数创建。例如：

```
my_set = {1,2,3,3,'a','b'}   # 集合中重复的值 3 将在存储时自动去重
my_set.add(4)                # 添加元素
my_set.remove('a')           # 删除元素
```

4. 字典

字典（dict）以"键-值"对的形式存储数据。字典使用大括号{}表示，键必须是唯一且不可变（通常使用字符串或数字）的，而值可以是任意类型。字典允许快速查找、添加和删除数据，因为它基于哈希表（hash table）实现。由于通过键可以快速访问对应的值，因此，字典适用于存储和检索需要唯一标识的数据项。字典是 Python 中灵活且强大的数据容器，适用于各种数据管理任务。例如：

```
my_dict = {'name':'LiHua','age':20,'city':'ShangHai'}
print(my_dict['age'])        # 访问值
my_dict['age'] = 22          # 修改值
```

✤ 6.4.5 控制结构

控制结构用于控制程序的执行流程，主要包括顺序结构、选择结构和循环结构。

1. 顺序结构

顺序结构是最基本的控制结构，即程序按照代码的书写顺序从上往下依次执行，如图 6-4-1 所示。

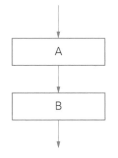

▲ 图6-4-1 顺序结构

2. 选择结构

选择结构用于根据条件执行不同的代码块,主要包括 if-else 语句和 match-case 语句。执行流程为:对条件进行逻辑判断,条件判断值为 True 时执行对应代码块,条件判断值为 False 时则执行另一对应代码块,如图 6-4-2 和图 6-4-3 所示。

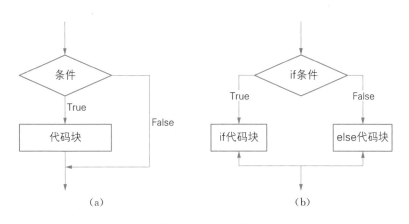

(a)   (b)

▲ 图6-4-2 选择结构

```
# if 语句示例
# 如果当前元素(arr[j])比下一个元素(arr[j+1])大,交换两个元素的位置
if arr[j] > arr[j+1]:
#交换后,arr[j]=arr[j+1],arr[j+1]=arr[j]
    arr[j], arr[j+1] = arr[j+1], arr[j]
# 若满足交换条件,则执行交换操作。否则,不执行交换操作
```

▲ 图6-4-3 选择结构示例

3. 循环结构

循环结构用于重复执行某段代码,主要包括 for 循环和 while 循环,如图 6-4-4 和图 6-4-5 所示。

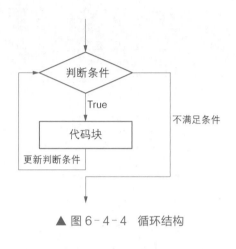

▲ 图 6-4-4　循环结构

```
# for 循环用于遍历一个序列（如列表、元组、字符串）
# 示例：打印 1 到 5 的数字
# range(1, 6) 生成一个从 1 到 5 的数字序列（注意，不包括 6）
# i 在每次迭代中依次取 range(1, 6) 中的值，
#循环体中的代码 print(i) 将 i 的当前值打印出来。
for i in range(1, 6):
    print(i)
#执行结果：将打印出 1 至 5，使用换行分隔每个数字
# while 循环示例
# x 初始值设为 1
x = 1   # 当满足 x <= 5 条件，则进入循环体
while x <= 5:
# 打印当前 x 的值，并打印一个空格以分隔下一个值
    print(x, ending=' ')
# x+1，为打印下一个值做准备
    x += 1
#执行结果：打印出 1 2 3 4 5
```

▲ 图 6-4-5　循环结构示例

❖ 6.4.6　函数

　　函数是组织代码的基本模块，用于将相关的代码片段封装在一起，形成可重复使用的代码块。一个函数包括名称、参数列表、函数体和返回值。函数的主要优点包括提高代码的可读性和可维护性、减少代码重复以及实现代码的模块化和组织化。通过调用函数，可以执行函数内部的代码，传递参数并接收返回值，从而实现复杂任务的分解和解决。

1. 函数的定义与调用

　　在 Python 中，使用 def 关键字定义函数，如图 6-4-6 所示。

```
#例如 6.3 节大模型生成的冒泡排序：定义了一个名为 bubble_sort 的函数，参数是一个待排序的列表 arr
def bubble_sort(arr):
# 计算并存储数组 arr 的长度 n，n 用于控制循环的次数
    n = len(arr)
# 外层 for 循环，i 从 0 到 n-1 逐步增加，每次循环代表一次完整的"冒泡"过程，
# 可将当前范围内最大的元素移动到正确的位置
    for i in range(n):
# 内层 for 循环控制元素的比较与交换。j 从 0 到 n-i-2。每次内层循环结束后，
# 最大的元素会被放在当前未排序部分的末尾，因此不需要在后续的遍历中再考虑这个元素
        for j in range(0, n-i-1):
# 在内层循环中，比较当前元素 arr[j] 和下一个元素 arr[j+1] 的大小
            if arr[j] > arr[j+1]:
# 如果当前元素比下一个元素大，交换它们的位置，使得较大的元素"冒泡"到后面
                arr[j], arr[j+1] = arr[j+1], arr[j]
# 初始化一个列表
arr = [64, 34, 25, 12, 22, 11, 90]
# 调用冒泡排序函数，执行后 arr 将是一个有序的列表
bubble_sort(arr)
```

▲ 图6-4-6 函数定义示例

2. 内置函数和库函数

在 Python 中，内置函数是 Python 语言自带的函数，用户无须导入任何模块即可直接使用，它们提供了基本的操作和处理功能。库函数则是由 Python 标准库或第三方库提供的函数，用户需要通过导入相应的模块来使用，这些函数扩展了 Python 的功能，涵盖了从数学运算、日期和时间处理到文件操作等各个方面。内置函数和库函数共同构成了 Python 强大的函数库，极大地简化了编程任务。

（1）内置函数

内置函数无须开发者导入模块即可直接调用。这些函数覆盖了广泛的功能，从数学运算到类型转换，从字符串处理到数据结构操作。常见的内置函数包括以下几类：

① 数学运算函数：如 abs()、pow()、round() 等。

② 类型转换函数：如 int()、float()、str() 等。

③ 序列操作函数：如 len()、max()、min()、sum() 等。

④ 字符串处理函数：如 chr()、ord()、format() 等。

⑤ 其他常用内置函数：如 type()、isinstance()、id() 等。

这些内置函数极大地方便了编程任务的执行，提高了代码的可读性和简洁性。

用户可以使用 help() 函数查看 Python 内置函数的功能与语法，如输入 help(str) 来获取字符串类的帮助信息，或者查阅官方文档以获取更详细的说明。

（2）库函数

库函数是由 Python 标准库或第三方库提供的函数，用户需要通过导入相应模块来使用。

在程序顶部，使用语法 import 库名来导入需使用的库。Python 标准库包含了许多常用的模块，如 math、datetime、os、random 等，每个模块提供了一组相关的函数，用于特定领域的操作。

① math 模块：提供了许多数学函数和常量，如三角函数、对数函数、常量 π 和 e 等。

② datetime 模块：提供了处理日期和时间的函数。

③ os 模块：提供了与操作系统交互的函数，如文件和目录操作、环境变量获取等。

④ random 模块：提供了生成随机数和随机选择的函数。

库函数扩展了 Python 的功能，使得处理各种复杂任务变得更加容易和高效。用户可以根据需要选择合适的模块，通过导入来使用相应的库函数。

❖ 6.4.7 面向对象编程

微课视频

面向对象编程
思想

面向对象编程（Object-Oriented Programming，OOP）是一种程序设计范式，它通过类和对象来封装数据和行为。

1. 类与对象

类是一种抽象数据类型，用于描述具有相同特性（属性）和行为（方法）的对象集合。类定义了对象的结构和行为模板。在类的定义中，可以包括属性（类变量和实例变量）和方法（函数）。对象是类的实例化结果，是具体存在的实体。每个对象都具有类定义的属性和方法，但是它们的具体属性值可以不同。通过实例化类，可以创建多个对象来代表不同的实体或数据。类定义如图 6-4-7 所示。

```python
# 定义类
class Dog:
    def __init__(self, name, age):
        self.name = name        # 每一只狗都有称呼这一属性
        self.age = age          # 每一只狗都有年龄这一属性
    def bark(self):
        print(f"{self.name} is barking")   # 每一只狗都有叫这一行为
# 创建对象
my_dog = Dog("Lucky", 3)
print(my_dog.name)        # 输出 Lucky
my_dog.bark()             # 输出 Lucky is barking
```

▲ 图 6-4-7 类定义示例

2. 封装、继承和多态

(1) 封装

封装（Encapsulation）是面向对象编程中的一个重要概念，它指的是将数据（属性）和操作数据的方法(代码)捆绑在一起,形成一个类(class)。通过封装,对象的内部细节被隐藏起来,外部代码只能通过对象的公共接口(公共方法)来访问和操作数据,而无须了解其内部的实现细节,如图 6-4-8 所示。

```
class Person:
    def __init__(self, name, age):
        self.__name = name    # 私有属性,以双下划线命名
        self.__age = age
    def get_name(self):
        return self.__name
    def set_name(self, name):
        self.__name = name
访问示例:
person = Person('Travis',18)        # 实例化对象
print(person.get_name())            # 访问属性
```

▲ 图 6-4-8 封装示例

(2) 继承

继承(Inheritance)是一种面向对象编程的特性。通过继承,一个类(子类或派生类)可以继承另一个类(基类或父类)的属性和方法。继承使得代码更加简洁和可复用,允许子类在不改变现有代码的基础上,扩展或修改基类的功能。子类可以访问和使用基类的所有公共属性和方法,还可以重写或新增方法,以实现特定的功能。通过继承,类之间建立了层次关系,体现了"is-a"关系,如"狗是动物"。继承是实现代码复用和构建复杂系统的重要手段,如图 6-4-9 所示。

```
class Animal:
    def __init__(self, name):
        self.name = name
    def speak(self):
        pass
class Dog(Animal):        # 继承 Animal 的属性和方法
    def speak(self):      # 重写 speak 方法
        return f"{self.name} says Woof!"
class Cat(Animal):
    def speak(self):
        return f"{self.name} says Meow!"
my_dog = Dog("WangCai")
print(my_dog.speak())          # 输出  WangCai says Woof!
```

▲ 图 6-4-9 继承示例

(3) 多态

在面向对象编程(OOP)中,多态(Polymorphism)指的是同一个方法调用可以在不同的对象上具有不同的行为。具体来说,多态允许使用统一的接口来访问不同类的对象,从而提高代码的灵活性和可扩展性。多态的实现依赖于继承和方法重写(Override)的机制。当不同的类继承自同一个父类或者实现了同一个接口,并且实现了各自的版本的同名方法时,程序可以根据调用的对象类型来决定具体执行哪个方法。多态性使得代码更加通用和可重用,因为它允许在不改变调用代码的情况下,仅通过替换对象实例来改变程序的行为。这种灵活性使得面向对象编程成为处理复杂系统和需求变化的有力工具。例如:

```
animals = [Dog("Lucky"), Cat("Miao")]
for animal in animals:
    print(animal.speak())
```

执行结果为:Lucky says Woof!
　　　　　　Miao says Meow!

在以上示例代码中,调用了同一个 speak()方法,但根据实例对象的不同表达了不同的动作行为。

✤ 6.4.8　编程实践规范

在 Python 编程中,遵循实践规范至关重要。这些规范不仅可以提高代码的可读性和可维护性,还能够有效减少错误的发生。良好的命名习惯、简洁的代码结构以及适当的注释,均有助于创建清晰、易于理解的代码。使用虚拟环境进行依赖管理,采用模块化设计原则,并坚持编写单元测试,可以确保代码的稳定性和可扩展性。在实际编程中,遵循这些规范可以极大地提升开发效率和代码质量。

问题研讨

如果要你来设计一个学生成绩管理系统,对于学生的学号、姓名、性别和各科目的成绩等数据,你会分别使用什么数据类型来进行存储? 怎样存储呢?

拓展阅读

列表推导式

列表推导式在 Python 编程中以其简洁性和高效性著称,它允许开发者用一种紧凑的语法结构来创建和转换列表,极大地提高了代码的可读性和编写效率。比如,定义一个包含 1 至 100 中所有偶数的列表,可仅用一行代码处理,即:even_numbers= [x for x in range(1,10) if x% 2== 0]。这种语法结构特别适合进行数据的简单映射和过滤操作,能够快速生成满足特定条件的列表,从而减少编写和理解代码所需的时间。列表推导式的内部优化使得它在处理速度上通常优于传统的循环结构,这对需要频繁操作数据或处理大量数据集的程序来说尤为重要。

此外,列表推导式的使用有助于提高代码的模块化和可维护性。通过将复杂的逻辑封装在简洁的表达式中,可降低代码的复杂度并减少出错的可能性。这对于团队开发和长期维护的项目来说至关重要,有助于提升团队的工作效率。列表推导式还展示了 Python 在函数式编程方面的应用,它不仅可用于简单的数据处理,还能结合条件表达式和复杂算法,实现更为复杂的数据操作。这也是 Python 在数据科学、机器学习和大数据分析等领域成为首选语言的原因之一。

总之,列表推导式是 Python 编程中不可或缺的工具,它不仅能够帮助程序员编写更加优雅和高效的代码,还能够提升程序员在日常编程中的水平和工作效率。通过深入学习和实践列表推导式,学生和开发者能够充分利用这一特性,从而以更加高效的方式处理数据和解决问题。

6.5

代码管理

问题导入

如果一个软件由团队多人同时开发，大家的代码如何协同与存放，才能确保开发进度同步、代码版本不会冲突呢？本节将介绍代码管理的基本概念、常用工具和实践方法，帮助大家掌握如何在开发过程中有效地管理代码。

✤ 6.5.1 代码管理概述

代码管理包括代码的存储、版本控制、协作开发和代码审查等方面。它的目标是确保代码的有序性和可维护性，防止代码冲突和丢失，提高团队的开发效率。

1. 代码管理的基本概念

代码管理是软件开发过程中的重要组成部分，旨在对代码的变更进行系统化的跟踪、组织和维护。版本控制、分支管理和代码仓库是其中的基本概念。

① 版本控制：跟踪和管理代码的变更历史，允许开发者在不同版本之间切换、合并和恢复代码。

② 分支管理：在版本控制系统中，分支用于隔离不同的开发工作流，允许并行开发、测试和部署。

③ 代码仓库：存储和管理代码的地方，可以是本地存储，也可以是远程服务器。常用的代码托管平台包括：GitHub、GitLab 和 Gitee。

2. 代码管理的重要性

① 提高协作效率：多个开发者可以同时在同一个项目中工作，而不会相互干扰。

② 代码回溯和恢复：可以轻松回溯到之前的版本，恢复误操作或修复引入的错误。

③ 代码审查和质量控制：通过代码审查和合并请求（Pull Request），确保代码质量和一致性。

❖ 6.5.2 常用代码管理工具

在代码管理过程中,Git 是主流的分布式版本控制系统。基于 Git 的 GitHub 是全球最大的代码托管平台,Gitee 是中国本土的代码托管平台,功能类似 GitHub,具有国内访问速度快和适合本土项目的优势。使用这些代码管理工具,能够显著提升代码开发质量和团队协作效率。

1. Git

(1) 基本命令

git init:初始化一个新的 Git 仓库。

git clone:从远程仓库克隆一个副本到本地。

git add:将文件添加到暂存区。

git commit:将暂存区的变更提交到本地仓库。

git push:将本地提交推送到远程仓库。

git pull:从远程仓库拉取最新的代码更新。

(2) 分支操作

git branch:查看所有分支。

git checkout:切换到指定分支。

git merge:合并分支。

git rebase:变基操作(在另一个分支基点之上重新提交内容),重新整理提交历史。

(3) 协作开发

Pull Request:通过 Pull Request 提交代码变更,进行代码审查与合并。

Fork:在 GitHub 等平台上,开发者可以通过 Fork 项目创建自己的副本,并在副本上进行开发。

2. GitHub

① 代码托管:提供代码仓库托管服务,支持 Git 版本控制。

② 协作工具:包括 Pull Request、Issue 跟踪、项目管理板等。

③ 集成 CI/CD:结合持续集成(CI)和持续部署(CD),支持自动化测试和发布流程。

3. Gitee

① 免费私有仓库:提供免费私有仓库,支持团队和个人开发者。

② 项目管理工具:提供包括问题跟踪、代码审查、Wiki 文档等全面的项目管理工具,方便团队协作。

③ 集成 CI/CD:内置持续集成/持续部署(CI/CD)功能,支持自动化构建和部署流程。

基于 Gitee 的
代码管理

④ 社区支持：活跃的开发者社区可以提供丰富的开源项目和资源，方便开发者学习和交流。

✦ 6.5.3　代码版本控制和协作

版本控制和协作是代码管理的关键特性，其中的分支策略、代码审查以及持续集成和持续部署（CI/CD）是不可缺失的流程。分支策略通过在不同的分支上进行特性开发、修复和实验，使团队可高效管理代码分支和合并代码变更。代码审查则通过团队成员的审阅，确保代码质量和一致性。持续集成和持续部署（CI/CD）通过自动化构建、测试和部署流程，加快代码的交付周期，降低发布风险。有效地实施这些策略，能够确保开发流程的规范性，提升项目的整体质量。

1.　分支策略

① 主分支（Main/Master）：始终保持稳定和可发布的代码状态。
② 开发分支（Develop）：进行集成测试的分支，可以合并各个功能分支代码。
③ 功能分支（Feature）：开发新功能或特性，完成后合并到开发分支。
④ 修复分支（Hotfix）：修复紧急程序漏洞，修复完成后合并到主分支和开发分支。

2.　代码审查

① 代码审查流程：通过 Pull Request 提交代码变更，由团队成员进行代码审查，确保代码质量和一致性。
② 审查工具：使用 GitHub、GitLab 等平台的内置代码审查工具，团队成员可以进行行级评论、提出建议及展开讨论。

3.　持续集成和持续部署（CI/CD）

① 自动化测试：在每次代码变更提交时，自动运行测试套件，确保新代码不会引入错误。
② 自动化部署：在代码通过测试后，自动部署到测试环境或生产环境，减少手动操作的风险。

✦ 6.5.4　应用场景

代码管理工具和流程的应用非常广泛，如在团队协作开发、开源项目和企业项目管理等场景下。对于团队协作开发，版本控制能够使多名开发者并行工作，从而有效避免代码冲突。开源项目利用代码托管平台，可以促进全球开发者共同参与、贡献和维护项目。在企业项目管理中，版本控制工具则通过分支管理和权限控制，确保代码的安全性和规范性。

1.　团队协作开发

通过 Git 和代码托管平台，团队成员可以在不同地点、不同时间共同开发同一个项目，确保代码的一致性和高效协作。

2. 开源项目

开源项目依赖于良好的代码管理和协作工具,通过 Gitee 等平台,开发者可以贡献代码、提交程序漏洞报告和参与项目讨论。

3. 企业项目管理

企业级项目通常涉及多个团队和复杂的开发流程,通过代码管理工具,可以有效地进行版本控制、代码审查和发布管理,确保项目顺利进行。

实践探究

在 Gitee 上创建一个仓库,并与团队成员协作完成一个简单项目。

拓展阅读

Git 的诞生

Linux 内核项目是一个由全球开发者共同维护的大型开源软件项目。由于项目规模庞大、涉及的代码复杂度高,如何有效管理代码成为项目成功的关键因素之一。这个项目采用了 Git 作为代码管理工具,Git 的创始人正是 Linux 之父——林纳斯·托瓦兹(Linus Torvalds)。

在采用 Git 之前,Linux 内核项目使用的是 BitKeeper(一套优秀的分布式源代码管理系统)进行代码管理。然而,BitKeeper 是一个闭源的商业软件,且在使用过程中出现了许可纠纷。项目的快速发展和广泛参与使得代码冲突频发,代码合并和版本控制变得极为复杂,严重影响了开发效率和代码质量。因此,项目管理者不得不寻找替代方案。

为了应对这些挑战,林纳斯·托瓦兹于 2005 年开发了 Git。Git 具有强大的分布式版本控制功能,允许开发者在本地仓库进行操作,并在适当的时候与远程仓库实现同步。这种方式极大地提升了软件开发的灵活性和协作效率。通过采用 Git 进行代码管理,Linux 内核项目获得了显著的收益。

Git 作为 Linux 内核项目的代码管理工具,通过其强大的版本控制和协作功能,不仅解决了项目初期面临的代码管理问题,还大幅提升了开发效率和代码质量。

6.6

综合练习

❖ 一、单选题

1. 计算思维求解问题的手段是（　　）和自动化。

A. 逻辑　　　　　　B. 建模　　　　　　C. 抽象　　　　　　D. 计算机

2. 关于计算思维的描述，错误的是（　　）。

A. 计算思维是人的思维而不是计算机的思维方式

B. 计算思维的应用一般仅限于计算机科学

C. 计算思维是概念化的抽象思维，而不只是程序设计

D. 计算思维是数学和工程思维的互补与融合

3. 计算思维中的抽象最终是要能够机械地一步一步（　　）的。

A. 自动执行　　　B. 手动执行　　　C. 半自动执行　　　D. 被动执行

4. 在下列关于贪心策略的描述中，正确的是（　　）。

A. 贪心策略不考虑整体最优，它所做出的选择只是在某种意义上的局部最优

B. 贪心策略考虑整体最优

C. 贪心策略得到的最优解是唯一的

D. 贪心策略能解决一切最优化问题

5. 在下列关于算法的描述中，正确的是（　　）。

A. 算法是某种问题的解题过程

B. 算法经执行后可以产生不同的结论

C. 在解决某一个具体问题时，算法不同，所得的结果也不同

D. 算法执行的步骤次数不可以很多，否则无法实施

6. 算法的有限性是指（　　）。

A. 算法必须包含输出

B. 算法中的每个操作步骤都是可执行的

C. 算法的步骤必须有限

D. 算法必须按顺序执行

7. 在大模型生成代码的过程中，（　　）因素对生成代码的准确性影响最大。

A. 模型的计算能力　　　　　　　　B. 提供的代码示例

C. 提供的提示描述质量　　　　　　D. 训练数据的大小

8. 在生成代码时,( )是大模型的优势。

    A. 能够生成创新的编程语言

    B. 可以自动发现并修复所有的代码错误

    C. 可以根据自然语言描述生成代码

    D. 可以完全取代程序员

9. 在使用大模型生成代码的过程中,( )策略可以帮助生成更加优化的代码。

    A. 尽量减少输入的提示信息   B. 提供性能要求或优化建议

    C. 使用通用的编程语言   D. 避免指定代码的用途

10. 关于 Python 的描述,正确的是( )。

    A. Python 是一种编译型语言

    B. Python 是一种解释型语言

    C. Python 代码需要先编译再执行

    D. Python 不需要解释器即可运行代码

11. ( )不是 Python 中的数据容器。

    A. 列表(list)   B. 元组(tuple)

    C. 字典(dict)   D. 布尔值(boolean)

12. 关于类与对象关系的描述,正确的是( )。

    A. 对象是类的模板   B. 类是对象的实例

    C. 对象是类的实例   D. 类和对象是相同的

13. 在代码管理中,( )工具最常用于版本控制。

    A. Docker   B. Jenkins   C. Git   D. Kubernetes

14. ( )方法可以有效地避免代码冲突。

    A. 频繁地进行代码合并

    B. 在本地保存多个分支

    C. 定期将代码推送到远程仓库

    D. 确保团队成员在不同的分支上工作

15. 在代码管理中,( )是使用分支的主要优点。

    A. 避免编写文档   B. 可以同时进行多项开发工作

    C. 自动测试代码   D. 强制执行代码审查

❖ 二、是非题

( ) **1.** 计算思维是一种具有逻辑性和抽象化的科学计算的解决问题的能力,它包含四个方面,分别是分析分解、归纳抽象、算法设计、模式识别。

( ) **2.** 算法是对特定问题求解步骤的一种描述,它是指令的无限序列,其中每一条指令表示一个或多个操作。

( ) **3.** 大模型生成的代码不需要经过任何修改或调试就可以直接应用于生产环境。

（　　）**4.** 在 Python 中，类是一种具体数据类型，用于描述具有相同特性（属性）和行为（方法）的对象集合。

（　　）**5.** 代码管理工具只能在本地计算机上使用，而不能与远程仓库交互。

❖ 三、实践题

1. 请应用计算思维解决"规划作业时间"问题。

2. 有一个无序的数组[4,9,8,22,33,5,12,28,23,13]，请用快速排序算法完成排序。

3. 请自行在文心一言平台输入对应的提示词并运行所生成的代码。

4. 编写一个 Python 函数，判断一个给定的整数是否为素数，如果是，则返回 True，否则返回 False。（素数又称质数，是大于 1 的自然数，且只能被 1 和它本身整除，如 2、3、5、7 都是素数）

5. 请在 Gitee 平台创建一个仓库，将自己的一个项目提交到仓库中。

主题 7

大数据与数据可视化

主题概要

信息技术飞速发展,人类社会已进入数据驱动的时代。大数据以其海量、高速、多样和价值密度低等特点,成为推动各行各业创新的关键因素。本主题旨在理解大数据的基本概念,包括其定义、特征以及与传统数据管理的区别。

本主题将探讨数据的获取与整理,介绍数据采集的多种途径,以及数据清洗、转换和加载数据的概念,为后续分析打下基础。接着,学习数据处理和分析的技巧,从而获得从大数据中提取有价值信息的能力。最后,数据可视化是传达数据分析结果的重要手段,学习各种数据可视化的工具和方法,如图表、地图和交互式仪表板等,可以将复杂数据以直观、易于理解的方式展现出来。

通过本主题的学习,我们将全面了解大数据的全生命周期管理,并掌握将数据转化为知识,进而为决策提供支持的关键技能。

学习目标

1. 理解和掌握大数据的基本概念。
2. 了解数据获取和整理的基本方法。
3. 熟悉数据处理和分析的基本方法。
4. 熟悉数据可视化的基本思路和方法。

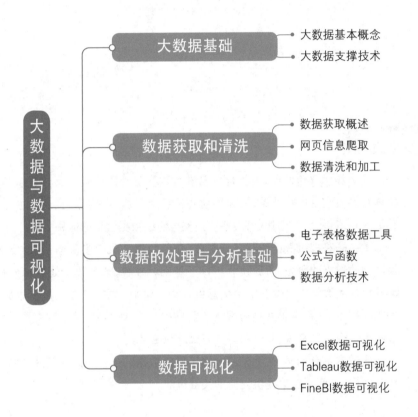

大数据基础
- 大数据基本概念
- 大数据支撑技术

数据获取和清洗
- 数据获取概述
- 网页信息爬取
- 数据清洗和加工

数据的处理与分析基础
- 电子表格数据工具
- 公式与函数
- 数据分析技术

数据可视化
- Excel数据可视化
- Tableau数据可视化
- FineBI数据可视化

大数据与数据可视化

7.1

大数据基础

问题导入

2009 年,谷歌公司在甲型 H1N1 流感暴发的前几周,便在《自然》杂志发表文章,早于世界卫生组织和其他官方医疗机构,预测了流感的传播,提供了疾控的重要指标和方向,这一事件正式拉开了大数据时代的序幕。未来的时代不仅是 IT 时代,更是 DT 时代,DT 就是 Data Technology(数据技术),这里更多仅指大数据技术。那么,应该如何理解和驾驭大数据呢?

✦ 7.1.1 大数据基本概念

被誉为"大数据时代的预言家"的牛津大学网络学院互联网研究所治理与监管专业教授维克托·迈尔-舍恩伯格(Viktor Mayer-Schöberger),在其大数据方面的著作《大数据时代——生活、工作与思维的大变革》(*Big Data*:*A Revolution That Will Transform How We Live*,*Work*,*and Think*)里指出:"大数据是人们获得新的认知、创造新的价值的源泉;大数据还是改变市场、组织机构,以及政府与公民关系的方法。"

仅仅学习过电子表格和关系数据库等传统数据处理和管理技术,已无法应对大数据的分析和处理需求。为此,必须引入完全不同的理念、理论、技术和方法。近几年诞生的新学科"数据科学",正是应此需求而产生的。

人工智能时代的核心生产力是数据,各行各业都需要从数据的采集、分析、推理、预测和洞察中获益。国际数据公司(IDC)曾预测,2025 年人类的大数据量将达到 163 ZB,这些数据蕴含着推动人类进步的巨大发展机遇。要把机遇变成现实,需要我们的计算机基础教育为之培养大量的、具备数据思维能力和数据素养的人才。

图灵奖得主,关系型数据库鼻祖吉姆·格雷(Jim Gray)提出:大数据不仅仅是一种工具和技术,更是一种思维方式,是继实验归纳、模型推演、仿真模拟之后,发展和分离出来的一个独特的科学研究范式。也就是说,过去由科学家从事的工作,未来可能可以由计算机来做。大数据是科学研究的新方法论,学习大数据是一种对先进思维方式的锻炼和熏陶,因此,大数据思维是每个当代大学生都应掌握的科学思维方法。

1. 大数据的定义

研究机构高德纳(Gartner)给大数据做出了这样的定义——大数据是需要新处理模式才能具有更强的决策力、洞察发现力和流程优化能力的海量、高增长率和多样化的信息资产。而麦肯锡全球研究所对大数据的定义是——一种规模大到在获取、存储、管理、分析方面大大超出了传统数据库软件工具能力范围的数据集合，具有海量的数据规模、快速的数据流转、多样的数据类型和较低的价值密度四大特征。

通常认为，1944 年，美国卫斯里大学的图书馆员弗里蒙特·赖德(Fremont Rider)在其专著《学者与研究图书馆的未来》(*The Scholar and The Future of Research Library*)中首次提出了类似于术语"大数据"的思想；而美国计算机协会数字图书馆(ACM Digital Library)的数据显示，1997 年迈克尔·考克斯(Michael Cox)和大卫·埃尔斯沃思(David Ellsworth)首先在学术论文中使用术语"大数据"，论文题目为《应用程序控制的需求分页以实现核心外可视化》(*Application-Controlled Demand Paging for Out-of-Core Visualization*)。

大数据的英文是"Big Data"，而不是"Large Data""Vast Data""Huge Data"。因为"large""vast"和"huge"都是指体量大，"big"和它们的差别在于"big"强调相对抽象意义上的大，而非具体尺寸上的大。"Big Data"这一术语本身也传递了一种信息——大数据是一种思维方式的改变。

大数据不是小数据的简单组合，因为在数据量由小到大的增长过程中，会发生数据涌现现象。所谓数据涌现，指数据变成大数据后，会涌现出原本在独立的小数据中没有的信息和规律，这种涌现的表现形式包括以下几方面。

① 价值涌现：在原本的成员小数据中没有价值的信息变得有价值。

② 质量涌现：在成员小数据中有质量问题的数据，即不完整和存在冗余、噪声的数据，合成大数据后不影响大数据的整体质量。

③ 隐私涌现：在原本的成员小数据中安全的信息被综合出涉及个人隐私的敏感数据。

④ 安全涌现：在原本的成员小数据中不涉及机构甚至国家安全的信息，经大数据整合后，产生了可能影响安全的信息。

2. 大数据的特征

(1) 规模性(Volume)

数据量大，包括采集、存储和计算的量都非常大。大数据的起始计量单位至少是 PB(2^{10} 个 TB)，通常涉及 EB(2^{20} 个 TB)或 ZB(2^{30} 个 TB)。具体换算关系如下：

1 Byte = 8 bit

1 KB = 1,024 Bytes = 8 192 bit

1 MB = 1,024 KB = 1,048,576 Bytes

1 GB = 1,024 MB = 1,048,576 KB

1 TB = 1,024 GB = 1,048,576 MB

1 PB = 1,024 TB = 1,048,576 GB

$$1\,EB = 1,024\,PB = 1,048,576\,TB$$

$$1\,ZB = 1,024\,EB = 1,048,576\,PB$$

$$1\,YB = 1,024\,ZB = 1,048,576\,EB$$

$$1\,BB = 1,024\,YB = 1,048,576\,ZB$$

$$1\,NB = 1,024\,BB = 1,048,576\,YB$$

$$1\,DB = 1,024\,NB = 1,048,576\,BB$$

(2) 多样性(Variety)

数据的种类和来源多样化,包括结构化、半结构化和非结构化数据。其中,非结构化数据的占比将越来越高,达到 90% 以上。这类数据具体表现为网络日志、音频、视频、图片、地理位置信息等。多类型的数据共存,对数据的处理能力提出了更高的要求。

(3) 价值性(Value)

数据价值密度相对较低,可以说如同浪里淘沙,弥足珍贵。随着互联网以及物联网的广泛应用,信息感知无处不在。因此,如何结合业务逻辑并通过强大的机器算法来挖掘数据价值,是大数据时代最需要解决的问题之一。

(4) 高速性(Velocity)

数据增长速度快,处理速度也快,时效性要求高。比如,搜索引擎要求在几分钟前发布的新闻能够被用户查询到,个性化推荐算法也可能要求即时完成推荐。这是大数据区别于传统数据挖掘的显著特征。

(5) 准确性(Veracity)

数据的准确性和可信赖度,即数据的质量应高于以随机抽样为代表的传统数据统计方式。

上述五种特征是国际商业机器公司(International Business Machines Corporation, IBM)提出的大数据"5V"特征。这里我们要注意的是,这些特征往往需要同时具备,以便满足大数据应用的需要。也就是说,不是满足了一两个特征,就算大数据了。

此外,在面向实际应用场景进行大数据分析时,掌握的数据还应该满足如下特点。

(6) 完备性

曾经有手机修图软件在上市后受到投诉,因为该软件在进行修图时是向所谓"标准脸"上靠的,而"标准脸"的尺寸其实是人脸数据的平均值。然而,该软件在训练时仅以本国的人脸大数据为基础进行,因此,在经自动修图后的图片就不符合其他国家不同人种、人群的需求了。这说明,大数据在数据规模大的同时还应该具有完备性。

(7) 置信度高

2016 年,某品牌电动汽车发生了首起涉及辅助驾驶功能的致命车祸,这引发了媒体和公众对其自动驾驶技术安全性的质疑。面对公关危机,公司首席执行官辩称,该品牌电动汽车的自动驾驶功能在行驶 1.3 亿英里后发生致命事故,相比之下,该国平均行车 0.93 亿英里就有一起死亡事故,暗示该品牌电动汽车的安全性高于平均水平。这一辩解立即遭到科学界的批评,专家指出该公司的首席执行官忽略了统计学中的置信度概念,即重大事故作为随机事件,统计的数据必须足够大,得到的发生率才是有意义的。

要提高置信度就需要增加样本量。一般而言,95%的置信度被认为是较为可信的结论。例如,根据 T 检验原理,如果投掷硬币 140 次左右,正反面保持 8∶6 的比例,就能以 95%的置信度判断硬币制作不均匀。摩根士丹利的分析显示,若要证明该品牌电动汽车辅助驾驶系统的安全性,则需要其车辆累计行驶 100 亿英里,才能得到高置信度的结论。

问题研讨

关于什么是置信度(Confidence Level),统计学上有严格的数学定义。这里举一个直观的例子:将硬币扔 14 次,如果有 8 次正面朝上,6 次背面朝上,这时有多大的把握说硬币不均匀、正面朝上的概率更大? 这个把握就是置信度。能否根据这 14 次的测量结果就判断这枚硬币制造不均匀,正面比较轻? 还是这 8∶6 的正反面比例纯属偶然? 衡量置信度的方法有 T 检验、Z 检验等,限于篇幅这里不再详述,请自行通过大模型学习相关概念。

(8) 多维度

大数据分析需要在多维度信息的基础上进行。一个人的基因全图谱数据大约在 1 TB 的量级,这个数据量不可谓不大,但一个人的基因全图谱并没有统计意义,因为无法从一个人的数据判断他是否有潜在的疾病。当拥有 100 个人的基因数据时,由于不同人的基因总是或多或少有些不同,因此也无法据此进行判断。然而,如果有另一个维度的信息,比如这 100 人过去的病例,就有可能发现某段基因和某些疾病之间的联系。这就是大数据多维度的作用。当然,100 人的数量仍然太少,得到的统计结果置信度不高。2016 年,谷歌公司同斯坦福大学和杜克大学开展了一项长期的合作,监测并取得了 5 000 人的全部医疗数据。有了各个维度的数据,就有可能发现一些生活习惯或基因、其他生理特征与疾病之间的联系。

3. 大数据的研究目标

大数据研究具有重要的科学价值和广泛的社会价值。对大数据的利用,除了可以带来经济利益,更能对教育、科学、人文、医疗、政府管理、经济调控及社会其他的方方面面带来深远的影响。

(1) 实现从数据到智慧的升华

DIKW 模型是一个用于资讯科学及知识管理的模型,如图 7-1-1 所示。这个模型可以追溯到托马斯·斯特尔那斯·艾略特(Thomas Stearns Eliot)所写的诗——《岩石》(The Rock)。在首段,他写道:"知识中的智慧我们在哪里丢失? 资讯中的知识我们在哪里丢失?"(Where is the wisdom we have lost in knowledge? Where is the knowledge we have lost in information?)据此,哈蓝·克利夫兰(Harlan Cleveland)于 1982 年 12 月在《未来主义者》(The Futurist)杂志发表的文章《资讯有如资源》(Information as a Resource)中,提出了这个体系。后来这个体系得到米兰·瑟兰尼(Milan Zeleny)及罗素·艾可夫(Russell . L.

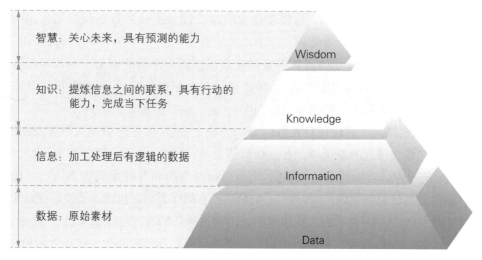

智慧：关心未来，具有预测的能力　Wisdom

知识：提炼信息之间的联系，具有行动的
　　　能力，完成当下任务　Knowledge

信息：加工处理后有逻辑的数据　Information

数据：原始素材　Data

▲ 图 7-1-1　DIKW 模型

Ackoff)的不断扩展。

　　大数据研究可以帮助我们实现从数据到信息，从信息到知识，再从知识发展到智慧的转化。智慧的价值在于能够根据历史研判未来。而大数据非常强调数据"洞见"（Data Insights），即从数据中总结规律，从而预测和发现未来。

（2）提供决策支持

　　从数据视角出发，发现问题并分析问题，可以为决策提供依据。数据从原始的零次数据，经过数据清洗（Data Munging、Data Wrangling），变成"干净"的一次数据，再经过脱敏、归约、标注、分析和挖掘后，变成二次数据，随后在对二次数据进行统计分析、数据挖掘、机器学习以及可视化操作后，便可得到能够直接用于决策支持的洞见数据。

（3）商业应用

　　大数据思维已经在很多商业领域取得了成功，以下举例说明四类常见应用。

　　① 解决人工智能问题。利用大数据消除信息的不确定性，这是香农信息论的本质，也是大数据思维的科学基础之一。

　　20 世纪 70 年代，美国康奈尔大学著名的信息论专家弗里德里克·贾里尼克（Frederok Jelinek）到 IBM 公司负责该公司的语音识别项目，他选择把语音识别当作通信问题处理。他认为，人们说话其实是用语言和文字将想法编码，而听者做的是解码的工作。按照这个理解，他用通信的编解码模型，以及有噪声的信道传输模型，构建了语音识别模型。但这些模型里面有大量参数需要计算，需要利用大数据训练统计模型。在这种研究思想的指导下，研究团队将语音识别的规模扩大到 22 000 个词，使错误率降低到 10% 左右。这是一个质的飞跃，从此语音识别一直在沿着大数据驱动的方向发展。

　　② 实现精准服务。很多信息技术服务公司，如搜索引擎公司，需要通过收集、处理大量信息和数据来理解用户意图，从而提供个性化服务。例如，当用户输入关键词"华盛顿"，搜索引擎应该给用户提供美国第一任总统华盛顿的信息，还是关于美国首都的旅游信息，还是

关于美国西部的华盛顿州的信息？这需要搜索引擎公司做大量的数据收集工作，并根据用户的行为习惯和偏好进行聚类等处理。

③ 动态调整策略。个性化的服务需要供应商根据用户愿望的变化不断调整服务策略。例如，网约车公司根据不断变化的打车人群分布和车辆分布情况，利用大数据做动态调整，从而合理地为乘客和出租车司机进行最佳匹配。

④ 发现未知规律。人们现在对大数据寄予的最大希望，就是能借助大数据发现通过传统技术手段已经无法得到的新规律。在生物制药领域，研制一款新药通常需要大约 20 年时间、20 亿美元的投入。若能利用好大数据，则可以让处方药和各种疾病重新匹配。比如，斯坦福大学医学院的研究者发现，一种治疗心脏病的药在治疗胃病时也能获得良好的效果，于是他们直接开展小白鼠试验，然后进入临床试验。由于这种药的毒性已经试验过了，临床试验的周期就短了很多。这样，找到一种新的治疗方法平均只需要 3 年时间和 1 亿美元的投资。

(4) 发展数据生态系统

大数据领域的发展日新月异，我们需审时度势，超前规划布局，以加速实施国家大数据战略为核心，加快完善数字基础设施，推进数据资源的整合、开放与共享，同时强化数据安全保障，推动数字中国建设，进而更好地服务于我国经济社会发展和人民生活品质的提升。在此过程中，应着力构建自主可控的大数据产业链、价值链及生态系统，以确保战略安全与技术领先。此外，还需加速建设高速、移动、安全、泛在的新一代信息基础设施，统筹数据资源配置，完善信息资源建设，构建一个万物互联、人机交互、天地一体的网络空间。

✦ 7.1.2　大数据支撑技术

大数据技术不是从某一个或两个传统学科中发展起来的，大数据技术强调跨学科视角，其最重要的理论基础包括统计学、机器学习和数据可视化这三个方面，并且融合了具体应用领域的知识和经验。另外，信息论也在大数据分析中发挥着越来越重要的作用。

1. 统计学

统计学是应用数学的一个分支，主要利用概率论建立数学模型，收集所观察系统的数据，进行量化分析、总结，做出推断和预测，为相关决策提供依据和参考。概率论被广泛应用于自然科学、社会科学和人文科学，以及工商业及政府的情报决策。统计学是大数据最重要的理论基础之一，大数据领域常用的软件 R 语言就是统计学家发明的，数据分析离不开统计学。

大数据领域常用的统计学知识包括描述统计和推断统计。其中，描述统计主要包括集中趋势分析、离中趋势分析和相关分析；推断统计主要包括采样分布、参数估计和假设检验。

大数据领域下的统计学，与传统统计学的研究对象和研究方法有很大不同，主要体现在以下三个方面。

第一，分析对象从随机样本变成全体数据。大数据时代强调"样本＝总体"，需要分析的数据从传统的随机采样，变成了全部数据。

第二，追求目标从精确性变成混杂性。在大数据时代，可以接受数据的复杂性，允许数据存在一定的不精确性。因此,数据分析的目标不再是精确性,而是提升数据分析的效率。

第三,思维方式从关注因果关系转化为关注相关关系。只关注"已经发生了什么",不再关注"为什么发生",更在意"将要发生什么",以及"如何使其发生"。

2. 机器学习

机器学习(Machine Learning)本身也是一门多领域交叉学科,与统计学有很多的交集,研究计算机怎样模拟或实现人类的学习行为,以获取新的知识或技能,并重新组织已有的知识结构,使之不断改善自身的性能。机器学习是人工智能的核心,是使计算机具有智能的根本途径,其应用遍及人工智能的各个领域。它主要使用归纳、综合,而不是演绎的方法。

机器学习的理论基础涉及人工智能、贝叶斯方法、计算复杂性理论、控制论、信息论、哲学、心理学与神经生物学、统计学等。

机器学习的基本步骤是,用现有的部分数据(训练集)作为学习的素材(输入),通过机器学习算法,让机器学习到(输出)能够处理更多数据或未来数据的能力(目标函数)。目标函数往往很难找到精确定义,一般用逼近算法对目标函数进行估计。

深度学习(Deep Learning)是机器学习研究中的一个领域,因 AlphaGo(阿尔法围棋)先后战胜李世石和柯洁而备受瞩目。其工作方式是建立模拟人脑进行分析学习的神经网络,通过模仿人脑的机制来解释数据。深度学习正广泛应用于语音识别、图像识别、自动驾驶等领域。

3. 数据可视化

数据可视化是将数据转换为图形或视觉表示的过程,它使得复杂的数据模式、趋势和洞察变得易于理解和分析。通过图表、图形和交互式仪表板等形式,数据可视化能够帮助用户快速识别关键信息,从而做出更明智的决策。它广泛应用于商业智能、科学研究和日常报告中,是大数据时代不可或缺的工具。有效的数据可视化能够跨越语言和文化障碍,直观地传达数据背后的故事。相对于统计分析,数据可视化有以下两个不可比拟的主要优势。

第一,可以轻而易举地发现从统计学角度很难看出的数据结构和规律。1973 年,弗朗西斯·安斯库姆(F. J. Anscombe)在他的论文《统计分析中的图形》(Graphs in Statistical Analysis)中分析散点图和线性回归的关系,他给出了如图 7-1-2 所示的四组数据。

I		II		III		IV	
x	y	x	y	x	y	x	y
10	8.04	10	9.14	10	7.46	8	6.58
8	6.95	8	8.14	8	6.77	8	5.76
13	7.58	13	8.74	13	12.74	8	7.71
9	8.81	9	8.77	9	7.11	8	8.84
11	8.33	11	9.26	11	7.81	8	8.47
14	9.96	14	8.10	14	8.84	8	7.04
6	7.24	6	6.13	6	6.08	8	5.25
4	4.26	4	3.10	4	5.39	19	12.5
12	10.84	12	9.13	12	8.15	8	5.56
7	4.82	7	7.26	7	6.42	8	7.91
5	5.68	5	4.74	5	5.73	8	6.89

▲ 图 7-1-2 安斯库姆的原始分析数据

这些数据用统计学方法看,具有一样的平均值、方差、线性回归方程,看不出其中的差异和规律在哪里。然而,如果用可视化方式表达,则如图7-1-3所示,结果一目了然,不言自明。

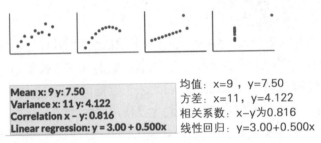

Mean x: 9 y: 7.50
Variance x: 11 y: 4.122
Correlation x - y: 0.816
Linear regression: y = 3.00 + 0.500x

均值：x=9 , y=7.50
方差：x=11 , y=4.122
相关系数：x-y为0.816
线性回归：y=3.00+0.500x

▲ 图7-1-3　经可视化处理后的安斯库姆数据

第二,数据可视化后更容易被理解和感受,对阅读者的专业水平要求降低。比如,图7-1-4所示的是计算宇宙年龄的结果,这里就无须过多说明。

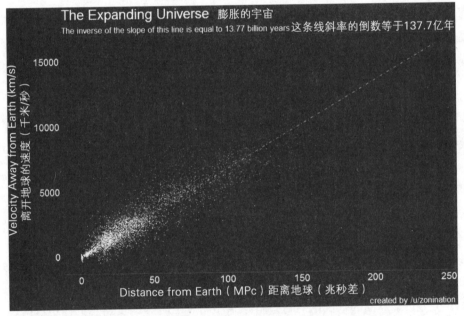

▲ 图7-1-4　数据可视化案例:计算宇宙的年龄①

4. 大数据分析与计算工具

其他大数据分析和计算技术主要包括:分布式计算框架,它们允许数据在多个服务器上并行处理,从而加快处理速度;非关系型数据库,它们提供了灵活的数据模型,能够存储结构化、半结构化或非结构化数据;数据仓库技术,它们优化了数据存储和查询,以支持复杂的分析和报告;实时数据处理技术,它们能够实时处理数据流,为即时决策提供支持;云存储和计算服务云

---

① 数据源:Hyperleda;可视化工具:R;源代码的下载地址:https://github.com/zonination/galaxies。

平台,它们通过提供可扩展的存储和计算资源,使大数据应用更加灵活、高效和经济。

目前常用的大数据处理工具有:

① 数据科学语言工具:R、Python、Scala、Clojure、Haskell。

② NoSQL 数据库工具:MongoDB、Couchbase、Cassandra、HBase、Redis。

③ 传统数据库和数据仓库工具:SQL、RDWS、DW、OLAP。

④ 大数据计算支持工具:HadoopHDFS+MapReduce、Spark、Storm。

⑤ 大数据管理、存储和查询工具:HBase、Pig、Hive、Impala。

⑥ 数据采集、聚合或传递工具:Webscraper、Flume、Avro、Hume。

⑦ 数据挖掘工具:Weka、Knime、RapidMiner、Pandas。

⑧ 数据可视化工具:Tableau、ggplot2、D3. js、Shiny、Flare、Gephi。

⑨ 统计分析工具:SAS、SPSS、Matlab。

"数据驱动型纽约(Data Driven NYC)"社区的发起人之一马特·图克(Matt Turck)等组织绘制了"2024 年大数据产业全景图"(如图 7-1-5 所示),并被称为"全速前进:2024 年机器学习、人工智能与数据生态系统全景〔Full Steam Ahead:The 2024 MAD (Machine Learning,AI & Data) Landscape]"。报告中,作者强调了数据、分析、机器学习和人工智能生态系统的快速发展和巨大潜力,显示了大数据行业的庞大和多样性,为人们理解当前大数据产业的状态和未来趋势提供了宝贵的视角。

大数据产业全景图

▲ 图 7-1-5　2024 年大数据产业全景图

问题研讨

请自行利用大模型,了解大数据思维与传统数据思维差异的经典案例,如"啤酒与尿不湿"等,并查看和了解"1854 年宽街霍乱暴发地图"等经典数据可视化的案例。

7.2

数据获取和清洗

问题导入

在信息爆炸的时代，人们被海量数据包围。当你打开社交媒体时，无数的帖子、图片和视频像潮水般涌来；当你浏览购物网站时，推荐系统似乎总能猜中你的喜好。这些现象背后，都是大数据技术在默默运作。但这些数据并非完美无瑕，它们可能包含错误、重复或者不完整的信息。数据获取和清洗关乎数据质量与分析结果的准确性，就像厨师在烹饪前必须确保食材的新鲜和清洁。那么，我们应该怎样对数据进行筛选和处理，从而挖掘真正有价值的信息呢？

✦ 7.2.1 数据获取概述

数据获取是大数据分析的起点，涉及多种数据类型和获取方法。正确理解和应用相关概念，有助于更有效地收集、整合和分析数据，为决策提供支持。

1. 数据来源

数据无处不在，是我们日常生活和企业运营的重要组成部分。数据获取是数据处理的首要环节，其来源多样，包括企业交易数据、用户行为数据、传感器数据和观察统计数据等。企业交易数据，如生产、库存、订单等，通常是结构化数据，存储在数据库中，适合商业智能分析；用户行为数据，如社交媒体上的互动，多为非结构化数据，需进行文本分析处理；传感器数据，如智能家电产生的数据，是物联网技术应用的体现，可用于构建分析模型；观察统计数据，如天气记录，可通过下载或使用网络爬虫工具获取。

数据获取的方法同样多样。企业内部数据可通过 API 直接使用，或通过 ETL(Extract、Transform、Load，提取、转换和加载)技术整合。互联网上有大量公开或可购买的数据集，为数据获取提供了便利。网络爬虫技术可从网页抓取所需数据，而 API 接口则允许我们从各种服务(如社交媒体、地图等)中获取信息。

2. 常用数据集

数据源涵盖了所有与数据抽取和保存相关的技术，它的形式多样，可以是简单的文本文件,也可以是复杂的大型数据库系统。而数据集则是由多条数据记录构成的集合,它们通常以表格形式组织,其中每列代表数据的一个特征,每行则代表一个单独的数据项。数据集可对数据源中存储的信息进行逻辑上的展示和实现。

进行大数据技术研究需要有海量数据集,以下为一些常用数据集。

(1) 政府开放数据

中国开放数据(CnOpenData):覆盖经济、金融、法律、医疗、人文等多个学科维度的数据,https://www.cnopendata.com。

中国国家统计局数据:提供国家经济宏观数据,社会发展、民生相关重要数据及信息,https://www.stats.gov.cn/sj。

中国国家数据:提供国计民生各个方面的月度数据、季度数据、年度数据等,https://data.stats.gov.cn。

中国人民银行金融统计数据:包括社会融资规模、金融统计数据、货币统计等,http://www.pbc.gov.cn。

中国互联网信息中心互联网发展数据:提供互联网发展相关基础数据,https://www.cnnic.net.cn。

(2) 企业或公益组织

美国国家航空航天局:https://data.nasa.gov。

世界银行(中文版):http://www.shihang.org。

(3) 大数据竞赛机构

Kaggle:https://www.kaggle.com/datasets。

Driven Data:https://www.drivendata.org。

DataFountain:https://www.datafountain.cn。

(4) 机器学习领域经典数据集

UCI:https://archive.ics.uci.edu/ml/datasets.html。

阿里云天池:https://tianchi.aliyun.com/dataset。

(5) 统计学领域经典数据集

统计学领域论文、学术期刊、著名图书中的数据集。

各类统计年鉴,如《中国统计年鉴》等统计数据库。

(6) 其他

R 包中的数据集,如 nycflights13、women、mtcars 等。

中国发展简报:https://www.chinadevelopmentbrief.org.cn。

中国社会组织政务服务平台:https://chinanpo.mca.gov.cn。

❖ 7.2.2　网页信息爬取

1. 网络爬虫概述

网络爬虫是网络数据获取的利器,是自动化遍历互联网的程序,它能够智能地识别和提取网页中的数据信息。现代网络爬虫技术已经从简单的页面抓取,发展到能够处理复杂的网站结构和动态内容。通过模拟 HTTP 请求,爬虫获取网页内容,并利用先进的解析技术,如 BeautifulSoup、lxml、Sprapy 框架、PyQuery、html5lib、puppeteer 等,提取出有价值的数据。

Robots 协议,也称爬虫协议,是网站与爬虫之间的通信协议,通过"robots.txt"文件告诉爬虫哪些页面可以抓取,而哪些则不可以。遵守这一协议是爬虫开发和操作的道德与规范要求,有助于保护网站数据安全和减轻对网站服务器的负担。

2. HTTP 架构简述

在 HTTP 基本原理方面,网络爬虫通过 HTTP 协议与服务器进行通信,发送 HTTP 请求、处理响应内容、进行 Cookies 管理以及 JavaScript 渲染。开发者需要掌握处理各种网页结构和内容动态加载问题的方法。近年来,随着 HTTPS 的普及,网络爬虫也需要适应这一安全协议,确保数据传输的安全性。

3. Python 网页爬取和处理

网页爬取可以通过工具软件和 Python 实现,涉及的 Python 库主要包括 Requests、re(正则表达式库)、BeautifulSoup、CSV 和 JSON 等。

① Requests 库是一个功能丰富的 HTTP 库,支持多种 HTTP 请求方法,如 GET、POST、PUT 和 DELETE 等,可以添加 HTTP 头、发送表单数据、访问响应体、处理 Cookies 等。

② re 库提供对正则表达式的支持。正则表达式是一种文本处理工具,可以用来进行字符串的搜索、替换、分割和匹配等操作,例如,从网页的 HTML 源代码中提取邮箱地址、电话号码或特定标签内容。

③ BeautifulSoup 库以更为直观的方式来解析 HTML 文档,允许用户方便地提取标签、属性和文本内容。它支持多种解析器,包括 lxml,使得解析过程更为简单和强大。

④ 数据获取后的存储和处理。CSV 库用于读写 CSV 文件,支持将数据写入文件或从文件中读取数据,适用于数据的导入和导出。JSON 库用于处理 JSON 数据,允许 Python 对象与 JSON 格式之间进行编码和解码,便于网络数据交换。

4. API 利用和数据存储

API 提供了一种标准化的方法来请求和接收数据。通过 API 获取数据通常比使用爬虫更为高效和准确,因为 API 返回的数据格式(如 JSON 或 XML)易于解析和处理。数据存储涉及将抓取的数据保存到某种持久化存储中,如关系型数据库(MySQL、PostgreSQL)或 NoSQL 数据库(MongoDB、Cassandra)等,存储设计需要考虑数据的结构、查询效率和扩展性。

5. 法律和伦理考量

网络爬虫在数据抓取过程中应注意保护用户隐私和数据安全,遵守《中华人民共和国数据安全法》等相关法律法规。尊重 Robots 协议,这有助于保护网站的数据不被过度抓取或滥用。遵守数据最小化原则,即在收集数据时,应只收集为完成特定目的所必需的最少量的数据,避免收集与目的无关的个人信息。通过数据加密、访问控制、数据备份和故障恢复等措施,防止数据泄露、损毁或丢失。在收集和使用用户个人信息之前,应获取用户的明确同意,并告知用户数据收集的目的、方式和范围,确保用户享有知情权和选择权。此外,还应定期进行数据安全教育和培训,提高人们数据保护的意识和能力;定期进行数据安全审计,评估数据处理活动是否符合法律法规和组织的政策;建立数据安全事件的应急处置机制,一旦发生数据泄露或其他安全事件,能够迅速响应,采取措施以减轻损害并防止事件扩大。

实践探究

(1) 请根据主题 5 中介绍的网页结构知识和主题 6 介绍的 Python 程序设计知识,尝试在大模型的辅助下,利用 Python 进行网络数据爬取。

(2) 尝试利用无须编写代码即可抓取网页数据的工具软件八爪鱼(Octopus)、半自动化的数据采集工具 WebHarvy、基于云的网页爬取平台进口易(Import.io)和谷歌浏览器插件 Scraper,在遵守国家相关法律法规、尊重 Robots 协议的前提下,从网络平台抓取自己需要的数据,为后续分析数据做好准备。

✦ 7.2.3 数据清洗和加工

由于从网络和其他来源获得的数据往往包含噪声,存在不一致性和不完整性,这些都可能严重影响分析结果的准确性和可靠性。因此,对原始数据进行清洗和加工,是将原始数据转化为有用信息的必经过程。通过数据清洗和加工,可把数据转化为干净、有序且有价值的信息资产,为后续的数据分析打下坚实的基础。

1. 数据清洗

(1) 数据审查(Data Auditing)

数据审查是数据清洗的第一步,目的是全面了解数据的质量和特点。在这一阶段,需要对数据集进行详细检查,包括数据的格式、类型、范围、缺失值和异常值。数据审查可以通过数据剖面分析来实现,从而生成数据的统计摘要,包括最小值、最大值、均值、中位数和标准差等。此外,数据可视化技术,如直方图、箱线图和散点图,也是审查数据的重要工具。

(2) 数据清洗(Data Cleaning)

数据清洗包括去除重复记录,纠正错误的数据,填补或删除缺失值,以及平滑或聚类噪声数据。对于不一致的数据，需要统一数据格式或单位。例如，日期时间格式可能因来源不同而异，需要将其转换为统一的标准格式。异常值可能需要根据业务逻辑进行处理，如通过箱线图的四分位数范围来识别并处理。

（3）数据验证（Data Validation）

数据验证是为了确保数据清洗的结果符合预期。在这一阶段，需要验证数据的准确性、完整性和一致性。可以通过设置验证规则来检查数据是否满足特定的条件，如检查年龄字段是否有不合理的值，或者地址字段是否符合特定的格式。此外，数据的逻辑一致性也需要验证，比如性别字段与职业字段之间是否存在逻辑上的错误。

（4）数据维护（Data Maintenance）

数据维护的目的是确保数据集随着时间的推移保持高质量，包括定期的数据审查和清洗，以及对新进入数据的实时监控和处理。数据维护策略一般包括自动化的数据质量检查、反馈机制的建立，以及数据清洗流程的持续优化。

（5）文档记录（Documentation）

数据文档记录可以跟踪数据清洗的步骤和决策，也能为团队成员之间的沟通和数据审计提供便利。

（6）反馈循环（Feedback Loop）

数据清洗是一个迭代的过程，需要根据数据验证和维护的结果不断调整和优化。通过建立反馈循环，可以确保数据清洗流程随着经验的积累而不断完善。

2. 数据加工

（1）数据脱敏（Data Masking）

数据脱敏是一种保护敏感信息的技术，它通过替换、隐藏或加密数据集中的敏感字段来防止数据泄露。这种方法常用于数据共享、数据迁移和开发/测试环境，以确保个人信息安全。例如，真实的信用卡号或个人身份信息在非生产环境中应被脱敏，以避免在数据泄露时暴露敏感数据。数据脱敏技术包括数据替换（使用虚构数据替换真实数据）、数据扰动（轻微改变数据以保持数据分布特性，同时保护隐私）和数据加密。

（2）数据集成（Data Integration）

数据集成是将不同来源的数据合并到一个统一的数据存储或数据仓库中的过程。这一过程涉及数据抽取、清洗、转换和加载。数据集成的目的是打破数据孤岛，实现数据的一致性和可用性，从而支持更有效的数据分析和业务决策。数据集成技术包括数据联邦（在不同数据库之间建立查询能力而无须物理合并数据）、数据仓库（将数据从操作型数据库迁移到一个集中的存储中）和数据湖（存储原始数据的系统，支持多种数据格式）。

（3）数据归约（Data Reduction）

数据归约是指减少数据集的大小或复杂性，同时尽量保留其有用信息的过程。数据归约通常包括数据压缩、特征选择和维度缩减等技术。数据归约的目的是提高存储效率、减少计算资源消耗,并提升数据分析的性能。例如,主成分分析(Principal Component Analysis, PCA)是一种常用的线性维度缩减技术,它可以在保留数据集中大部分变异性的同时,降低数据的维度。数据归约对处理大规模数据集尤为重要,因为它们往往包含大量冗余或不相关的信息。

3. 常用数据清洗和加工工具

① 电子表格软件:WPS 和 Office 都包含电子表格软件,可以进行数据排序、筛选、查找和替换等基本的数据清洗操作,适合初学者使用。

② Pandas:一个 Python 库,提供了丰富的数据结构和数据分析工具,适合有一定编程基础的初学者使用。

③ 谷歌表格:类似于 Excel,是一个在线电子表格工具,支持实时协作和数据清洗。此外,它还提供了丰富的公式和函数,适合进行基本的数据整理工作。

④ OpenRefine(原 Google Refine):免费的开源工具,专门用于数据清洗和转换。它支持从多种数据源导入数据,提供了强大的数据转换和清洗功能,如模糊匹配、数据分组和文本处理。

⑤ Tableau Prep:Tableau 公司提供的数据准备工具,它通过拖放界面简化了数据清洗过程,适合希望快速进行数据探索和清洗的用户使用。

⑥ Talend:一个数据集成平台,提供了数据清洗和转换功能。它的用户界面友好,支持多种数据源和目标,适合初学者学习数据清洗。

⑦ DataCleaner:一个基于 Web 的数据清洗工具,提供了数据质量测量和清洗功能,如数据校验、重复记录检测和数据标准化。

⑧ KNIME:开源的数据分析平台,提供了数据集成、清洗、转换和分析等模块。它的工作流程界面使得数据清洗过程直观易懂。

⑨ RapidMiner:数据科学平台,提供了数据预处理、建模、评估和部署等功能。它的可视化操作界面适合初学者进行数据清洗和分析。

 问题研讨

在数据清洗和加工过程中,如何平衡数据的准确性和可用性? 在某些情况下,为了保持数据的完整性,是否需要接受一定程度的数据不完美?

实践探究

选择一个实际的数据集,识别并实现数据清洗和加工流程。请介绍你的清洗和加工策略,以及这些策略如何影响了数据分析的结果。

7.3

数据的处理与分析基础

问题导入

　　面对日常学习与生活中的海量数据，你是否曾渴望快速准确地把握信息脉搏？本节将从最基础的认识电子表格出发，探索如何利用公式与函数，进行数据的自动计算，并通过排序与筛选，让杂乱无章的数据变得井然有序；通过构建分类汇总与数据透视表，洞察数据背后的深层规律。

❖ 7.3.1 电子表格数据工具

　　目前，市场上流行的电子表格类软件种类繁多，各有特色。通过这些软件，既可以实现日常生活、学习、工作中的各种数据的处理，也可以为进一步的数据分析做好准备。本节以WPS表格为例，介绍基本的数据处理方法，同时借助互联网进行深入探索。

1. 常用电子表格软件简介

(1) WPS 表格

WPS 表格是由金山公司开发的一款电子表格软件，可以兼容 Windows、Linux、Android、iOS 等多个平台，无障碍地支持. xls 文件格式。WPS 表格体积小、运行速度快，从中国人的习惯思维模式出发进行设计，简单易用。

(2) Minitab

Minitab 是目前网络上比较优秀的现代质量管理统计软件，采用了一套全面、强大的统计方法来分析数据。软件的操作界面直观易用，兼容性能好，功能多，精度高，对硬件的要求低，同时具备现代化图表引擎和强大的宏等功能。

(3) FineReport

FineReport 是帆软公司开发的一款纯 Java 编写的、集数据展示和数据录入功能于一身的企业级 Web 报表工具，采用 Excel＋绑定数据列形式的操作界面，兼容 Excel 公式，支持导入现有 Excel 表样制作报表。用户可以所见即所得地设计出任意复杂的表样，轻松实现复杂报表的制作。

(4) Excel

Excel 是由微软公司开发的一款使用方便、功能强大的数据处理软件。它具有强大的表格处理、函数应用、图表生成、数据分析、数据库管理等功能,是微软办公套件中的一个核心组件。

2. 电子表格基本界面

本节以 WPS 表格为例,介绍表格的基本知识,包括工作簿、工作表、单元格的一些基本功能。同时,着重介绍公式及函数的应用、图表和数据透视表的制作,以及数据的排序、筛选、分类汇总等操作。图 7-3-1 为 WPS 表格的窗口界面。

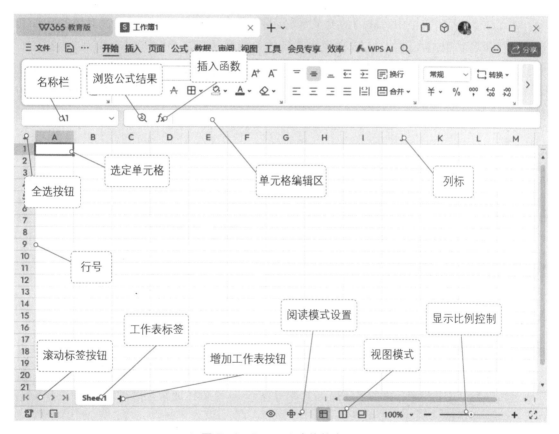

▲ 图 7-3-1 WPS 表格的窗口界面

在 WPS 表格中,每个工作簿内最多可以含有 255 个工作表。工作表是处理数据的主要场所,每个工作表由单元格、行号、列标、工作表标签等组成。单元格是工作表中最基本的存储和处理数据的单位。三者是包含的关系,即工作簿包含工作表,工作表包含单元格。

(1) 工作簿

在 WPS 表格中,工作簿就是文件,用于保存表格中的数据,一个工作簿就是一个 WPS

表格文件,其扩展名为.xlsx。启动 WPS 办公软件,在新建一个空白表格之后,系统会自动新建一个名为"工作簿1"的工作簿。

除了使用默认的工作簿设置外,用户还可以自定义工作簿的各项设置。单击"文件"菜单,选择"选项"命令,弹出"选项"对话框,在该对话框中,可以根据需要修改配色方案、文件保存时的默认格式以及自定义功能区。

（2）工作表

工作表是构成工作簿的主要元素,用于存储和处理数据,也称为电子表格。在默认情况下,工作簿中包含一张工作表,默认标签为"Sheet1"。当前选中的工作表标签会上浮且显示为白色。

（3）单元格

单元格是 WPS 表格中行和列的交叉部分,是存储数据的最小单位,通过对应的列标和行号进行命名和引用。例如,在第 B 列第 2 行的单元格就命名为"B2",如图 7-3-2(a)所示。任何数据都只能在单元格中输入,多个单元格为单元格区域,单元格区域的命名由所在区域左上角的单元格名加上冒号,再加上右下角的单元格名组成,如图 7-3-2(b)所示的"A2:C3"单元格区域。

（a）单个单元格

（b）多个单元格

▲ 图 7-3-2　单元格

3. 工作表的基本操作

工作表是工作簿的基本组成单位,为了便于工作簿的管理,用户可以对工作表进行选定、添加、删除、重命名、移动、复制等操作,这些操作通常是通过工作表标签来完成的。

工作表的基本
操作

4. 数据输入和编辑

在工作表中输入和编辑数据是使用 WPS 表格时最基本的操作项目之一。工作表中的数据都保存于单元格之中,准确、高效地输入和编辑不同类型的数据是后续所有数据处理的基础。

输入数据的方法

快速输入数据的
方法

(1) 输入不同类型的数据

① 文本型数据:英文字母、汉字、空格以及符号都是文本型数据。在输入文本型数据时,系统自动左对齐。当输入较长的数字字符数据(如电话号码、身份证号)时,系统会自动在数字字符前加一个英文单引号,将数字字符文本数据自动认定为文本型数据,此时单元格左上角会有绿色小三角显示。

② 数值型数据:数字、运算符号、标点符号、小数点以及一些特殊符号(如 $ 、%等)都属于数值型数据。在输入数值型数据时,系统自动右对齐。当输入的数值型数据长度过长时,系统会自动用科学记数法来表示数据,如"1.234 56E+15";对于小数部分,如果其长度超过了设定的格式,系统会根据设置将超过的部分四舍五入;当输入分数时,应先输入"0"加一个空格,然后再输入分数,否则系统会将分数默认成日期格式的数据;当数据列宽比单元格列宽更宽时,单元格可能会显示"######",若要查看所有数据,则必须增加列宽。

③ 日期型数据:系统内置了一些日期和时间格式。当输入的数据与内置格式相匹配时,系统会自动将数据处理成日期或时间,并右对齐。在输入日期时,通常用斜线"/"、连字符"-"分隔。在输入时间时,通常用冒号":"分隔,系统默认以 24 小时制显示。

(2) 移动、复制及选择性粘贴数据

在表格中进行数据的复制、粘贴操作后,可单击弹出的浮动菜单,根据需要选择粘贴、值、公式、格式等选项,如图 7-3-3 所示。

在复制选中的单元格之后,到目标单元格右击选择"选择性粘贴"命令,可实现如图 7-3-4 所示的公式、数值、格式等粘贴方式,以及运算等复杂的粘贴方式。

▲ 图 7-3-3 粘贴选项

▲ 图 7-3-4 选择性粘贴选项

5. 单元格的操作

(1) 插入、删除单元格

选中单元格,右击并在快捷菜单中选择"插入"或"删除"命令,即可选择插入或删除单元格的位置，如图 7-3-5 所示。

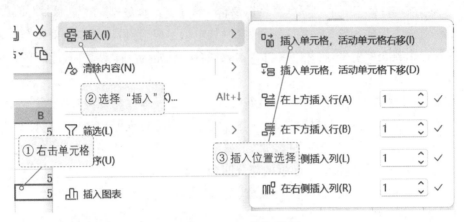

▲ 图 7-3-5　插入选项

(2) 选取、命名单元格或区域

① 选取。单击要选择的单元格，即可选中该单个单元格。选中一个单元格，按住鼠标左键拖曳，可选定一片单元格区域。若需要选择不连续的单元格，可先按住〈Ctrl〉键，然后依次单击需要选择的单元格；若需要选择连续的单元格，可先选中连续区域左上角的单元格，然后按住〈Shift〉键，再单击连续区域右下角的单元格；若需要选择工作表中的所有单元格，只需单击行号与列标交界处的全选按钮或按快捷键〈Ctrl〉+〈A〉即可选中；若需清除选中区域，则只需单击任意单元格。

② 命名。选中单元格或区域，在名称栏中输入名称即可对其命名；也可在"公式"选项卡的名称管理器中新建名称，在弹出的对话框中输入名称及名称区域，如图 7-3-6 所示。

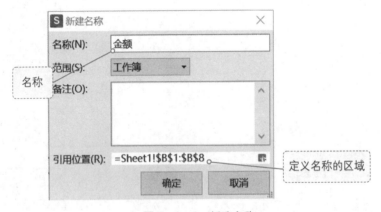

▲ 图 7-3-6　新建名称

6. 行和列的操作

(1) 调整列宽和行高

单元格有默认的列宽，而行高则会配合字体的大小自动调整。

将鼠标停留在相邻的行号或列标的分隔线上,当光标呈现双向箭头时,即可拖动该分隔线调整列宽和行高;此时,双击鼠标可自动调整列宽。若需精准设置列宽和行高,可选中需要调整的列或行,右击鼠标,在弹出的菜单中选择"列宽"或者"行高"命令,输入相应数值。

(2) 隐藏与显示行列数据

行数据的隐藏与取消隐藏操作,如图 7 - 3 - 7 所示。列数据的隐藏与取消隐藏方法与行数据一致。

▲ 图 7 - 3 - 7 行数据的隐藏与取消隐藏

7. 工作表格式化

在工作表中输入数据之后,需要对工作表进行修饰,使工作表的整体更美观、简洁。

自动套用格式

(1) 设置单元格格式

① 菜单栏设置。在设置单元格的格式时,可以从字体、对齐方式、数字格式、边框和底纹、单元格合并等几个方面进行设置,如图 7 - 3 - 8 所示。

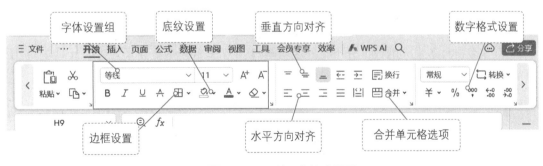

▲ 图 7 - 3 - 8 单元格格式设置

② 快捷菜单设置。选中单元格或单元格区域,右击鼠标,单击"设置单元格格式",在弹出的"单元格格式"对话框中进行设置。

③ 浮动工具栏设置。这种设置更加便捷。选中文本,右击鼠标,会显示一个浮动工具

栏。通过浮动工具栏可以帮助用户进行字体、字号、对齐方式、文本颜色、填充边框线、格式刷等功能的设置，如图7-3-9所示。

▲ 图7-3-9　浮动工具栏设置

（2）应用条件格式

条件格式是一种强大的工具，它允许用户根据特定的条件自动改变单元格的格式。这意味着，当数据满足某些设定条件时，单元格的格式（如字体颜色、背景颜色、边框等）会自动发生变化，从而帮助用户更直观地识别和分析数据。

条件格式主要包括五种默认的规则：突出显示单元格规则、项目选取规则、数据条、色阶和图标集。用户可以根据自己的需要为单元格添加不同的条件格式。

① 突出显示单元格规则：对规定区域的数据进行特定的格式设置。

② 项目选取规则：通过项目选取规则选项，在选定的区域中根据指定的值查找该区域中的最高值、最低值等；还可以快速将该区域中高于或低于平均值的单元格设置成合适的格式。

③ 数据条：使用渐变或实心填充的数据条。数据条的长度代表单元格中数据的值：数据条越长，代表值越高；反之，数据条越短，代表值越低。当在观察大量数据中的较高值和较低值时，使用数据条能一目了然。

④ 色阶：通过颜色刻度，帮助用户比较直观地了解数据分布和数据变化。通常有双色和三色两种，用颜色的深浅来表示某个区域中数值的高低。

⑤ 图标集：有方向、形状、标记、等级四种样式，可以对数据进行注释。

✦ 7.3.2　公式与函数

WPS表格具备强大的数据分析与处理功能，其中公式和函数提供了强大的计算功能，用户可以运用公式和函数实现对数据的分析与处理。

1. 公式

公式就是从"＝"开始的一个表达式。当在单元格中输入"＝"时，表格就会将其识别为公式输入的开始；公式可以在编辑栏或单元格中输入。

公式由数据、函数、运算符、单元格或区域引用等组成，类似于文本型数据的输入。如图7-3-10所示，在N3单元格中输入公式"＝F3＋G3＋H3＋I3＋J3＋K3＋L3"，表示将这七个单元格中的数据进行求和运算，即求所有科目的总分，计算结果在N3单元格中显示，而公式本身则在该单元格的编辑栏中显示。单元格的公式可以像其他数据一样进行编辑，包括修改、复制、移动。如果希望在连续的区域中使用相同算法的公式,可以通过双击或拖动单元格右下角的填充柄来进行公式的复制。

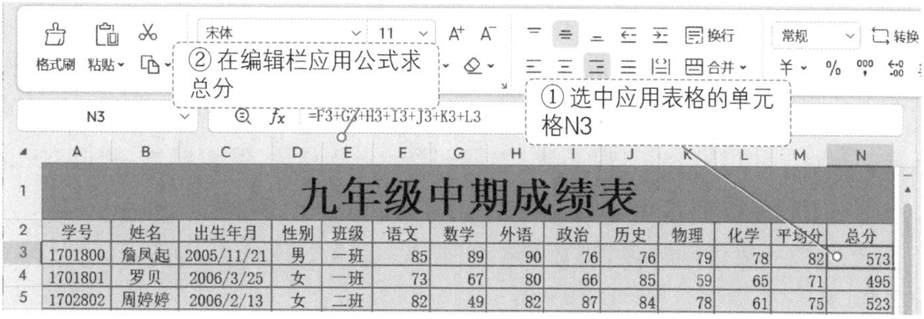

▲ 图 7-3-10 应用公式

公式中的常量可以是数值型和文本型。运算符是构成公式的基本元素之一,公式中的运算符有四类:算术运算符(＋、－、＊、/、％、^)、字符运算符(＆)、关系运算符(＝、＞＝、＜＝、＜、＜＞)和引用运算符(:、,、空格)。当公式中出现多个运算符时,WPS 表格对运算符的优先级做了规定,算术运算符从高到低分三个级别:"％、^"为最高级,其次是"＊、/",最低是"＋、－",关系运算符优先级相同。四类运算符的优先顺序由高到低依次为引用运算符、算术运算符、字符运算符、关系运算符。当优先级相同时,按从左到右的顺序计算。

2. 引用单元格

在利用公式、函数的场合,单元格的引用具有十分重要的地位和作用。引用即标识工作表上的单元格或单元格区域,并指明公式中所使用数据的位置。如果要在不同的单元格中输入相同的公式,则可以用到公式的引用功能。在引用单元格数据后,公式的运算值将随着被引用的单元格数据的变化而变化。单元格引用可分为相对引用、绝对引用和混合引用。

① 相对引用:当公式所在的单元格位置发生变化的时候,公式中引用的单元格地址也会发生相应的变化。如果多行或多列地复制公式,引用会自动调整。在默认情况下,新公式使用相对引用,此时被单元格引用的地址称为相对地址,如"F10"表示为相对地址。

② 绝对引用:如果说相对引用强调的是单元格地址的变化,那绝对引用则强调单元格地址的固定性,即无论公式放在什么单元格中,公式中引用的单元格地址都不会发生改变。如果多行或多列地复制公式,绝对引用不做调整,此时被单元格引用的地址称为绝对地址。在默认情况下,新公式使用相对引用,若需要将它们转换为绝对引用,则在相对地址中加入"＄"符号,例如"＄F＄10"就是绝对地址。

③ 混合引用:同时使用了相对引用和绝对引用。具体来说,就是行用相对地址,列用绝对地址,或行用绝对地址,列用相对地址,如"＄A2""A＄2"。在混合引用中,如果公式所在单元格的位置改变,则相对引用改变,而绝对引用不变。如果多行或多列地复制公式,相对引用自动调整,而绝对引用不做调整。

引用工作表的格式是:"工作表的引用!单元格的引用",表示引用同一工作簿中的其他工作表中的单元格。引用还可以跨工作簿,但要注意的是,被引用的工作簿要处于打开状态。例如,在计算商品价格时,折扣率数列放在 A 工作簿的 Sheet3 工作表的 F 列第 10 行开始的单元格中,那么引用就是:"[A. xlsx]Sheet3!$F10"。

3. 函数简介

函数是一些预定义的公式,包括函数名和参数。用户把参数传递给函数,函数按特定的指令对参数进行计算,然后把计算的结果返回给用户。WPS 表格函数一共有 10 类,分别是数据库函数、日期与时间函数、工程函数、财务函数、信息函数、逻辑函数、查找与引用函数、数学和三角函数、统计函数、文本函数。

WPS 表格函数一般由函数名、参数和括号构成。函数的基本结构是:

函数名称(参数 1,参数 2,……,参数 n)

其中,函数名称说明函数要执行的运算,每个函数都有唯一的函数名称;参数指定函数使用的数值或单元格。函数名称后面是把参数括起来的圆括号,在有多个参数的情况下,参数之间要用半角逗号分隔开。参数可以是常数、单元格地址、单元格区域、单元格区域名称或函数等。求所有科目的总分,也可用函数来完成。

方法 1:如图 7-3-11 所示,在 N3 单元格中输入"=SUM(F3:L3)",其中 SUM 是函数名,说明函数要执行求和运算,区域 F3:L3 是参数。如果将该区域的名称定义为 AA,那么参数可以直接用名称来代替,即"=SUM(AA)",便可求出区域 F3:L3 的和。

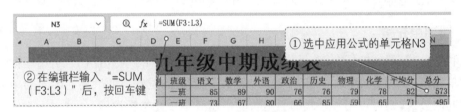

▲ 图 7-3-11　应用函数

方法 2:利用"公式"选项卡中的"插入函数"命令,操作方法如图 7-3-12 所示。

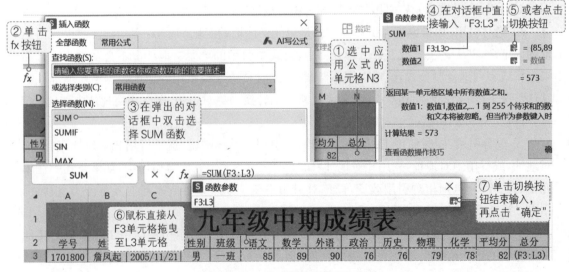

▲ 图 7-3-12　"插入函数"的方法

4. 常用函数

WPS 表格中较常用的统计函数有 SUM、AVERAGE、COUNT、MAX、MIN、RANK、COUNTIF、SUMIF 等，常用的日期函数有 YEAR、MONTH、DAY、NOW、TODAY、EDATE、DATEDIF 等。另外，常用的函数还有 IF 及分别表示逻辑与、或、非的 AND、OR、NOT 函数。其中，IF 函数指条件函数，它根据逻辑条件的值返回不同的结果，其语法格式为：

IF(Logical_test,Value_if_true,Value_if_false)

其中，Logical_test 为逻辑条件，若其值为真，返回 Value_if_true 表达式的值；否则返回 Value_if_false 表达式的值。

例 7 - 3 - 1

打开配套素材中的 L7-3-1.xlsx 文件，统计有多少位同学；计算每位同学的平均分、总分；计算总分的最高分、最低分；对每位同学的评分进行评价，平均分大于等于 80 分的为"优秀"，平均分大于等于 70 分、小于 80 分的为"良好"，平均分小于 70 分的为"一般"；将各位同学的总分进行降序排名。

（1）选中 M3 单元格，单击该单元格编辑栏中的"ƒx"按钮，在弹出的"插入函数"对话框中，双击函数"AVERAGE"，AVERAGE 函数是平均值函数，用于计算各参数的平均值。在弹出的"函数参数"对话框中，单击第 1 行"数值 1"文本框右侧的切换按钮，此时隐藏"函数参数"对话框的下半部分。鼠标拖选工作表 F3:L3 区域，再次单击切换按钮，恢复显示"函数参数"对话框的全部内容，单击"确定"按钮。此时，单元格中显示结果，编辑区中显示公式"＝AVERAGE(F3:L3)"，也可以直接在 M3 单元格中输入"＝AVERAGE(F3:L3)"并按回车键确认。

（2）选中 M3 单元格，拖曳单元格右下角的自动填充柄，向下填充至 M18 单元格，即完成学生平均分的计算。

（3）总分的计算方法可参照图 7-3-12。

（4）选中 N3 单元格，拖曳单元格右下角的自动填充柄，向下填充至 N18 单元格，即完成学生总分的计算。

（5）选中 B22 单元格，单击该单元格编辑栏中的"ƒx"按钮，在弹出的"插入函数"对话框中，双击函数"MAX"，MAX 是最大值函数，用于统计各参数中的最大值。在弹出的"函数参数"对话框中，单击第 1 行"数值 1"文本框右侧的切换按钮，此时隐藏"函数参数"对话框的下半部分，鼠标拖选工作表 N3:N18 区域，再次单击切换按钮，恢复显示"函数参数"对话框的全部内容，单击"确定"按钮。此时，单元格中显示结果，编辑区显示公式"＝MAX(N3:N18)"，也可以直接在 B22 单元格中输入"＝MAX(N3:N18)"并按回车键确认，即完成总分最高分的计算。

（6）总分最低分的计算与最高分的计算方法一致，使用"MIN"函数，MIN 是最小值函数，用于统计各参数中的最小值，参照步骤（5）的方法在 C22 单元格中计算出最低分，也可在编辑区直接输入公式"＝MIN(N3：N18)"并按回车键确认。

(7) 统计人数与最高分的计算方法一致,但要使用"COUNT"函数,COUNT 函数是计数函数,用于统计各参数中数值型数据的个数。参照步骤(5)的方法在 B23 单元格中计算出人数,也可在编辑区直接输入公式"＝COUNT(N3：N18)"并按回车键确认。

(8) 评价的计算方法如图 7-3-13 所示,也可在编辑区直接输入"＝IF(M3>＝80,"优秀",IF(M3>＝70,"良好","一般"))",并按回车键确认。

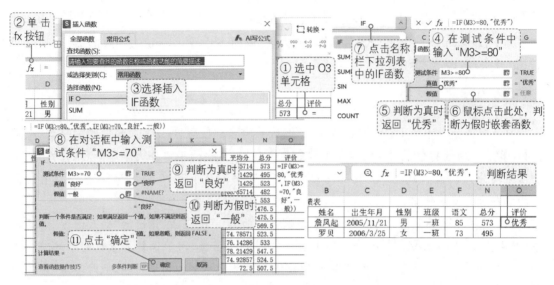

▲ 图 7-3-13　评价的计算方法

(9) 选中 O3 单元格,拖曳单元格右下角的自动填充柄向下填充至 O18 单元格,即完成学生评价的计算。

(10) 排名的计算方法如图 7-3-14 所示,也可在编辑区直接输入"＝RANK(N3,N3：N18,0)",并按回车键确认。RANK 函数是排名函数,返回一个数字在一组数字中的位次。

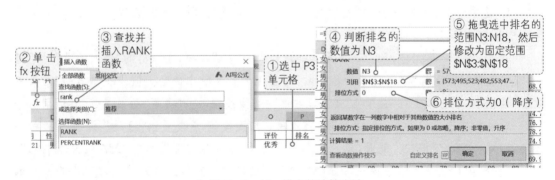

▲ 图 7-3-14　排名的计算方法

(11) 选中 P3 单元格,拖曳单元格右下角的自动填充柄向下填充至 P18 单元格,即完成学生总成绩排名的计算。

实践探究

上面的几个例子已经将如何使用函数计算做了简单的讲解。通过这几个例子,请探究一下如何用函数进行有条件的合计和有条件的计数,即统计一班所有同学的总分,同时统计三班有多少同学。如果要计算各位同学的年龄,并计算每个同学成年时的日期,又该如何用函数实现呢?

✦ 7.3.3 数据分析技术

1. 排序

WPS 表格中提供了简单排序、复杂排序和自定义排序等多种排序方法。

① 简单排序:根据数据表中的某一字段进行排序。先将光标停在要进行排序的列的任意单元格中,单击"开始"选项卡"排序"组中的"升序"或"降序"按钮;或者单击"数据"选项卡"排序"组中的按钮。

② 复杂排序:对两组或两组以上的数据进行排序。选择"开始"选项卡"排序"组中的"自定义排序"按钮,在弹出的"排序"对话框中设置"主要关键字"的排序依据和次序,再单击"添加条件"按钮,增加设置"次要关键字"的排序依据和次序,可以添加多个次要关键字的排序,也可以通过删除条件来减少次要关键字的排序。数据先根据主要关键字排序,当主要关键字中有相同值时,再根据次要关键字排序,以此类推,如图 7-3-15 所示。

▲ 图 7-3-15 复杂排序

③ 自定义排序:当简单排序和复杂排序都无法满足排序要求的时候,用户可以自定义排序。在"排序"对话框中,将次序设定为"自定义序列",即可设置序列。自定义排序只能应用于"主要关键字"框中的特定列。

2. 筛选

筛选就是从数据列表中显示符合条件的数据,不符合条件的其他数据则隐藏起来。筛选有自动筛选和高级筛选。

选择数据区域中的任意单元格，单击"数据"选项卡中的"筛选"按钮，数据列表中的每一个字段旁便会出现一个小箭头，表明数据列表具有了筛选功能。此时，再次单击"筛选"按钮，则可取消筛选功能。选择所要筛选字段旁的下拉按钮，根据列中的数据类型，在弹出的列表中可以选择"数字筛选"或"文本筛选"选项，进行指定内容的筛选；或者利用搜索查找筛选功能，即在搜索框中输入内容，系统会根据指定的内容筛选出结果，这是自动筛选功能。

例 7 - 3 - 2

打开配套素材中的 L7 - 3 - 2. xlsx 文件，筛选出语文成绩在 70 到 80 分（包括 70 分，不包括 80 分）的女同学。筛选步骤及结果如图 7 - 3 - 16 所示。

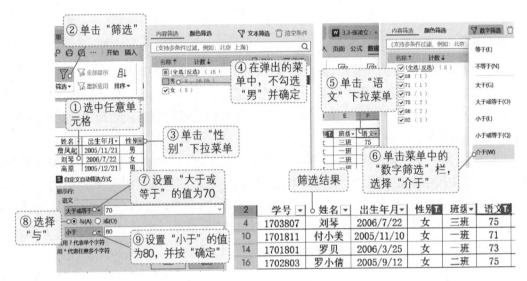

▲ 图 7 - 3 - 16 筛选

拓展阅读

高级筛选

对于条件更为复杂的筛选，则需要用到高级筛选功能。高级筛选是一个强大且灵活的工具，可以帮助用户快速准确地从大量数据中提取出符合特定条件的信息。通过掌握高级筛选的基本操作步骤和典型应用场景，并结合注意事项和技巧进行实践应用，可以极大地提高数据处理和分析的效率。

在使用高级筛选时，必须在工作表的无数据区域先输入要筛选的一个或多个条件，作为条件区域来存放筛选条件，然后将筛选的结果显示在指定位置。在条件区域中，需要包含要筛选的字段名称和对应的筛选条件。字段名称必须与数据区域中的列标题完全匹配。

3. 分类汇总

分类汇总是依据列表中的某一类字段将数据进行汇总。汇总时,可根据需要选择汇总方式(如求和、平均、计数等)。在对数据进行汇总后,系统会将该类字段组合为一组,可以进行隐藏。在创建分类汇总前,必须根据分类字段对数据列表进行排序,让同类字段集中显示在一起,然后再进行分类汇总。

创建分类汇总的方法是:先根据分类字段进行排序,然后选择“数据”选项卡“分级显示”组中的“分类汇总”按钮,在弹出的“分类汇总”对话框中进行设置。在“分类字段”下拉列表中选择已经排序好的分类字段,在“汇总方式”下拉列表中选择汇总的方式,在“选定汇总项”下拉列表中,勾选一个或多个需要分类汇总的字段,单击“确定”按钮,即显示分类汇总后的结果。同时,屏幕左边会自动显示一些分级显示符号(“＋”或“－”),单击这些符号可以显示或隐藏对应层上的明细数据。

例 7 - 3 - 3

打开配套素材中的 L7 - 3 - 2. xlsx 文件,按班级分类汇总各门功课的平均成绩。分类汇总的步骤及结果如图 7 - 3 - 17 所示。

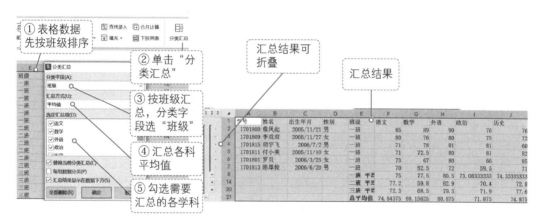

▲ 图 7 - 3 - 17　分类汇总

4. 数据透视表

数据透视表是一种对大量数据进行快速汇总和建立交叉列表的交互式表格,它不仅可以通过转换行和列来查看源数据的不同汇总结果,也可以显示不同页面已筛选的数据,还可以根据需要显示区域中的细节数据。数据透视表是一个动态的表格。

例 7 - 3 - 4

打开配套素材中的 L7 - 3 - 2. xlsx 文件,汇总出各班男女生的总分的平均分,步骤及结果如图 7 - 3 - 18 所示。

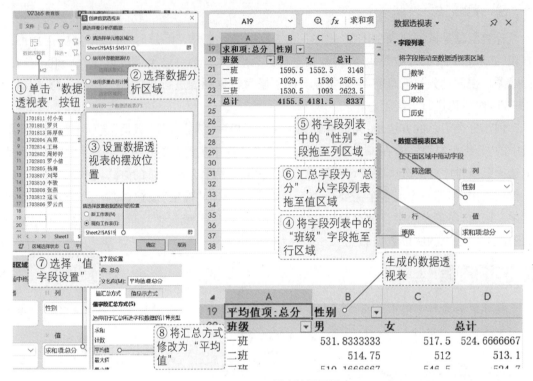

▲ 图 7-3-18　创建数据透视表

5. 数据透视图

数据透视图是对数据透视表显示的汇总数据的一种图解表示方法。数据透视图是基于数据透视表生成的,不能在没有数据透视表的情况下只创建数据透视图。

创建数据透视图的方法是:单击"插入"选项卡中的"数据透视图"按钮,在弹出的"创建数据透视图"对话框中进行设置。这一过程和创建数据透视表的过程相似,只不过在创建透视图的同时会产生一张数据透视表。WPS 表格的图表特性大多数都能应用到数据透视图中。

7.4

数据可视化

问题导入

　　表格形式的数据像未经雕琢的原石,沉默而晦涩。数据可视化是一种技术和艺术,能将枯燥的数据转化为直观、生动的视觉表达,通过颜色、形状和布局等元素增强信息的影响力。通过数据可视化,不仅能更有效地传达信息,还能激发新的思考和创意。准备好一起洞察数据背后的故事,发现数据之间的模式、趋势和关联了吗?

❖ 7.4.1 Excel 数据可视化

　　图表是将表格中的数据以图形的形式表示,使数据更加可视化、形象化,方便用户了解数据的内容、宏观走势和规律。除了常用的柱形图、折线图、饼图等图表之外,WPS 表格还提供了玫瑰图、漏斗图、词云图等动态图表,大大丰富了图形的表现形式。

　　图表主要由图表区、绘图区、图表标题、数值轴、分类轴、数据系列、网格线和图例等组成,如图 7-4-1 所示。

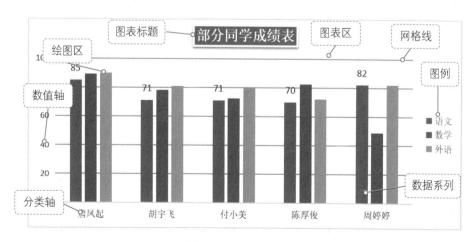

▲ 图 7-4-1　图表各区域

1. 创建图表

先选择创建图表的数据源，再选择"插入"选项卡中的"全部图表"按钮，在弹出的对话框中选择合适的图表类型，即可完成插入图表的操作。当创建完图表后，选中图表，会自动显示"图表工具""绘图工具"和"文本工具"三个动态选项卡。

"图表工具"选项卡是对图表整个格局的设置，如图表布局、图表样式、更改图表类型等，还可以对图表数据源进行设置；"绘图工具"选项卡是对图表中图形对象格式的设置，如形状、填充、轮廓和效果等；"文本工具"选项卡是对图形中的文本对象格式进行的设置。

图表旁边的选项卡可对图表的对象进行编辑："图表元素"菜单可以对图表标题、坐标轴、图例等进行设置，如图7-4-2所示；"快速布局"可方便快捷地修改图表的布局。

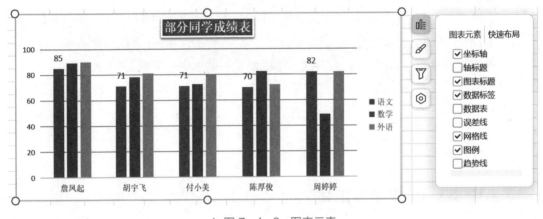

▲ 图7-4-2　图表元素

2. 编辑图表中的对象

(1) 更改图表类型

对于已经创建好的图表，也可以重新选择图表类型。

方法1：选中要更改类型的图表，单击"插入"选项卡中的"全部图表"按钮，在弹出的"更改图表类型"对话框中选择合适的图表类型。

方法2：选中要更改类型的图表，单击"图表工具"选项卡中的"更改类型"按钮，在弹出的"更改图表类型"对话框中重新设置所需的图表类型。

(2) 更改图表数据源

对于已经创建好的图表，也可以更改其数据源和行列信息。在创建图表时，WPS表格会根据数据源中的行与列自动产生图表的分类轴和数值轴。在创建好图表之后，单击"图表工具"选项卡中的"切换行列"按钮，可将数据进行行与列的切换；单击"图表工具"选项卡中的"选择数据"按钮，在弹出的"编辑数据源"对话框中，可重新选择数据区域，如图7-4-3所示。

▲ 图 7 - 4 - 3　编辑数据源

(3) 快速设置图表布局和样式

在创建好图表后,选中图表,单击"图表工具"选项卡中的"快速布局"列表,选择一种需要的布局,可快速地设置图表标题和图例位置。

图表样式包括图表中的绘图区、背景、系列标题等一系列元素的样式,软件预设了多种图表的样式。单击"图表工具"选项卡"图表样式"组中的"图表样式"列表,可快速完成图表样式的重新设置。

(4) 自定义图表布局和样式

除了利用预设的布局和样式来设置图表中的标题、背景、坐标轴、图表区、绘图区等一系列图表对象外,用户还可以自定义图表对象。比如,在图表中添加或删除坐标轴标题、图例、数据标签等。这些图表对象的文本,除了一般的字体格式设置外,还可以通过"文本工具"选项卡"艺术字样式"组中的选项来设置标题的文本填充、文本轮廓、文本效果。选中这些图表对象,还可以通过"绘图工具"选项卡"形状样式"组中的按钮进行外观设置。

3. 迷你图

迷你图是置于单元格中的数据小图表。它以单元格为绘图区域,可以快速、便捷地为用户绘制出简明的数据小图表,使数据能够以小图的形式呈现。用户可以快速查看迷你图与其基本数据之间的关系,如数据发生更改,可以立即在迷你图中看到相应的变化。

在需要创建迷你图时,选择"插入"选项卡"迷你图"组中的迷你图类型(折线、柱形、盈亏),弹出"创建迷你图"对话框,如图 7 - 4 - 4 所示。在该对话框中,可以设置要创建迷你图的数据范围(如 B3:F3),以及放置迷你图的位置(如 \$G\$3),点击确定,迷你图创建完成,如图 7 - 4 - 5 所示。

迷你图和普通数据一样,可通过拖动填充柄的方法来快速创建,选中该单元格(如\$G\$3),拖曳填充柄至其他单元格(如\$G\$7),即可完成创建,如图 7 - 4 - 5 所示。

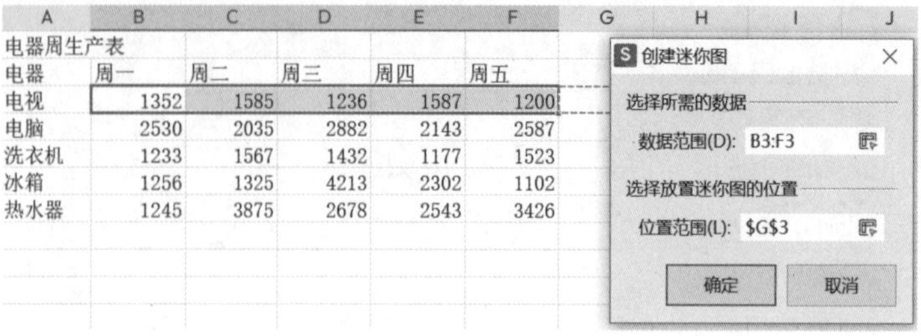

▲ 图 7-4-4 创建迷你图

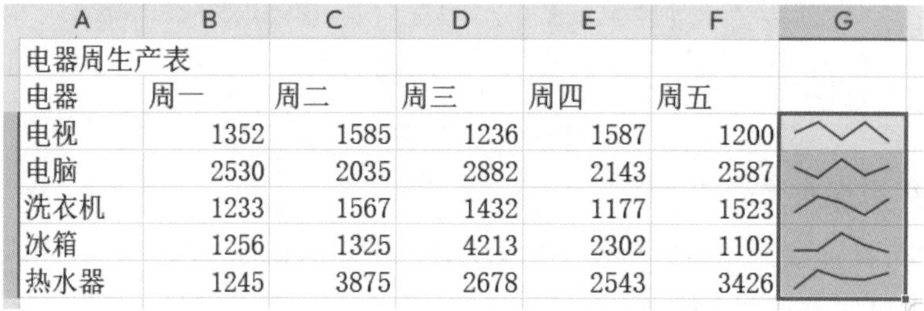

▲ 图 7-4-5 创建好的迷你图

在选中迷你图所在的单元格时，会自动显示"迷你图工具"动态标签选项卡。在该选项卡中，用户可以修改迷你图的数据源和类型、套用迷你图样式、修改迷你图及其标记的颜色等。

❖ 7.4.2 Tableau 数据可视化

Tableau 是一款源于斯坦福大学，由图灵奖获得者、奥斯卡动画片获奖者和数学家共同开发的数据分析和可视化工具。它以直观的拖放界面、多彩的图表类型和强大的数据挖掘和整合能力著称，在国际科技研究与咨询机构评比（Gartner）排行榜上处于商业智能（Business Intelligence，BI）软件类的榜首。它支持所有主流的关系型和非关系型数据源，允许用户进行交互式分析，提供移动设备支持。Tableau 有多个版本：Tableau Desktop 适合个人用户进行数据分析和可视化；Tableau Prep 用于数据准备；Tableau Server 和 Tableau Online 适合团队协作和企业级部署。个人用户通常从 Desktop 版开始使用，教学版免费。

Tableau 的界面简洁直观，通过拖曳鼠标便可快速创建条形图、折线图、散点图、地图等基础图表，同时提供丰富的自定义设置功能。另外，Tableau 支持对数据的深度分析，通过内置计算功能和筛选过滤工具，用户可快速发现数据中的规律和趋势。Tableau 还具有丰富的交互性功能，通过交互式筛选过滤、参数控制和动画功能，让数据的可视化效果变得更加生动和具有吸引力。

Tableau 支持的数据源包括 Excel、SQL 数据库等几十种，并且可以轻松地将不同来源的数据整合在一起，适用于各种类型的应用领域用户。

例 7 - 4 - 1

针对 Tableau 自带的超市数据表中的订单表，分析不同类别产品的订单数量占比情况。

第一次使用 Tableau 进行数据分析，一般需要经历如图 7-4-6 所示的流程。具体操作步骤，可参考图 7-4-7 至图 7-4-11。

利用 Tableau 制作饼图

1. 在Tableau官网下载和安装 Tableau Desktop软件

2. 打开并连接数据源：找到包含超市数据的文件并打开，如图7-4-7所示

3. 导入数据：将左侧的"订单"工作表拖曳到右边，加载所需数据，如图7-4-8所示

6. 拖放字段形成饼图：将"类别"拖放到"颜色、标签"，将"数量"拖放到"角度、标签"；设置显示整个视图，如图7-4-10所示

5. 创建工作表：单击工作表标签，进入工作表界面，如图7-4-9所示。熟悉界面分布，将标记选为饼图

4. 理解数据结构：检查数据字段，确认哪些字段包含产品类别和订单数量信息，掌握代表数据类型的图标含义

7. 设置"总和（数量）"的角度和标签为快速表计算中的"合计百分比"，过程如图7-4-10所示

8. 双击工作表标签，输入合适的内容，为饼图设置标题，如图7-4-11所示

9. 分析数据：单击排序按钮，观察不同的显示效果

11. 发布仪表板：若想要与他人分享你的分析结果，可以创建仪表板并将饼图添加其中，然后发布仪表板到Tableau Server 或 Tableau Online

10. 优化、保存和分享：双击"颜色"，根据需要调整饼图的颜色搭配；执行"文件/另存为"命令，选择twbx格式打包数据方式，保存工作簿以供日后使用或分享给他人

▲ 图 7- 4- 6 Tableau 饼图制作流程

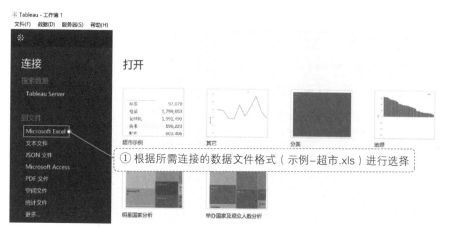

① 根据所需连接的数据文件格式（示例–超市.xls）进行选择

▲ 图 7- 4- 7 连接数据文件

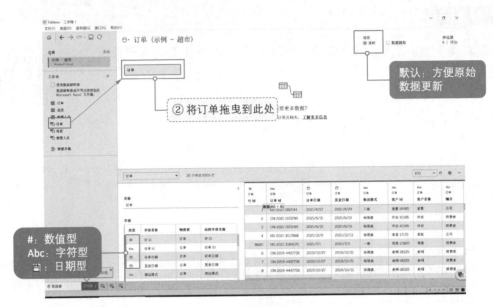

▲ 图7-4-8 加载数据及数据源界面

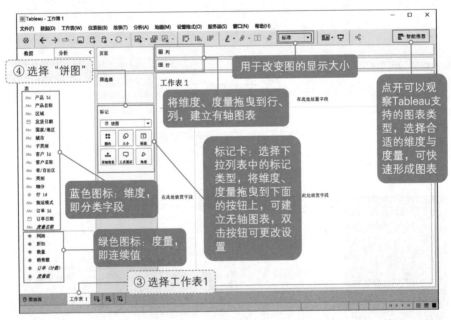

▲ 图7-4-9 创建工作表及工作表界面

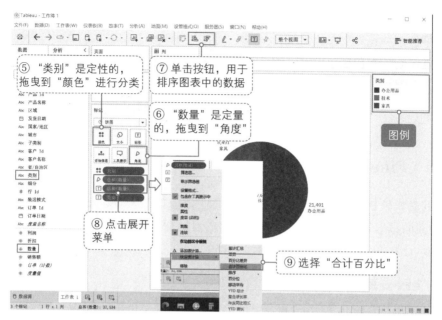

▲ 图 7‑4‑10 创建饼图并设置合计百分比

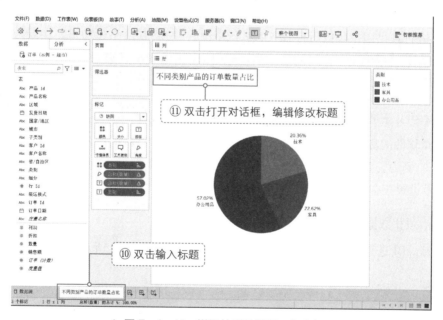

▲ 图 7‑4‑11 饼图效果及设置工作表标题

除了饼图之外，Tableau 提供了其他丰富的图表类型，利用智能推荐功能，可以快速制作各种图表。待熟悉界面和功能之后，用户还可以设置过滤器、参数，制作计算字段，实现更复杂的数据可视化和分析效果。

┌───┐

实践探究

　　尝试利用大模型了解更多的关于 Tableau 工具的特点，利用中国大学 MOOC 等网站，查询相关数据分析案例，提升自己的数据可视化操作能力。

└───┘

❖ 7.4.3　FineBI 数据可视化

　　FineBI 是帆软软件有限公司推出的一款商业智能（BI）产品。该产品以业务需求为导向，通过便捷的数据处理和管控，提供高效快捷的自助探索分析。FineBI 能够帮助用户自主制作仪表板，让数据分析结果更符合需求。

1. FineBI 安装和运行

　　FineBI 提供教育版和商用版，教育版可免费下载。这里以 FineBI V5.1 教育版为例，对该软件进行介绍。打开帆软官网下载页面，用户可根据自己电脑操作系统的版本选择下载对应版本的安装包。

　　由于 FineBI 安装包中包含了 Web 应用服务器环境，故在启动软件的同时，会打开相应的后台服务窗口，供用户监控后台服务的运行情况，一般将其最小化即可。在后台服务窗口启动后，FineBI 会以浏览器窗口的形式启动软件，浏览器中出现登录界面，在输入正确的用户名和密码后，即可进入软件主界面。[①]

2. FineBI 主界面

　　FineBI 软件的界面左侧为功能菜单，提供目录、仪表板、数据准备和管理系统四个功能菜单；界面右侧为资源栏目，提供帆软官网上的学习资源（需联网访问）；界面上方提供帮助、消息和账号设置三个功能按钮。

3. FineBI 数据可视化流程

　　使用 FineBI 进行数据可视化主要有 4 个步骤，如图 7-4-12 所示。

导入数据　➡　创建仪表板　➡　添加组件　➡　保存导出

▲ 图 7-4-12　数据可视化工作流程

4. 导入数据

　　FineBI 支持多种格式的数据文件导入，如 Excel、SQL、DB 等数据文件，也可以通过连接

───────────────────

[①] 说明：首次登录时，软件会要求用户设置用户名、密码和数据库类型（选择内置数据库即可）。

的方式连接到各个数据库,如 Hsql、IBMDB2、Microsoft SQL Server、MySQL、Oracle 等数据库。

例 7-4-2

导入配套素材 L7-4-1.xlsx 中的数据。

打开 FineBI,在"数据准备"功能菜单中,单击"添加业务包"。在业务包列表中选择新建的业务包,单击右侧的"…",选择"重命名",将该业务包命名为"中国能源业务包"。

单击"中国能源业务包",进入业务包管理界面,再单击"添加表",选择"Excel 数据集",在弹出的对话框中选择指定的数据文件,即 L7-4-1.xlsx,点击"打开"按钮。

在数据预览界面,设置表名为"能源数据",并在确认显示的数据为所需导入的数据后,单击"确定"按钮,完成数据的导入。导入成功后,业务包中将出现该 Excel 数据表。

5. 创建仪表板

仪表板是放置可视化组件的容器。在仪表板中,可以添加多个组件并进行布局美化,从而形成一张完整的数据可视化仪表板。通过分享功能,可将仪表板共享给其他用户观看。

例 7-4-3

创建"图解中国能源"仪表板。

打开 FineBI,在"仪表板"功能菜单中,单击"新建仪表板",在弹出的对话框中,输入仪表板名称"图解中国能源",单击"确定"按钮,浏览器将新建"图解中国能源"仪表板窗口(选项卡)。

6. 添加组件

FineBI 所提供的组件功能可以实现数据可视化。单击仪表板左侧的"组件",在弹出的对话框中选择所需的数据源即可新建一个组件。FineBI 将组件编辑界面分为纵向的三个窗格。

① 左侧窗格为数据窗格,FineBI 将导入的数据分为维度和指标两大类,维度区域显示时间、文本等类型的数据,指标区域显示数值等类型的数据。

② 中间为设置窗格,提供设置组件的类型、属性和样式等功能。

③ 右侧为组件预览窗格,可预览当前组件的概况。当数据量较多时,组件将展示数据源中前 500 条记录的可视化效果。如需展示所有数据的效果,可勾选组件预览窗格左下方的"查看所有数据"进行设置。

例 7-4-4

使用"雷达图"展示中国能源情况。

单击仪表板左侧功能菜单中的"组件",在弹出的对话框中选择数据源(中国能源业务包\能源数据），鼠标左键单击"确定"按钮，进入组件编辑界面。

　　将左侧数据窗格中维度区域的"时间"和指标区域的"能源生产总量"及"能源消耗总量"拖到右侧组件预览窗格。在中间设置窗格中，设置图表类型为"折线雷达图"，将组件样式中的图例位置设置为"下方"。在组件预览窗格中设置标题为"中国能源情况"，效果如图 7-4-13 所示。

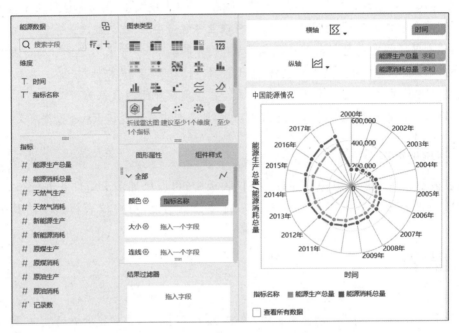

▲ 图 7-4-13 "中国能源情况"效果图

7. 预览、保存和导出

　　在创建并优化仪表板后，用户可使用仪表板的预览功能查看效果或者用于展示。单击仪表板右上方的"预览仪表板"按钮，可进入预览界面。在预览界面中，单击仪表板右上方的"编辑仪表板"按钮，可退出预览界面并进入编辑界面。

　　FineBI提供自动保存功能，在制作仪表板的过程中，系统会自动保存用户的操作结果。此外，在仪表板上方有"导出"按钮，可导出仪表板，导出的格式可以是 xlsx、pdf 和 png 等。

　　如需做数据迁移，即导出原始数据和仪表板，具体步骤如下：

　　① 目录：进入"管理系统"功能菜单中的"目录管理"，单击"BI模板"，选择所需导出的仪表板。

　　② 导出：进入"管理系统/智能运维"中的"资源迁移"，在"目录"资源中勾选所需导出的仪表板、依赖资源以及"同时导出原始 excel 附件"选项，点击"导出"按钮，即可导出并生成资源包（zip文件）。

　　③ 导入：复制资源包至其他设备中，进入"管理系统/智能运维"中的"资源迁移"，即可进行导入。如未显示相应数据，可进入"数据准备"功能菜单中进行全局更新操作。

请利用互联网进行以下问题的探究：

（1）如何根据不同的数据类型，在进行数据可视化时，选择合适的图表类型。

（2）在做数据可视化时，如何做到"一图胜万言"的要求。

拓展阅读

　　除了本节重点介绍的三种数据可视化软件外，还有一些运用编程语言来实现数据可视化的方案，请自行探索。

　　（1）Python 的 Matplotlib 库、Seaborn 库和 Plotly 库：Matplotlib 是 Python 中的一个基础的绘图库；Seaborn 基于 Matplotlib，提供了更高级的接口和更美观的默认主题；Plotly 是一个交互式图表库，支持 Python、R、JavaScript 等语言。它能够创建丰富的交互式图表，并且可以轻松集成到 Web 应用中。

　　（2）R 语言的 ggplot2 包：是 R 语言的一个绘图系统，基于"图形语法"概念，允许用户以声明式的方式构建图形，非常适合制作高质量的自定义图形。

　　（3）JavaScript 的 D3.js 库：是一个强大的 JavaScript 库，专门用于在 Web 浏览器中使用 HTML、SVG 和 CSS 可视化数据，支持高度交互式和动态的数据可视化。

　　（4）百度 ECharts：是一款由百度团队开发的开源数据可视化工具，以其丰富的图表类型、强大的交互功能和灵活的定制能力而受到广泛欢迎。

　　（5）Highcharts：是使用纯 JavaScript 编写的图表库，它支持 50 多种图表类型，兼容各种现代 Web 浏览器，并提供了灵活的配置选项。

　　（6）Chart.js：开源的 HTML5 图表库，它以 Canvas 元素为基础，易于使用，且支持响应式设计，可以很好地集成到各种 Web 项目中。

7.5

综合练习

❖ 一、单选题

1. 对于大数据而言，除了规模性、多样性、价值性、高速性和真实性五个基本特征外，（　　）特征不属于大数据的特征。

  A. 排他性   B. 完备性   C. 高置信度   D. 多维度

2. 关于大数据的研究目标，（　　）说法不正确。

  A. 实现从数据到智慧的升华

  B. 提供决策支持

  C. 目前仅限于理论研究，还没有实际商业应用场景

  D. 发展数据生态系统

3. （　　）不是数据科学领域中的常见语言。

  A. R 语言   B. Python   C. Scala   D. Dreamweaver

4. （　　）不是 NoSQL 数据库工具。

  A. MongoDB   B. Cassandra   C. HBase   D. Access

5. （　　）不是数据可视化所具有的特征。

  A. 可以帮助发现从统计学角度很难看出的数据结构和规律

  B. 大数据时代不可或缺的数据表现形式

  C. 数据可视化不适合表达始终处于动态变化的数据

  D. 可视化后更容易被理解和感受，对阅读者的专业水平要求较低

6. 数据清洗的主要目的是（　　）。

  A. 提高数据分析的速度   B. 提升数据的准确性和一致性

  C. 增加数据集的大小   D. 降低存储数据的成本

7. 在数据清洗的过程中，（　　）技术不是用来处理缺失值的。

  A. 删除   B. 填补   C. 聚类   D. 插值

8. 数据脱敏的主要作用是（　　）。

  A. 提高数据的可视化效果   B. 保护个人隐私和遵守数据保护法规

  C. 增加数据的复杂性，以防止数据泄露 D. 减少数据的存储空间需求

9. （　　）不是 WPS 表格中的数据类型。

  A. 文本型数据   B. 数值型数据   C. 公式型数据   D. 日期型数据

10. 在 WPS 表格中,用于显示所有数据的汇总统计结果的工具是(　　)。

  A. 数据透视表　　　B. 图表　　　C. 筛选器　　　D. 分类汇总

11. (　　)不是 WPS 表格中常用的函数类别。

  A. 数学和三角函数　　　　　　B. 日期与时间函数

  C. 音频处理函数　　　　　　　D. 查找与引用函数

12. 在 WPS 表格中,(　　)表示单元格的绝对引用。

  A. 使用 $ 符号　　　　　　　B. 不加任何符号

  C. 使用 ♯ 符号　　　　　　　D. 使用 @ 符号

13. 在 WPS 表格中,(　　)操作不能通过工作表标签完成。

  A. 插入工作表　　　　　　　B. 删除工作表

  C. 修改单元格内容　　　　　　D. 重命名工作表

14. WPS 表格中的"图表工具"选项卡主要用于(　　)。

  A. 编辑文本　　　　　　　　B. 创建和修改图表

  C. 进行数据排序　　　　　　　D. 设置单元格格式

15. 在 WPS 表格中,(　　)元素用于标识数据系列的具体数值。

  A. 图例　　　　　　　　　　B. 数据标签

  C. 坐标轴　　　　　　　　　D. 图表标题

✦ 二、是非题

(　　) 1. 大数据技术主要关注数据的存储问题,而不涉及数据分析和解释。

(　　) 2. 数据清洗和加工总是一个一次性的过程,一旦完成就不需要再次进行。

(　　) 3. 数据清洗和加工是一个持续的过程,随着数据的不断更新和变化,可能需要定期或不定期地重复进行。

(　　) 4. 在 WPS 表格中,一个工作簿可以包含多个工作表。

(　　) 5. WPS 表格中的文本型数据默认右对齐。

(　　) 6. 数据透视表是一种对大量数据进行汇总和建立交叉列表的交互式表格。

(　　) 7. 在 WPS 表格中,删除单元格会同时删除该单元格中的数据。

(　　) 8. WPS 表格中的函数是由用户自定义的公式。

(　　) 9. 在 WPS 表格中,创建图表后便无法更改其类型。

(　　)10. 在 WPS 表格中,饼图适用于展示数据的构成比例。

✦ 三、实践题

  1. 打开配套素材中的 ZH7-1-1.xlsx 文件,按要求进行处理,将结果以原文件名保存,如图 7-5-1 所示。(计算必须用公式)

  (1) 将 Sheet1 工作表中的数据表标题"某公司职工信息表"设置为蓝色、隶书、字号 20,合并 A1:I1 单元格并居中显示，将 A1:I14 区域设置为深蓝、双线外边框，蓝色、虚线内边框。

（2）根据 Sheet1 工作表中给出的工资奖金比例，计算所有职工的奖金（＝基本工资＊奖金比例）并填入 G 列，计算所有职工的总收入（＝基本工资＋岗位津贴＋奖金－扣款）并填入 I 列。

（3）计算总收入的平均值，保留到整数并填入 I16 单元格。

（4）在 B18 单元格中统计研发部总人数，在 B19 单元格中计算工程师奖金总和。

（5）将 Sheet1 工作表中 A1:I14 的数据（不包含格式）复制到新的工作表中，并将此工作表名称修改为"分类汇总"，将工作表标签颜色修改为"黄色"。

（6）将分类汇总工作表中的员工工作时间列的格式数值设置为日期格式"yyyy 年 mm 月 dd 日"。按"部门"汇总部门"总收入"的总和，再统计各部门中各职称的人数，如图 7-5-2 所示。

（7）将 Sheet1 工作表中 A1:I14 的数据（不包含格式）复制到新的工作表中，并将此工作表名称修改为"数据透视表"。

（8）在"数据透视表"工作表中，创建各部门各职位的奖金总和及总收入的平均值的数据透视表，并将表格数据保留到整数，如图 7-5-3 所示。

	A	B	C	D	E	F	G	H	I	J	K
1				某公司职工信息表						奖金比例	25%
2	姓名	部门	职称	工作时间	基本工资	岗位津贴	奖金	扣款	总收入		
3	魏晓霞	销售部	助工	2007/7/18	4000	1050	1000	200	5850		
4	王金宝	研发部	高工	2002/1/31	5050	1500	1262.5	350	7462.5		
5	刘鑫平	研发部	工程师	2005/7/1	4750	1350	1187.5	210	7077.5		
6	张丽丽	技服部	工程师	2004/9/20	4800	1250	1200	250	7000		
7	赵建林	研发部	工程师	2005/9/19	4700	1350	1175	200	7025		
8	李子栋	销售部	助工	2008/8/11	3450	1000	862.5	180	5132.5		
9	冯雪峰	技服部	助工	2008/12/1	3400	1000	850	170	5080		
10	王妙妙	销售部	工程师	2006/3/10	4560	1300	1140	220	6780		
11	孙文之	研发部	高工	2001/5/12	5100	1550	1275	360	7565		
12	徐向南	人事部	工程师	2007/7/28	4550	1150	1137.5	180	6657.5		
13	秦蕴珊	人事部	工程师	2006/2/26	4500	1200	1125	190	6635		
14	张志杰	技服部	工程师	2004/10/2	4800	1250	1200	250	7000		
15											
16							总收入的平均值		6605		
17											
18	研发部总人数	4									
19	工程师奖金总和	8165									
20											
21											

▲ 图 7-5-1 实践题 1 样张(1)

1 2 3 4		A	B	C	D	E	F	G	H	I	J
	2	姓名	部门	职称	工作时间	基本工资	岗位津贴	奖金	扣款	总收入	
	3	张丽丽	技服部	工程师	2004年9月20日	4800	1250	1200	250	7000	
	4	张志杰	技服部	工程师	2004年10月2日	4800	1250	1200	250	7000	
	5			工程师 计数						2	
	6	冯雪峰	技服部	助工	2008年12月1日	3400	1000	850	170	5080	
	7			助工 计数						1	
	8		技服部 汇总							19080	
	9	徐向南	人事部	工程师	2007年7月28日	4550	1150	1137.5	180	6657.5	
	10	秦蕴珊	人事部	工程师	2006年2月26日	4500	1200	1125	190	6635	
	11			工程师 计数						2	
	12		人事部 汇总							13292.5	
	13	王妙妙	销售部	工程师	2006年3月10日	4560	1300	1140	220	6780	
	14			工程师 计数						1	
	15	魏晓霞	销售部	助工	2007年7月18日	4000	1050	1000	200	5850	
	16	李子栋	销售部	助工	2008年8月11日	3450	1000	862.5	180	5132.5	
	17			助工 计数						2	
	18		销售部 汇总							17762.5	
	19	王金宝	研发部	高工	2002年1月31日	5050	1500	1262.5	350	7462.5	
	20	孙文之	研发部	高工	2001年5月12日	5100	1550	1275	360	7565	
	21			高工 计数						2	
	22	刘鑫平	研发部	工程师	2005年7月1日	4750	1350	1187.5	210	7077.5	
	23	赵建林	研发部	工程师	2005年9月19日	4700	1350	1175	200	7025	
	24			工程师 计数						2	
	25		研发部 汇总							29130	
	26			总 计数						12	
	27		总计							79265	
	28										

▲ 图 7-5-2 实践题 1 样张(2)

17									
18	职称	▼ 值							
19		高工		工程师		助工		求和项:奖金	平均值项:总收入汇总
20	部门 ▼	求和项:奖金	平均值项:奖金	求和项:奖金	平均值项:总收	求和项:奖金	平均值项:总收入		
21	技服部			2400	7000	850	5080	3250	6360
22	人事部			2263	6646			2263	6646
23	销售部			1140	6780	1863	5491	3003	5921
24	研发部	2538	7514	2363	7051			4900	7283
25	总计	2538	7514	8165	6882	2713	5354	13415	6605
26									

▲ 图 7-5-3　实践题 1 样张(3)

2. 打开配套素材中的 ZH7-2-1.xlsx 文件,请按要求进行处理,将结果以原文件名保存。

参照样张(如图 7-5-4 所示)在 H2:N15 创建各季度末收入与食物消费比较柱形图,将标题文字设置为"渐变填充-钢蓝,倒影"样式,图例放置在图表右侧,显示六月份收入的"数据标签";图表设置为圆角,并设置"向右偏移"的外部阴影;绘图区设置"渐变填充"。

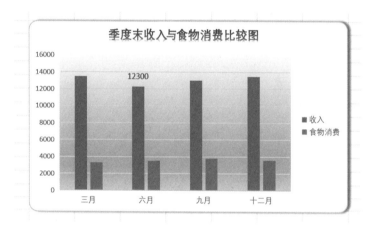

▲ 图 7-5-4　实践题 2 样张

主题 8

人工智能技术与应用

主题概要

　　人工智能正以前所未有的速度渗透并重塑着各行各业,不仅极大地丰富了应用场景,还深度挖掘并创造了巨大的商业价值。

　　本主题首先介绍人工智能的基本概念、历史,分析人工智能的学派;然后,介绍机器学习的基本概念和评价指标;在此基础上,介绍分类、回归和神经网络的基本原理;最后,对人工智能的未来发展进行了展望。

学习目标

1. 了解人工智能的基本概念、历史和学派。
2. 理解人工智能与机器学习的关系。
3. 理解机器学习训练相关概念和评价指标。
4. 掌握经典分类方法及应用。
5. 掌握线性回归方法及应用。
6. 理解神经网络方法及应用。
7. 了解人工智能的未来发展。

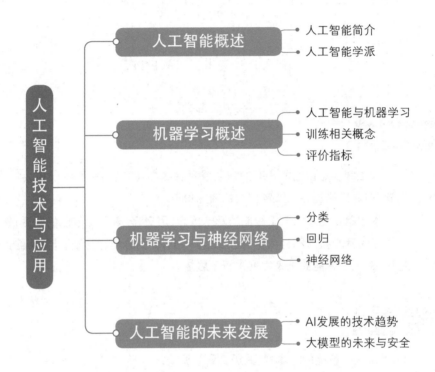

人工智能概述 —— 人工智能简介
　　　　　　　 —— 人工智能学派

机器学习概述 —— 人工智能与机器学习
　　　　　　　 —— 训练相关概念
　　　　　　　 —— 评价指标

机器学习与神经网络 —— 分类
　　　　　　　　　　 —— 回归
　　　　　　　　　　 —— 神经网络

人工智能的未来发展 —— AI发展的技术趋势
　　　　　　　　　　 —— 大模型的未来与安全

人工智能技术与应用

8.1

微课视频

人工智能概述
讲解

人工智能概述

问题导入

人工智能是一门前沿交叉学科,以计算机科学、应用数学、统计学、信息论、神经心理学和哲学等多个学科的研究成果为基础,已成为当代信息技术发展的引领学科。如今,人工智能已经融入人类生活的各个方面,如下棋、解题、人脸识别和自动驾驶等。那么,人工智能技术是如何逐步发展壮大的呢?

❖ 8.1.1 人工智能简介

1. 人工智能的定义

人工智能自诞生以来始终受到广泛关注。不同学者对于人工智能的定义不尽相同,目前较为公认的定义是:人工智能是研究和开发用于模拟、延伸和扩展人的智能的理论、方法、技术,以及应用系统的一门新的技术科学。

人工智能作为计算机科学的一个分支,它试图了解智能的实质,并生产出一种新的能以与人类智能相似的方式做出反应的智能机器。该领域的研究包括机器人、语音识别、图像识别、自然语言处理和专家系统等。人工智能是对人的意识和思维信息过程的模拟。人工智能虽然不是人的智能,但能像人那样思考,将来也有可能超过人的智能。

总的说来,人工智能研究的一个主要目标是使机器能够胜任一些通常需要人类智能才能完成的复杂工作。但不同的时代和不同的人对这种"复杂工作"的理解有所不同。

2. 人工智能发展的里程碑事件

自古以来,人类就一直试图用各种机器来节省体力,也发明了很多工具用以代替人的部分脑力劳动,如算筹、算盘和计算器等。随着第三次工业革命的到来,遵循摩尔定律,机器的计算能力实现了几何级数的增强,推动了人工智能应用的落地。

在人工智能的发展历程中,有几个重要的里程碑事件,这些事件不仅标志着人工智能技术的重大突破,也推动了整个领域的快速发展。

（1）图灵测试

1950 年，英国数学家、逻辑学家艾伦·图灵发表了一篇题为《计算机与智能》（Computing Machinery and Intelligence）的论文。文中预言了创造出具有真正智能的机器的可能性。他提出了著名的图灵测试（Turing Test）：测试者与被测试者（一个人和一台机器）在隔开的情况下，测试者通过一些装置（如键盘）向被测试者随意提问。进行多次测试后，如果机器让平均超过 30%的测试者做出误判，不能辨别出其机器身份，那么这台机器就通过了测试，并被认为具有人类智能。图灵测试是人工智能哲学方面的第一个严肃提案，图灵也因此被后人誉为"人工智能之父"。

（2）达特茅斯会议

1956 年，美国达特茅斯学院的约翰·麦卡锡、哈佛大学的马文·明斯基（Marvin Minsky）和贝尔实验室的克劳德·香农（Claude Shannon）等学者，在美国达特茅斯学院召开了一次为期两个月的"人工智能夏季研讨会"，从不同学科角度探讨了人类各种学习和其他智能特征的基础，以及用机器模拟人类智能等问题，并首次提出人工智能的术语。这次会议被称为达特茅斯会议，标志着人工智能的诞生。

（3）反向传播算法的提出

1969 年，反向传播算法（Back Propagation）被提出，这是一种训练神经网络的重要算法。反向传播算法的提出极大地推动了神经网络的发展，使得神经网络在模式识别、分类等领域取得了显著成果。

（4）专家系统的兴起

在 20 世纪 70 年代，专家系统开始兴起，这是一种利用专业知识解决特定领域问题的系统。专家系统的出现标志着人工智能开始进入实用化阶段，为后续的商业化应用奠定了基础。

（5）深度学习的突破

自 2006 年起，随着计算机计算能力的提升和大数据的积累，深度学习技术开始取得突破性进展。2012 年，深度学习在 ImageNet 图像识别竞赛中取得了显著成绩，推动了其在计算机视觉领域的应用。2016 年，谷歌研发的 AlphaGo 在围棋比赛中战胜世界冠军李世石，展示了深度学习在复杂决策问题上的能力。深度学习的突破推动了人工智能在多个领域的快速发展，包括图像识别、语音识别、自然语言处理等。

（6）大模型的兴起

近年来，随着计算机计算能力的提升和算法的优化，人工智能大模型开始兴起，如 GPT 系列模型、文心一言等。大模型的出现推动了人工智能在生成式任务上的能力，如文本生成、图像与视频生成等，同时也为自然语言处理等领域的研究提供了新的思路和方法。

❖ 8.1.2 人工智能学派

人工智能领域的派系之分由来已久，从人工智能发展的历史来看，主要有符号主义（Symbolism）、连接主义（Connectionism）和行为主义（Actionism）三种具有代表性的理论学派。三家学派都提出了自己的观点,它们的发展趋势反映了时代发展的特点。

1. 符号主义

符号主义,又称为逻辑主义、心理学派或计算机学派,是一种基于逻辑推理的智能模拟方法。它认为人类认知和思维的基本单元是符号,智能是符号的表征和运算过程。因此,符号主义主张将智能形式化为符号、知识、规则和算法,并用计算机实现这些符号、知识、规则和算法的表征和计算,从而模拟人的智能行为。

符号主义的核心思想是基于逻辑推理和符号操作,模拟人类的思维过程。其代表性成果有启发式程序(如国际象棋程序、数独程序)、专家系统(如医疗诊断系统、法律咨询系统、金融分析系统)、知识工程(如百度百科、维基百科)等。

2. 连接主义

连接主义,又称为联结主义、仿生学派或生理学派,是一种基于神经网络及网络间的连接机制与学习算法的智能模拟方法。它强调智能活动是由大量简单单元通过复杂连接后并行运作的结果。连接主义认为,既然生物智能是由神经网络产生的,那么就可以通过人工方式构造神经网络,再训练这些神经网络以产生智能。

连接主义的核心思想是基于神经网络和连接机制,模拟人脑的结构和功能。其代表性成果有感知器、反向传播网络(包括多层感知机 MLP 和卷积神经网络 CNN 等)、深度学习模型等。

3. 行为主义

行为主义,又称为进化主义或控制论学派,是一种基于"感知—行动"的行为智能模拟方法。它认为智能取决于感知和行为,是对外界复杂环境的适应,而不是表示和推理。行为主义强调智能行为是通过在现实世界中与周围环境的交互作用表现出来的,因此,它主张通过模拟生物在自然环境中的行为来发展人工智能。

行为主义的核心思想是基于感知和行动,模拟生物在自然环境中的智能行为。其代表性成果有六足行走机器人(如 Genghis 机器人、RHex 机器人)、波士顿动力机器人(如 BigDog 机器人、Atlas 机器人)、进化算法(如遗传算法、粒子群算法、蚁群算法)等。

除上述三大学派,还存在一些其他学派。例如,贝叶斯学派(Bayesianism)不直接属于上述三大人工智能学派中的任何一个。贝叶斯学派以统计学为基础,强调学习是一种概率推理的过程。该学派利用贝叶斯定理,通过更新先验概率分布来进行学习和推断。这种方法对处理不确定性和复杂系统具有显著优势。

这些学派各有优势和局限,也有相互影响和借鉴的地方。随着人工智能技术的不断发展,这些学派可能会进一步融合,共同推动人工智能技术的创新和应用。

问题研讨

结合本节所学内容,探讨人工智能技术对社会经济、文化、教育等方面的影响和变革,分析人工智能技术如何改变人类的生活方式和工作模式,以及可能带来的社会问题和挑战。

8.2

机器学习概述

人工智能技术日新月异，随着科技的飞速发展，一系列新兴的技术术语，如机器学习、深度学习和大模型等不断涌现，正逐步重塑着我们的生活与工作方式。这些概念不仅是技术前沿的热点，更是推动社会进步的重要力量。那么，这些概念存在哪些区别与联系呢？本节将深入探讨以上问题，帮助读者厘清相关概念，理解它们在人工智能领域中的作用。

❖ 8.2.1 人工智能与机器学习

机器学习（Machine Learning，ML）是人工智能的重要分支，是实现人工智能的重要方法。深度学习（Deep Learning，DL）是机器学习的一种实现技术，也是现在人工智能领域前沿的热门研究方向。图 8-2-1 展示了人工智能、机器学习、深度学习和大模型的关系。

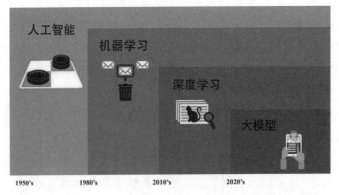

▲ 图 8-2-1 人工智能、机器学习、深度学习和大模型的关系

1. 人工智能

从发展程度的角度，人工智能可分为弱人工智能和强人工智能两类：弱人工智能不强调

完全模拟真实的人类智能,只需要模拟人类某方面的智能即可,而强人工智能则强调创造出完全具有人类认知能力甚至超越人类智能的智能。现阶段人工智能的研究工作主要集中在弱人工智能方面,包括逻辑推理、机器学习、专家系统、知识图谱、类脑计算和混合智能等领域。

2. 机器学习

机器学习作为人工智能的重要分支,是研究让机器模拟和实现人类学习能力以使机器具有智能的重要方法。机器学习通过相关算法对给定的数据集(对应"历史经验")进行"训练"(对应"归纳")以形成"模型"(对应"规律"),再利用该模型对新数据进行"预测"。因此,机器学习主要包括"训练"和"预测"两个关键性步骤。

从训练数据特性的角度,机器学习一般可以分为监督学习(Supervised Learning)、无监督学习(Unsupervised Learning)、半监督学习(Semi-supervised Learning)和强化学习(Reinforcement Learning)四类。

(1) 监督学习

监督学习指数据集中的样本包含类别标签,利用这些已经分类的数据集对模型进行训练,从而确定模型的参数,然后利用该模型对未分类的新数据进行预测。监督学习主要包括了分类(Classification)和回归(Regression)等。

① 分类是对未知数据的类别进行判断,预测结果是离散的。基于类别数目的不同,可以分为二分类和多分类两种类别。例如,鸢尾花的分类依据为花萼长度、花萼宽度、花瓣长度和花瓣宽度四个特征,从而判断鸢尾花的所属类别。

② 回归主要是在分析自变量与因变量间相关关系的基础上,建立变量之间的回归方程,用于预测或分类。例如,可以根据电影名称、上映时间、片长、演员等不同特征来预测电影票房。

(2) 无监督学习

无监督学习指数据集中的样本无类别标签,算法仅根据数据集本身的数据特性进行分析。无监督学习主要包括聚类(Clustering)和降维(Dimension Reduction)等。

① 聚类与分类的原理不同,它们的主要区别在于聚类事先并不知道数据的类别。在数据类别未知的情况下,可将数据划分为彼此不相交的簇(Cluster),目的是使簇内样本间的相似性高,不同簇之间的相似度低。

② 降维是指将数据的特征从高维转换到低维的方法,它可以消除冗余信息或便于数据可视化。当数据的特征含有大量冗余信息时,利用降维可以消除这些信息;由于超过三维的特征数据很难直观地显示,因此可通过降维来降低数据特征维度,以便数据可视化。

(3) 半监督学习

半监督学习是一种将监督学习与无监督学习相结合的算法,即通过利用少量有标签的数据集和大量无标签的数据集进行模型的训练。在标注数据获取比较困难,而非标注信息获取相对较容易的应用场景下(如医学数据资料),半监督学习可以取得较好的效果。

(4) 强化学习

强化学习是在无预先给定任何数据的情况下,通过环境对其动作的反馈来不断训练模型,从而获得可以执行某项具体任务的算法,如在 AlphaGo、游戏、智能机器人中的应用。

3. 深度学习

深度学习是机器学习的一种实现技术,也是人工智能领域的热门研究方向,在计算机视觉、机器翻译、语音识别等领域取得了非常好的效果,突破了传统机器学习的瓶颈。深度学习技术可以方便地应用于监督学习、无监督学习和强化学习等传统机器学习领域。常用的深度学习有适用于处理图像问题的卷积神经网络(Convolutional Neural Networks,CNN)、处理序列问题的循环神经网络(Recurrent Neural Network,RNN)和长短期记忆网络(Long Short-Term Memory,LSTM),以及用于生成高质量数据的生成对抗网络(Generative Adversarial Networks,GANs)和基于自注意力机制的神经网络模型(Transformer)。值得一提的是,大模型大多基于 Transformer 模型进行构建和扩展,通过增加模型深度、宽度或引入新的训练策略,来提高模型的性能和应用能力。

4. 大语言模型

大语言模型(Large Language Model,LLM,有时也被泛称为大模型)是 AI 人工智能领域中的一种重要模型,通常指的是参数量和数据量都非常大的深度学习模型。这些模型由数百万到数十亿的参数组成,需要大量的数据和计算资源进行训练和推理。大模型具有非常强大的表示能力和泛化能力,在多种任务中表现出色,如语音识别、自然语言处理、计算机视觉等。大模型的典型代表包括 BERT、GPT 系列、Llama 系列等,它们的参数量达到了千亿甚至万亿的规模。大模型的发展演进如图 8-2-2 所示。

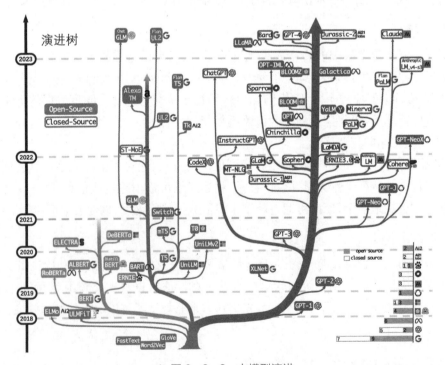

▲ 图 8-2-2　大模型演进

✤ 8.2.2 训练相关概念

1. 特征与标签

机器学习的数据一般由特征(Feature)和标签(Label)两部分组成。比如,常用于分类的鸢尾花(Iris)数据集,包含 150 个数据样本,分为山鸢尾、变色鸢尾和维吉尼亚鸢尾三类,如表 8-2-1 所示。用于区分鸢尾花的类别需要使用花萼的长度和宽度、花瓣的长度和宽度四种不同的属性。测得的这四种属性值称为特征(也称为属性、解释变量、输入变量、自变量等),特征通常是数据集的列。每一行是具有这些特征的一个实例。四种特征的数据类型都为数值型。标签(也称为响应变量、输出变量、因变量等)的数据类型为包含三种类别鸢尾花的枚举型。

▼ 表 8-2-1　具有四种特征的鸢尾花数据集的部分数据

特　　征				标签
花萼长度 (厘米)	花萼宽度 (厘米)	花瓣长度 (厘米)	花瓣宽度 (厘米)	
5.1	3.5	1.4	0.2	0(山鸢尾)
4.9	3.0	1.4	0.2	0(山鸢尾)
7	3.2	4.7	1.4	1(变色鸢尾)
6.3	3.3	6	2.5	2(维吉尼亚鸢尾)
5.8	2.7	5.1	1.9	2(维吉尼亚鸢尾)

2. 训练集、测试集与验证集

为了更好地评测模型的效果,通常将原始数据集划分为训练集(Train Set)和测试集(Test Set)两部分:训练集是训练机器学习算法的数据集,测试集是用来评估经训练后的模型性能的数据集。

当过分强调模型与训练集的符合程度时,可能会降低模型对未知测试集中新样本的预测能力,从而导致模型的泛化能力下降,造成虽然训练误差相对较低但测试误差高的现象,即存在过拟合(Overfitting)的现象。

为了解决这个问题,可以将原始数据集再划分出第三个数据集:验证集(Validation Set),即用来微调模型超参数的数据集。经过训练得到的模型,先在验证集上进行评估,从而使模型具有更好的泛化能力,然后再在测试集上进行最终评估。训练集、验证集与测试集的典型划分比例为 6:2:2。

3. 欠拟合、过拟合与适度拟合

利用训练集进行训练得到的模型,可能存在过拟合或欠拟合的问题,回归算法可以很好地说明该问题,如图 8-2-3 所示。

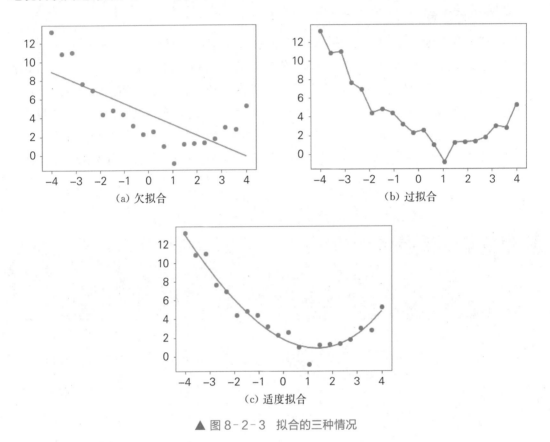

▲ 图 8-2-3　拟合的三种情况

(1) 欠拟合

当模型的预测值与数据真实值之间具有较大的差异,即偏差较大时,表明模型没有充分利用训练数据自身的特性,对数据的拟合能力较差。如图 8-2-3(a)所示,只采用一条直线来做模型,无论怎样调整该模型都无法很好地拟合给出的 20 个训练样本,对于测试集的新数据更无法给出满意的结果。

(2) 过拟合

模型在训练集上表现很好,但在测试集中训练效果较差。原因是模型过分考虑训练集中已知数据自身的特性,导致对新数据的训练效果变差,表明数据集的变化对模型性能的影响。如图 8-2-3(b)所示,模型的预测值和 20 个已知样本的真实值之间完美拟合,表现出强大的拟合能力,但由于过分拟合训练数据,会导致模型在面对测试集的新数据时,无法获得令人满意的拟合效果。

(3) 适度拟合

模型不仅在训练集中可以取得较好的拟合效果,而且对测试集的新数据也能取得不错的效果。如图 8-2-3(c)所示,模型利用 20 个已知样本取得了较好的拟合效果,但又没有与真实值完全一致。

✦ 8.2.3 评价指标

对模型进行评价,有助于了解其性能。基于评价对模型进行优化,可以获得更好的模型。不同类型的模型所采用的评价指标不尽相同。分类常用的评价指标有准确率(Accuracy)、精确率(Precision)、召回率(Recall)和 F1 分数(F1 Score)等。回归的主要评价指标有平均绝对误差(Mean Absolute Error,MAE)、均方误差(Mean Squared Error,MSE)、均方根误差(Root Mean Squared Error,RMSE)和决定系数 R^2(也称拟合优度)等。

1. 分类评价指标

以二分类问题为例,将数据集中的样本输入分类器中,对所得到的预测值和样本的真实值进行对比,可以得到如下四种关系。

① 真正类(True Positive,TP):预测正确,预测该样本为正类,真实类别为正类。

② 假正类(False Positive,FP):预测错误,预测该样本为正类,真实类别为负类。

③ 假负类(False Negative,FN):预测错误,预测该样本为负类,真实类别为正类。

④ 真负类(True Negative,TN):预测正确,预测该样本为负类,真实类别为负类。

计算每一类出现的数目,就得到了混淆矩阵,如图 8-2-4 所示。混淆矩阵表示样本的预测值与真实值之间的关系。

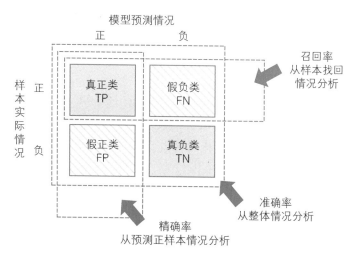

▲ 图 8-2-4 预测值与真实值之间的四种关系

在图 8-2-4 中,TP 表示真正类样本的数目,FP 表示假正类样本的数目,FN 表示假负类样本的数目，TN 表示真负类样本的数目。其中 TP、TN 预测正确，FP、FN 预测错误。

① 准确率是分类问题中最为常用的评价指标。准确率的定义是预测正确的样本数占总样本数的比例。用准确率评价算法有一个明显的弊端，就是在数据类别不均衡，特别是有极偏数据存在的情况下，准确率这个评价指标是不能客观评价算法优劣的。在需要特别关注某一特定类别的预测能力时，精确率、召回率和 F1 分数的评价算法更为有效。

② 精确率又叫查准率，是针对预测结果而言的，指在所有被预测为正的样本中，实际为正的样本比例。

③ 召回率又叫查全率，是针对原样本而言的，指在实际为正的样本中，被预测为正样本的比例。

④ F1 分数是一个综合精确率和召回率的评价指标。当模型的精确率和召回率冲突时，可以采用该指标来衡量模型的优劣。

2. 回归评价指标

回归的主要评价指标在计算方式、对误差的敏感度及应用场景上存在一些区别。

(1) MAE(平均绝对误差)

对回归模型性能评估最直观的思路是利用模型的预测值与真实值的差值来衡量，即误差越小，回归模型的拟合程度就越好。MAE 的计算方法是求误差绝对值的平均值。相对来说，MAE 对误差的敏感度较低，因为它计算的是误差的绝对值，不会因误差的大小而给予不同的惩罚力度，这使得 MAE 在处理含有异常值的数据时更加稳健。MAE 适用于对异常值不那么敏感的场景，如某些工业制造过程中的质量控制等。

(2) MSE(均方误差)

MSE 的计算方法是求误差平方的平均值。MSE 对误差的敏感度较高，尤其是当误差较大时，由于平方的作用，MSE 会给予更大的惩罚，这使得 MSE 在处理含有异常值的数据时可能不够稳健。MSE 常用于需要精确预测的场景，如金融预测、医疗诊断等。

(3) RMSE(均方根误差)

RMSE 是对 MSE 进行开平方运算。RMSE 在数值上与 MSE 的平方根成正比，因此它也保留了 MSE 对误差敏感的特点，但 RMSE 的数值范围与原始数据更为接近，便于理解和比较。由于在数值上的直观性和便于优化的特点，RMSE 也作为性能评估指标被广泛应用于各种预测模型中。

(4) 决定系数 R^2

由 MAE 和 MSE 的计算可知，随着样本数量的增加，这两个指标也会随之增大。而且，针对不同应用场景的数据集，其计算结果也有差异，所以很难直接用这些评价指标来衡量模型的优劣。此时，可以使用决定系数 R^2 来评价回归模型的预测能力。R^2 的取值范围一般是 0—1，越接近 1，回归的拟合程度就越好。但当回归模型的拟合效果差于取平均值时的效果时，也可能为负数。

问 题 研 讨

　　结合本节内容,分析机器学习在金融、医疗、教育、交通等行业的应用案例,探讨不同模型在解决行业问题中的优势和局限性,研究如何根据行业特点和需求选择合适的机器学习模型。选取典型的机器学习项目案例进行深入剖析,对从数据收集、模型选择、训练优化到部署实施的全过程进行研讨。

8.3

机器学习与神经网络

微课视频

经典机器学习
方法讲解

问题导入

　　机器学习通过学习历史经验,巧妙地模拟并实现人类复杂的学习与决策过程,从而在众多领域深刻影响着我们的生活,扮演着不可或缺的角色。从日常琐事(如精准过滤垃圾邮件,保护我们的邮箱免受无用信息的侵扰),到关乎经济决策的大事(如房价预测,助力购房者与投资者把握市场动态),机器学习以其独特的智慧为人类社会带来了前所未有的便利。那么,究竟是怎样的魔力让计算机能够如此高效地运作,承担起这些看似复杂无比的任务呢?

❖ 8.3.1 分类

　　分类的任务是将样本数据划分到合适的预定义的目标类别中,如将电子邮件分类为垃圾邮件与普通邮件就是一种最常见的分类算法应用场景。分类算法在很多应用领域得到了广泛应用。比如,根据植物的特征对植物进行分类;根据商务平台用户的消费历史记录或者浏览数据将用户分为不同的类型等。

1. 分类的基本概念

　　在现实世界中,经常会出现这样的问题:在已知一些样本数据类别的情况下,需要判断某个未标记的新数据点属于哪个类别。这类问题在机器学习中被归为分类问题。例如,已知客户的信用历史、收入、负债、职业稳定性等因素,以预测客户的信用等级(优秀、良好、一般、较差、很差等)。

　　分类算法属于一种有监督的学习,其目的是使用分类对新的数据集进行划分。分类问题与聚类问题的明显区别是:分类问题的训练样本是已经标记的(即已知这些数据属于什么类别),而聚类问题则不需要这样的训练样本。分类是在一群已知类别标号的样本数据中,通过训练一种分类器,使其能够对某个未知的样本数据进行分类。

在分类分析中,通常采用距离来衡量两个数据点之间的相似性。距离的定义方法有很多,其中人们日常比较熟悉的是欧氏距离。在二维平面中,欧式距离就是两点之间的距离,如图8-3-1中的虚直线所示。

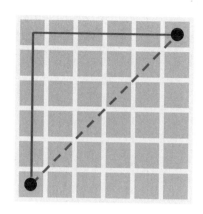

常用的分类算法包括 K 最近邻算法(K-Nearest Neighbor,KNN)、朴素贝叶斯分类算法(Naive Bayesian Classifier,NBC)、逻辑回归算法(Logistic Regression,LR)、决策树算法(Decision Tree)、支持向量机算法(Support Vector Machine,SVM)、人工神经网络算法(Artificial Neural Network,ANN)等。本节将通过KNN算法介绍分类算法的实现方法。

▲ 图8-3-1 距离示意

2. KNN算法

(1) KNN算法概述

KNN 算法通过计算不同特征之间的距离进行分类。它的工作原理是:存在一个样本集,样本集中每个样本都有标签,即已知每一个样本与所属类别的对应关系。在输入没有标签的新样本后,将新样本与数据集中已有的所有样本进行逐一比较,选择样本数据集中前 K 个最相似的样本(这就是 K 最近邻算法中 K 的出处,通常 K 是不大于 20 的数)。K 值的选取可能对结果产生较大影响,较小的 K 值可以减少近似误差,但可能会增加估计误差,导致模型对噪声数据敏感,容易过拟合;而较大的 K 值可以减小估计误差,但可能会增加近似误差,导致模型变得过于简单,容易欠拟合。最终,根据这 K 个样本中出现次数最多的类别来确定新样本的类别。使用 KNN 算法将未知类别属性的数据划分到某个类中的基本过程如下:

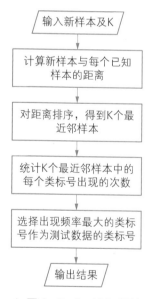

① 计算已知类别数据集中的点与当前点之间的距离。

② 按照距离递增升序排序。

③ 选取与当前点距离最小的 K 个点。

④ 确定前 K 个点所在类别的出现频率。

⑤ 返回结果,即将前 K 个点出现频率最高的类别作为当前点的预测分类。

▲ 图8-3-2 KNN算法
　　　　 流程图

(2) KNN算法流程

已有如表8-3-1所示样本集,每个样本具有两个属性,其中样本 x_1,x_2,x_3 属于类别1,样本 x_4,x_5,x_6 属于类别2,对一个未知类别的数据点(5,4)进行分类。数据分布如图8-3-3所示。

▼ 表8-3-1　分类示例数据集

样本	属性1	属性2	类别
x_1	1	1	类别1
x_2	2	2	类别1
x_3	3	1	类别1
x_4	6	4	类别2
x_5	7	5	类别2
x_6	8	4	类别2

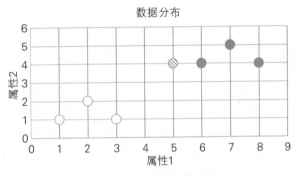

▲ 图8-3-3　数据分布图

对于该问题，不妨选择$k=5$。

第一步：计算数据点$(5,4)$到样本数据集中所有点的距离，结果如表8-3-2所示。

▼ 表8-3-2　数据点到样本数据集中点的距离

与x_1的距离	与x_2的距离	与x_3的距离	与x_4的距离	与x_5的距离	与x_6的距离
5	$\sqrt{13}$	$\sqrt{13}$	1	$\sqrt{5}$	3

第二步：对以上距离进行排序。

第三步：得出距离最近的5个元素所组成的近邻集合$\{x_2,x_3,x_4,x_5,x_6\}$。

第四步：在上述集合中，x_2,x_3两个数据点属于类别1，x_4,x_5,x_6三个数据点属于类别2。

第五步：因此，数据点$(5,4)$的类别为2。

❖ 8.3.2　回归

回归分析是一种基本的预测方法，它主要是在分析自变量与因变量之间相关关系的基础上，建立变量之间的回归方程，并将回归方程作为预测模型，用于预测或分类。

1. 回归的基本概念

回归这一术语最初由英国统计学家弗朗西斯·高尔顿(Francis Galton)引入,高尔顿发现身材很矮的父母,其子女也较矮,但这些子女的平均身高比他们父母高;身材过高的父母,其子女也较高,但这些子女的平均身高并没有父母高,也就是更接近平均身高。

回归可以看作是研究一个或多个因变量($y_1, y_2, \cdots, y_i$)与另一个或多个自变量($x_1, x_2, \cdots, x_k$)之间的依存关系,用自变量的值来估计或预测因变量的总体平均值。

回归分析首先规定因变量和自变量;然后通过对实测数据的计算找出变量之间的关系,拟合出误差最小的回归方程,建立回归模型;最后求解模型的各个参数,评价回归模型是否能够很好地实现预测。

根据回归线形状的特点,回归分析技术可进一步细分为线性回归和非线性回归:当函数为参数未知的线性函数时,回归被称为线性回归(Linear Regression);当函数为参数未知的非线性函数时,回归被称为非线性回归(Nonlinear Regression)。

2. 线性回归

线性回归使用最佳的拟合线(回归线)在因变量 Y 和自变量 X 间建立一种关系。线性回归模型是线性预测函数,模型参数通过样本数据来估计。在这种技术中,自变量可以是连续的,也可以是离散的。

常见的线性回归有一元线性回归和多元线性回归。如果回归分析中只包括一个自变量和一个因变量,且二者的关系可用一条直线近似表示,则称为一元线性回归分析,也称为单变量线性回归。其在二维空间是一条直线,是线性回归最简单的形式。如果回归分析中包括两个或两个以上的自变量,且因变量和自变量之间是线性关系,则称为多元线性回归分析。其在三维空间是一个平面,在多维空间是一个超平面。

(1) 一元线性回归

一元线性回归用来分析单个输入变量影响输出变量的问题,如分析大学生毕业年限与平均工资之间的关系、基于父母身高推测子女身高等问题。一元线性回归分析法的预测模型为:

$$y = w_0 + w_1 x$$

其中,x 代表自变量的值;y 代表因变量的值;w_0、w_1 代表一元线性回归方程的待定参数,w_0 为回归直线的截距,w_1 为回归直线的斜率,表示 x 变化一个单位时,y 的平均变化情况。w_0、w_1 参数通常采用最小二乘法原理求得。

例如,要研究产品质量与用户满意度之间的因果关系,其所采集的数据假设如图 8-3-4 所示。从实际意义上讲,产品质量

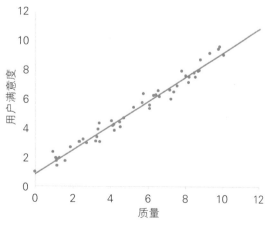

▲ 图 8-3-4 质量和用户满意度散点图

会影响用户的满意情况。因此,设用户满意度为因变量,记为 x;质量为自变量,记为 y。

经过线性回归,程序运行得到的回归方程如下:

$$y = 0.857 + 0.836x$$

该回归直线在 y 轴上的截距为 0.857,斜率为 0.836,即质量每提高一分,用户满意度就平均上升 0.836 分;或者说质量每提高 1 分,对用户满意度的贡献是 0.836 分。

（2）多元线性回归

多元线性回归用来分析多个输入变量共同影响输出变量的问题。在实际应用中,因变量的变化往往受到两个或两个以上自变量的影响。例如,影响产品单位成本的变量不仅有产量,还包括原材料价格、劳动力价格、劳动效率及废品率等因素。建立这种具有多变量模型的分析,就是多元回归分析。在多元回归分析中,如果因变量和多个自变量的关系为线性,就属于多元线性回归。

多元线性回归的基本原理和基本计算过程与一元线性回归分析类似,可以用最小二乘法估计模型参数。但自变量个数越多,计算过程就越是复杂。多元线性回归分析法的预测模型为:

$$y = w_0 + w_1 x_1 + w_2 x_2 + \cdots + w_p x_p$$

其中,y 代表因变量的值,向量 $x = (x_1, x_2, \cdots, x_p)$ 代表自变量的值;w_0 为截距,向量 $w = (w_1, w_2, \cdots, w_p)$ 代表线性回归方程的系数。w 参数通常采用最小二乘法原理求得。计算方法为:运用最小二乘法进行参数估计,即将观察得到的样本数据作为已知,带入样本回归方程中,然后分别对 $w_1, w_2, \cdots, w_p$ 求偏导数,求得回归方程系数,从而基于回归方程得到预测值。

例如,对于笔记本电脑,用户满意度可能与产品的质量、价格和形象有关,因此,可以"用户满意度"为因变量,"质量""形象"和"价格"为自变量,做线性回归分析。假设已有一批样本数据,包含了用户满意度以及产品质量、形象和价格的统计数据。通过对这些统计数据的回归分析,可拟合出回归方程的系数。不妨假设得到回归方程如下:

$$用户满意度 = 0.008 \times 形象 + 0.645 \times 质量 + 0.221 \times 价格$$

从该回归方程来看,对于笔记本电脑,质量对其用户满意度的贡献比较大,质量每提高 1 分,用户满意度将提高 0.645 分;其次是价格,用户对价格的评价每提高 1 分,其满意度将提高 0.221 分;而形象对产品用户满意度的贡献则相对较小,形象每提高 1 分,用户满意度仅提高 0.008 分。

3. 线性回归的实现

线性回归分析的过程一般包括确定自变量和因变量、建立预测模型、变量间的相关性检验、模型的评估和检验、利用模型进行预测和控制等阶段。

（1）确定自变量和因变量

在回归分析中,变量可分为两类。一类是因变量,通常是实际问题中所关心的一类指标，用 Y 来表示；而影响因变量取值的另一类变量称为自变量，用 X 来表示。首先，应当明确要预测的目标变量，即因变量 Y。如要预测笔记本电脑的用户满意度，那么用户满意度就是目标变量。其次，需要寻找与预测目标变量 Y 相关的所有影响因素，即自变量 X，并从中选出主要的影响因素。例如，影响用户满意度的因素有质量、形象和价格，即为自变量。

（2）建立预测模型

分析已有的数据集，确定自变量和因变量之间的定量关系表达式，并在此基础上建立回归分析方程，即回归分析预测模型。前文已介绍，回归方程参数估计的常用方法是最小二乘法。例如，通过对样本数据的回归分析，可以得到用户满意度的预测模型。

$$用户满意度 = 0.008 \times 形象 + 0.645 \times 质量 + 0.221 \times 价格$$

（3）变量间的相关性检验

在回归分析中，只有当自变量与因变量确实存在某种关系时，建立的回归方程才有意义。因此，自变量与因变量是否有关、相关的方向和密切程度如何，以及判断这种相关程度的把握性有多大等是需要解决的问题。在进行相关分析时，可以通过相关系数的大小来判断自变量和因变量的相关程度。

（4）模型的评估和检验

若要判断刚训练出的线性回归模型好不好，是否可用于实际预测，则取决于对模型的检验和对预测误差的计算。回归方程只有通过各种检验，且预测误差较小，才能作为预测模型进行预测。模型的主要检验内容有：MAE、MSE、RMSE 和 R^2 等（具体可参考 8.2.3 节）。

（5）利用模型进行预测和控制

可以利用获得的回归预测模型，计算预测值，并对预测值进行综合分析，从而确定最后的预测值。

❖ 8.3.3　神经网络

神经网络由大量的节点（神经元）组成，这些节点在网络中相互连接，可以处理复杂的数据输入，执行各种任务，如分类、回归、模式识别等。神经网络主要包括节点（神经元）、层次（输入层、隐藏层、输出层）、权重、偏置和激活函数。

1. 神经网络的基本概念

（1）神经元模型

人类大脑中包含了数量巨大的神经元，神经元之间通过神经元的树突和轴突来传递信息，前一个神经元的轴突和后一个神经元的树突构成突触。当传导的生物电信号在突触超过临界值时，该信号将会向下传送。对某项知识学习的次数越多，相关神经回路上的神经元传导信息的效率就会越高。因此，通过模拟生物学的神经元，可得到人工神经元的数学模型，如图 8-3-5 所示。

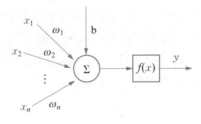

▲ 图 8-3-5　神经元模型

其中，$x_i(i=1,2,\cdots,n)$ 表示第 i 个输入信号，$\omega_i(i=1,2,\cdots,n)$ 表示第 i 个输入信号的权重，b 表示偏差（bias），f 表示激活函数（activation function），y 为最终的输出结果。

（2）激活函数

当神经元模型中无激活函数时，输出结果只是相当于输入结果的线性组合，其表达能力不强，无法解决异或问题。因此，可通过引入激活函数来实现神经元的非线性计算，从而增强其表达能力。神经网络中常用的激活函数有 Sigmoid 函数（S 型生长曲线）、Tanh 函数（双曲正切函数）和 ReLU 函数（线性整流函数）等。

2. 神经网络设计体验

打开浏览器，访问 TensorFlow 游乐场的主页。TensorFlow 游乐场由谷歌公司开发，是一款通过浏览器进行神经网络训练的图形化在线工具，支持训练过程和结果的可视化展示。下面将基于该工具来体验神经网络设计。

如图 8-3-6 所示，TensorFlow 的页面中主要包括 DATA（数据）、FEATURES（特征）、HIDDEN LAYERS（隐藏层）、OUTPUT（输出）和参数设置五个区域。

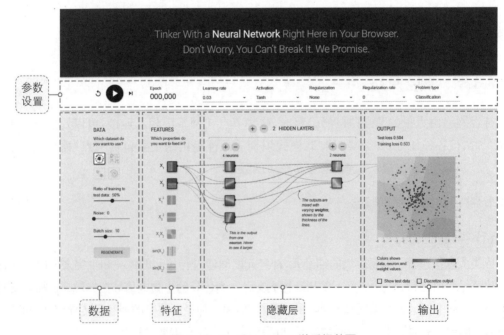

▲ 图 8-3-6　Tensorflow 游乐场首页

(1) 参数设置区域

在参数设置区域中，可以设置 Epoch（训练次数）、Learning rate（学习率）、Activation（激活函数）、Regularization（正则化）、Regularization rate（正则化率）和 Problem type（问题类型）等参数。部分参数设置说明如下：

① 学习率：学习率是梯度下降算法的超参数，用以决定在优化过程中模型权重更新的速度和幅度。

② 激活函数：TensorFlow 游乐场支持 Sigmoid、Tanh、ReLU 和 Linear 函数。

③ 问题类型：TensorFlow 游乐场预设了分类问题（预测结果为离散型数据）和回归问题（预测结果为连续型数据）两种。

(2) DATA 区域

DATA 区域提供了四种不同类型的数据，分别为圆形、异或、高斯和螺旋。其中的每个点代表一个样例，不同的颜色代表不同类别。因为解决的是二分类问题，所以只有橙色和蓝色两种颜色，橙色一般代表负值，蓝色代表正值。此外，页面还提供了用于数据微调的按键，包括：训练集与测试集的比例、噪声和批次的大小。

(3) FEATURES 区域

FEATURES 区域主要提供了 X_1、X_2、X_1^2、X_2^2、$X_1 X_2$、$\sin(X_1)$ 和 $\sin(X_2)$ 七种特征，每种特征对应不同的数据分布特征。

(4) HIDDEN LAYERS 区域

HIDDEN LAYERS 区域可以设置隐藏层的层数和每个隐藏层的节点（神经元）数目。层与层之间的连线表明权重值的大小，橙色代表权值为负值，蓝色代表正值。一般隐藏层的层数和节点数越多，分类效果越好。

(5) OUTPUT 区域

OUTPUT 区域可动态实时地显示训练的情况。

TensorFlow 游乐场的使用方法为：首先，指定问题类型，设置相关参数；然后，指定数据类型，选择数据特征；接下来，增加或删除隐藏层，并增加或删除每个隐藏层的神经元数量，构建神经网络；最后，单击"Run/Pause"按钮，开启训练过程，并在 OUTPUT 区域中动态实时地显示训练的情况。

问题研讨

结合本节内容并借助互联网，探讨当下存在哪些不同类型的神经网络架构，并研讨如何提高神经网络模型的性能。

8.4

人工智能的未来发展

问题导入

人工智能技术在历经多年的探索与波折后，终于迎来了蓬勃发展的黄金时代，步入了一个前所未有的高速发展轨道。人工智能作为新技术革命的核心，正以前所未有的力量推动着社会各个领域的深刻变革。本节将介绍人工智能的未来发展趋势。

❖ 8.4.1 AI 发展的技术趋势

1. 深度学习的新模型

在深度学习领域，新的模型和算法不断涌现，其中 Transformer 和 BERT 等模型因其出

▲ 图 8-4-1 AI 系统+大模型全栈架构

色的性能而备受关注。这些模型不仅推动了自然语言处理的发展,还为其他领域的研究提供了新思路。

现在的大模型主要是基于 Transformer 架构开发的,然而,是否存在比这个更好的大模型架构呢?未来,除了在 Transformer 这条路上继续前进外,开发者还将探索一些全新的神经网络架构。

2. 深度强化学习的进步

深度强化学习(Deep Reinforcement Learning,DRL)是结合了深度学习和强化学习的技术。它通过在环境中执行动作并从环境中获取反馈来学习,从而逐渐提高其行为策略。深度强化学习的主要组成部分包括深度神经网络(Deep Neural Network)、状态(State)、动作(Action)、奖励(Reward)和策略(Policy)。深度强化学习的应用领域包括但不限于游戏、机器人、自动驾驶、智能家居等。

DRL 的核心是基于价值函数的优化过程。通过不断迭代更新神经网络参数,智能体能够学习到最优的策略。这种优化过程使得 DRL 在应对不确定性和复杂性方面表现出色。

近年来,模型优化技术,如梯度下降、Adam 等的出现,显著提升了 DRL 模型的训练效率。这些优化算法能够更快地找到模型的最优解,减少训练时间和计算资源的需求。此外,数据增强、正则化等方法的应用,使得 DRL 模型的泛化能力得到了显著提升。这意味着模型在未见过的环境中也能做出合理的决策,从而增强了模型的适应性和鲁棒性。

3. 多模态融合与跨领域应用

多模态生成式 AI 将成为未来的重要发展方向,这类系统具备强大的处理能力,能够同时处理文本、声音、旋律和视觉信号等不同类型的输入信息。它们能够将这些信息融合起来进行综合理解和分析,从而产生更加丰富和准确的结果。

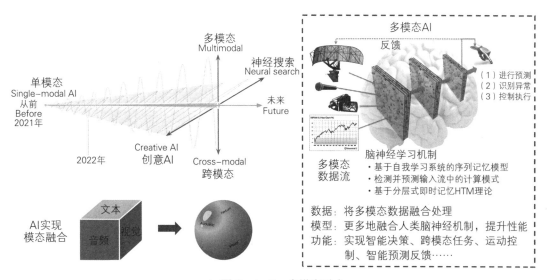

▲ 图 8 - 4 - 2 多模态融合

这种多模态生成式 AI 的应用将极大地丰富文艺作品的内容和层次。传统的文艺作品往往只关注文字或图像的表现，而多模态生成式 AI 能够将声音、旋律和视觉信号等多种元素融入作品中，为受众带来更加全面和立体的感官体验。观众可以在听到音乐的同时看到与之匹配的画面，或者通过触摸屏幕感受到不同的纹理和温度。这种多元化的表现形式将使艺术作品更加生动有趣，吸引更多人的关注。

除了在文艺领域的应用，多模态生成式 AI 还将与更多领域进行深度融合。例如，与生物技术结合，它将推动医疗健康领域的巨大变革。通过分析患者的生理数据、医学影像和病历记录等多种信息，多模态生成式 AI 可以辅助医生进行更准确的诊断和治疗方案的制定。此外，它还可以模拟药物的作用机制，加速新药的研发进程，为患者提供更好的治疗效果和健康管理。

另外，多模态生成式 AI 与金融技术的结合也将提高金融服务的智能化和个性化水平。通过分析用户的交易数据、社交媒体信息和信用记录等多种数据，多模态生成式 AI 可以为用户提供更加精准的金融产品和服务推荐。它还可以预测市场趋势和风险，帮助投资者做出更明智的投资决策。这种智能化和个性化的服务将使金融行业更加高效和便捷，提升用户体验及其满意度。

4. 边缘计算与云计算协同发展

随着物联网和 5G 通信技术的普及，边缘计算将成为 AI 技术发展的重要趋势。这种趋势的出现，主要源于两方面的推动力。

第一，物联网的发展使得越来越多的设备能够连接到互联网，这些设备产生的数据量巨大，如果全部传输到云端进行处理，不仅会消耗大量的带宽资源，还会导致数据传输的延迟，影响系统的实时性和响应速度。边缘计算的出现，正是为了解决这一问题。

第二，5G 通信技术的普及为边缘计算提供了更高速、更稳定的网络环境。5G 技术的大带宽、低延迟等特性，使得在网络边缘进行数据处理成为可能，大大提高了边缘计算的效率。

边缘计算的核心思想是将计算任务和数据存储从云端转移到网络边缘的设备上。这样，数据在产生的地方就能得到处理，无须经过长距离的传输，从而大大减少了数据传输的延迟和带宽需求。同时，这也使得系统能够更快地响应用户的需求，提高系统的实时性。

5. 量子 AI 的崛起

量子计算与 AI 人工智能的结合，被预测将开启一个前所未有的计算能力时代。这种结合不仅有望加速机器学习以及优化算法的发展，还将推动实现更高效、更精准的 AI 应用。这一领域的进展将在多个关键行业中发挥重要作用，特别是在财务建模、药物发现以及通用人工智能等领域。

量子计算的引入将为 AI 带来巨大的计算速度提升。传统的计算机在处理复杂的数据集和执行高级算法时，往往会受到计算能力的限制。而量子计算机，凭借其能够同时处理大量数据的能力，将极大地缩短 AI 模型的训练时间，使得原本需要数周甚至数月才能完成的计算任务，在几分钟或几小时内就能完成。

量子计算与 AI 的结合将促进机器学习算法的创新。量子算法,如量子支持向量机(QSVM)和量子神经网络等,已经在理论和实验中展示出了超越传统算法的性能。这些算法不仅能够提高模型的准确性,还能在处理高维数据时保持较低的复杂度,从而为 AI 应用提供更为强大的分析工具。

通用人工智能(AGI)是 AI 领域的一个长期目标,旨在创建能够在各种任务上匹敌人类智能的系统。量子计算的加入可能会为实现 AGI 提供关键的技术突破,因为量子系统能够更好地模拟和理解自然界中的复杂现象,这对开发具有广泛认知能力的 AI 系统至关重要。

❖ 8.4.2 大模型的未来与安全

1. 智力外脑开启智力即服务

大语言模型(LLM)使人工智能拥有了前所未有的推理能力,显著地扩展了机器的认知边界。这一跃进得益于 LLM 在理解和生成自然语言方面所取得的巨大突破。这些模型能够解析复杂的文本,提取关键信息,执行逻辑推理,并产生连贯且深刻的回答,使其能够胜任包括法律分析、市场研究、科学发现在内的各类知识密集型任务,从而为个人及企业提供了强大的智能支持。

在某些领域,人类智力面临重大的挑战,如英伟达的"地球 2 号"项目,正是这种 AI 技术应用的例证。该项目旨在创建地球的数字孪生体,以模拟并预测地球的未来变化。此类模拟有助于更有效地预防灾害,深入理解气候变化的影响,并推动制定更好的适应性策略。

随着更高级的推理智能不断被开发,各行各业均有机会引入这种"机器之心"。人工智能将引领一种名为"智力即服务"(IQaaS)的新服务模式,其核心在于通过云平台向用户提供基于大模型的机器推理能力,"AI 数字员工"的概念将逐步成为现实。通过大模型,机器不再仅是执行简单任务的工具,而是进化成为人类的"智力外脑"。

2. AIGC 应用爆发下的创意生成

大模型技术,特别是 AIGC,正在迅速成为创意产业的颠覆性力量,前所未有地提升了创意工作者的生产力。2024 年 2 月,Sora 的推出不仅在技术领域引起了轰动,也大胆展示了大模型技术未来的创新潜力。AIGC 技术通过文生文、文生图、文生视频等多种形式,极大地提高了创作、设计、分析等任务的效率和易实现性。

随着 Sora 和 SUNO 等现象级产品的出现,AI 生成内容的质量和多样性已达到新的高度。这些产品不仅使普通人能够创作出接近专业水平的音乐和视频作品,而且正在迅速改变媒体、影视和音乐行业的生态。这些技术的普及降低了专业技能的门槛,使得创意表达更加大众化。现在,只要有创意想法,人们就可以利用 AI 这个强大的"创意外脑",将灵感转化为现实。

AIGC 的这种能力,不仅为专业创意工作者提供了强大的辅助工具,也为普通爱好者打开了创作的大门,使他们能够轻松实现自己的创意愿景。随着大模型技术的不断进步,我们可以预见,创意产业将迎来一个更加多元、开放且充满创新的新时代。

AIGC+其他：加快数实融合，产业升级提速

教育+
AIGC赋予教育材料新活力，为教育工作者提供了新的工具，使原本抽象、平面的课本具体化、立体化。

金融+
AIGC助力实现降本增效。① 实现金融资讯、产品介绍视频内容的自动化生产，提升效率。② 塑造视听双通道的虚拟数字人客服。

AIGC

医疗+
AIGC赋能诊疗全过程。① 辅助诊断，可用于改善医学图像质量、录入电子病历等。② 康复治疗，为失声者合成语言音频，为肢体残疾者合成肢体投影等。

工业+
AIGC提升产业效率和价值。① 融入计算机辅助设计CAD，极大缩短工程设计周期；支持生成衍生设计，实现动态模拟。② 加速数字孪生系统的构建，高效创建数字孪生系统。

▲ 图 8 - 4 - 3　AIGC+各类产业应用

3. "情感外脑"打造人机陪伴市场

Dan(Do Anything Now)模式的全网爆火不仅展现了AI在情绪理解与表达方面取得的显著进步，更凸显了它与人类情感交流的无缝衔接。高级AI系统，如GPT-4o的自然交互体验进一步模糊了人机之间的界限，仿佛使科幻电影 *Her* 中的情感叙事逐渐走向现实。

大模型技术在满足人类情感需求方面表现出巨大的潜力，并开始充当人们的"情感外脑"。AI聊天机器人提供的心理咨询服务，因其全天候的持续陪伴，为需要帮助的人们提供了及时的情绪支持和专业建议。对于儿童来说，智能玩具不仅能陪伴孩子成长，还能通过情感互动，帮助他们培养情感认知和社交技能。

随着情感智能技术的不断成熟，数字生命的议题也逐渐受到关注。一些创新尝试正在探索利用数字技术复原已故亲人的形象与声音，为生者提供缅怀与思念的途径。尽管这一领域仍面临诸多法律和伦理挑战，但其在情感陪伴方面的应用前景无疑为AI注入了新的温度和深度。

4. 具身智能与大模型的共同进化

机器人技术与大模型的结合，为机器外脑提供了"躯体"。这种结合不仅仅是简单的物理连接，更是深层次的融合。大模型的利用极大提升了机器人的学习效率和执行复杂任务的能力，使物理动作更加细腻和灵巧。

大模型为机器人提供了强大的学习能力。通过大量的数据训练和深度学习技术，机器人能够快速掌握各种技能和知识。例如，在医疗领域，机器人可以通过学习大量的病例和医学知识，辅助医生进行诊断和手术操作；在制造业中，机器人可以学习复杂的工艺流程，提高生产效率和质量。

此外,大模型还赋予了机器人执行复杂任务的能力。传统的机器人只能完成简单的重复性工作,而结合了大模型的机器人则能够处理更加复杂的任务。例如,在灾难救援中,机器人可以通过分析现场情况和环境数据,制定最佳的救援方案,并协助救援人员进行搜救工作;在农业领域,机器人可以根据土壤、气候等条件,智能地调整种植和灌溉策略,提高农作物的产量和质量。

5. 大模型安全的新趋势

大模型的失控风险涉及 AI 系统可能超出预期的行为或决策,这可能导致不可预测的负面后果。因此,开发高级 AI 系统时的风险评估和控制机制变得至关重要。这些机制不仅包括技术层面的安全措施,如算法稳定性测试和紧急停机机制;还涉及监管层面的措施,如 AI 系统的审核和认证过程。

随着 AI 在内容生成、筛选和推荐方面应用的日益广泛,如何避免生成有害或违法的内容成为了一个重要议题。这要求开发者在设计 AI 系统时,内置合规性检查和内容过滤机制,以确保内容的合法性和适当性。

随着 AI 对个人和敏感数据处理能力的日益增强,数据伦理和隐私保护问题也愈发凸显。用户越来越关注他们的数据是如何被收集、使用和保护的。因此,在开发 AI 系统时,必须严格遵循数据保护法规,确保用户的隐私和数据安全。

此外,训练数据集污染与模型算法攻击同样是两个特别棘手的问题。训练数据集污染涉及恶意行为者操纵或污染用于训练 AI 模型的数据,进而影响模型的输出和行为。这种攻击尤其隐蔽,因为被污染的数据在训练过程中可能不易被察觉,但一旦应用于实际场景,却可能引发错误甚至有害的结果。解决这一问题需要采取严格的数据验证和清洗措施,并在模型设计阶段考虑数据的安全性和完整性。

模型算法攻击直接针对 AI 模型本身,随着 AI 模型在多个领域的广泛应用,它们已成为攻击者的新目标。这种攻击通过识别模型的弱点来进行,例如,输入特定的数据以诱导模型做出错误的判断或行为。防御这类攻击需要强化模型的鲁棒性,并实施严格的安全协议。

 问题研讨

随着科技的迅猛发展,人工智能的未来展现出无限可能。结合本节所学内容,探讨人工智能在前沿技术创新、多模态大模型、生成式人工智能、AIGC+各类产业应用等各个方面的前景,以及人工智能可能带来的安全风险。

8.5

综合练习

❖ 一、单选题

1. 人工智能的目的是让机器能够（　　），以实现某些脑力劳动的机械化。

    A. 具有完全的智能
        B. 和人脑一样考虑问题

    C. 完全代替人
        D. 模拟、延伸和扩展人的智能

2. 关于人工智能，叙述不正确的是（　　）。

    A. 人工智能与其他科学技术相结合，极大地提高了应用技术的智能化水平

    B. 人工智能是科学技术发展的趋势

    C. 人工智能是20世纪50年代才开始的一项技术，还没有得到应用

    D. 人工智能有力地促进了社会的发展

3. 不属于人工智能学派的是（　　）。

    A. 符号主义
        B. 机会主义

    C. 行为主义
        D. 连接主义

4. 机器学习从不同的角度出发，有不同的分类方式，以下不属于按训练数据特性的角度分类的是（　　）。

    A. 监督学习
        B. 无监督学习

    C. 半监督学习
        D. 函数学习

5. 以下不是分类常用评价指标的是（　　）。

    A. 准确率
        B. 精确率

    C. 召回率
        D. 均方误差

6. 监督学习包括（　　）和（　　）。

    A. 分类、降维
        B. 回归、聚类

    C. 分类、回归
        D. 聚类、降维

7. 机器学习的数据一般由（　　）和（　　）两部分组成。

    A. 结构、标签
        B. 特征、标签

    C. 结构、流量
        D. 特征、流量

8. 下列关于KNN算法的描述中，正确的是（　　）。

    A. KNN分类的结果与K值无关

    B. KNN分类的结果随着K值的增大而更加准确

C. KNN 分类的结果随着 K 值的增大而更加不准确

D. KNN 算法需要事先确定 K 值

9. （　　）研究的是一个或多个因变量（$y_1, y_2, \cdots, y_i$）与另一个或多个自变量（x_1, $x_2, \cdots, x_k$）之间的依存关系，用自变量的值来估计或预测因变量的总体平均值。

A. 回归　　　　　　　　　　　　B. 聚类

C. 分类　　　　　　　　　　　　D. 降维

10. 下列函数不属于常用的神经网络激活函数的是（　　）。

A. $y = 3x$　　　　　　　　　　B. $y = \text{ReLU}(x)$

C. $y = \text{Sigmoid}(x)$　　　　　D. $y = \tanh(x)$

11. 神经网络模型因受人类大脑的启发而得名，神经网络由许多神经元组成，每个神经元接受一个输入，对输入进行处理后给出一个输出。下列关于神经元的描述中，正确的是（　　）。

A. 每个神经元可以有一个输入和一个输出

B. 每个神经元可以有多个输入和一个输出

C. 每个神经元可以有多个输入和多个输出

D. 以上都正确

12. （　　）不属于构建神经网络结构的内容。

A. 设置隐藏层层数　　　　　　　B. 设置神经元数目

C. 选择激活函数　　　　　　　　D. 选取数据特征属性

13. 人工智能最有可能取代（　　）。

A. 创造性工作　　　　　　　　　B. 重复性工作

C. 需要人际交往的工作　　　　　D. 需要专业知识的工作

14. （　　）不是人工智能未来发展的潜在风险。

A. 失业问题加剧　　　　　　　　B. 隐私泄露

C. 机器自我意识　　　　　　　　D. 能源消耗减少

15. （　　）不是人工智能未来发展的可能方向。

A. 强化学习　　　　　　　　　　B. 深度学习

C. 机器学习　　　　　　　　　　D. 静态学习

❖ 二、是非题

（　　）1. 1956 年，在达特茅斯会议上，第一次提出了人工智能这一术语。

（　　）2. 符号主义是一种基于神经网络和网络间的连接机制与学习算法的智能模拟方法。

（　　）3. 欠拟合是指模型不仅在训练集中可以取得较好的拟合效果，而且对测试集的新数据也能取得不错的效果。

（　　）4. 准确率是分类问题中最为常用的评价指标，比精确率、召回率更有意义。

（　　）5. KNN 算法通过计算不同特征之间的距离进行分类。

（　　）6. 线性回归的评价指标有：F1 - Score、MAE、MSE 和 R^2 等。

（　　）7. 在神经元模型中引入激活函数，可以实现神经元的非线性计算。

（　　）8. 人工智能永远无法通过图灵测试。

（　　）9. 随着量子计算的发展，人工智能的计算能力将得到质的飞跃，从而推动更复杂、更高效的智能系统的出现。

（　　）10. 人工智能将在未来成为创意产业（如艺术、音乐、文学创作）的主要驱动力。